기초역학개론

서주노 · 이기영 · 구상모 · 김기준 · 백재우 · 조병구 편저

Fundamentals of Mechanics
Fundamentals of Mechanics
Fundamentals of Mechanics
Fundamentals of Mechanics
Fundamentals of Mechanics

BM 성안당
www.cyber.co.kr

도서 A/S 안내

당사에서 발행하는 모든 도서는 독자와 저자 그리고 출판사가 삼위일체가 되어 보다 좋은 책을 만들어 나갑니다.

독자 여러분들의 건설적 충고와 혹시 발견되는 오탈자 또는 편집, 디자인 및 인쇄, 제본 등에 대하여 좋은 의견을 주시면 저자와 협의하여 신속히 수정 보완하여 내용 좋은 책이 되도록 최선을 다하겠습니다.

구입 후 14일 이내에 발견된 부록 등의 파손은 무상 교환해 드립니다.

저자 문의 : kylee04@hanmail.net
본서 기획자 e-mail : coh@cyber.co.kr(최옥현)
홈페이지 : http://www.cyber.co.kr
전화 : 031)950-6300

머리말

본 교재는 대한민국 해군사관학교 생도들에게 개설된 기초역학개론 과정에 맞추어 편찬되었다. 미래 대양해군의 주역으로서 해군장교로 근무하게 될 생도들에게 공학교육의 근간이 되는 역학 전반에 대한 기본이론과 원리에 대한 이해는 함정을 비롯한 잠수함, 유도무기와 항공기에 이르기까지 각종 해군무기체계들의 운용과 관리에 요구되는 논리적이고 합리적인 사고를 할 수 있는 첨단기술군으로서의 '공학적 마인드'를 배양하는 데 대단히 중요한 일이 아닐 수 없다. 따라서 본 교재는 생도들로 하여금 함정 및 함정 관련 무기체계의 이해도를 높이고자 해군무기체계에 응용되는 기초역학지식의 제공을 목적으로 편찬하였다.

교재의 내용은 총 여섯 개의 장으로 구성되어 있다. 1장에서는 문제해결에 있어서 공학과 역학의 역할, 공학적 용어 및 단위와 차원 등을 소개하였다. 2장에서는 정지해 있는 물체의 물리적 특성을 파악하는 정역학에 대한 내용을, 3장은 응력과 변형률, 하중과 응력의 관계를 다룬 재료역학을 다루고 있으며, 4장은 열과 에너지의 개념 및 성질에 대해 서술한 열역학을, 5장은 기체와 액체로 대표되는 유체와 유동에 관한 현상을 파악하는 유체역학을, 그리고 마지막 6장은 운동과 운동량 등 물체의 운동을 학습하는 동역학으로 구성되어 있다.

해군무기체계와 관련된 기초역학 개념을 이해하고 응용력을 향상시키기 위하여 해군 현장에서 일어나고 있는 내용들을 문제로 수록하려고 노력하였다. 또한 모든 용어는 가능하면 한글화된 전문용어를 사용하도록 하였고, 국제단위계를 채용하여 국제적인 조류에 따랐다. 일부 한글화가 어려운 용어는 원어를 그대로 사용하였다. 교재의 내용을 전개함에 있어 역학 분야별 심도 있는 내용보다는 기본현상을 이해하고 이를 관련된 예제와 연습문제를 통하여 적용하고 확인하는 방법으로 구성하였다. 가능한 어려운 수식들을 배제하려고 노력하였으며 생도 1학년 수준의 수학과 물리학 지식으로 충분히 학습할 수 있으리라 생각된다.

본 교재의 전체적인 구성은 생도들의 한 학기 강의시간인 17주 강의에 적합하도록 구성되어 있다. 따라서 1장을 제외하고는 각 장의 역학분야를 3주를 기준으로 강의할 수 있도록 하였다. 하지만 시험기간과 각종 교내외 행사로 인하여 진도에 차질이 있는 경우에는 마지막 장인 동역학 부분은 생략할 수도 있다. 본 교재는 교수들의 그동안의 강의내용과 경험을 바탕으로 개념과 기본이론을 중심으로 편집하려고 노력하였으나 다양한 역학분야를 하나의 책으로 엮는다는 것은 자칫 주마간산 격이 될 우려가 없지 않다. 이러한 우려는 강의를 통하여 지속적으로 수정하고 보완하여 교재의 편찬의도를 살리고자 노력할 계획이다.

끝으로 본 교재를 편찬함에 있어서 참고한 여러 참고문헌들의 원저자들과 본 교재의 출간에 수고하신 성안당 관계자분들께 감사의 마음을 표하고자 한다.

2010. 1.

옥포만 원일관에서
편저자 일동

Contents

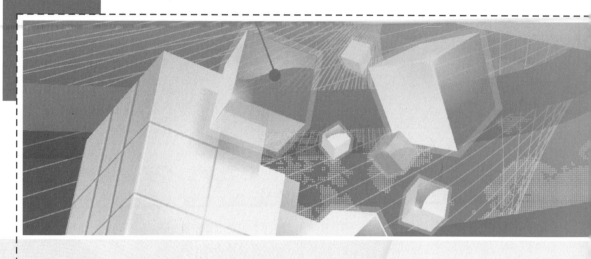

Chapter 04   열역학

Chapter

공학적 문제해결

01 공학적 문제해결
Chapter >>>

1.1 공학과 역학

공학(engineering)은 고대로부터 전쟁을 수행하기 위한 수단으로 이용된 이래로 전쟁기구의 설계 제작을 위한 군사공학으로부터 발전되어 왔다. 헬레니즘 시대의 대표적인 천재 과학자였던 아르키메데스는 조국 사라쿠사가 로마의 침략을 받자 투석기, 기중기 등을 응용한 신형무기들을 만들어 로마의 공격을 상당 기간 동안 저지시키기도 하였다. 중세의 천재 과학자인 레오나르도 다빈치도 잠수함, 탱크, 비행기 등 현대인이 사용하는 각종 군사장비들을 생각하고 스케치해 두었다. 레오나르도 다빈치에 의해 설계 제작된 장갑차와 해군대포, 투석기 등은 어떠한 전쟁기구들보다 강력하였다(「그림 1.1」과 「그림 1.2」). 군사공학과는 구별되어 도로, 교량, 운하 등의 비군사공학 분야는 토목공학(civil engineering)으로 발전되었다. 20세기에 들어 다양한 분야에서의 기계공학(mechanical engineering)의 발달은 내연기관, 구동기구, 공작기계, 공기조화 시스템, 발전 시스템을 포함하기에 이른다. 이와 같이 기계공학은 동력의 발생원을 포함하여 이를 변환하고 전달하는 장치의 설계, 제조, 설치뿐 아니라 재료의 특성, 구조, 제어 등에 이르기까지 확장되었다. 최근에는 마이크로에서 나노 크기에 이르는 극미세 단위에서 물질을 제어하여 유용한 재료, 소자 및 시스템들을 창출해 내는 극미세공학(micro, nano technology), 자연의 생명체가 보여주는 행동이나 구조, 그들이 만들어 내는 물질 등을 연구해 모방함으로써 인간 생활에 적용하려는 기술인 자연모방공학(nature-inspired engineering) 등 다양한 분야의 학문과 연계되어 진화하고 있다.

이러한 공학의 학습은 많은 부분 역학(mechanics)으로부터 시작된다. 역학은 물체에 작용하는 힘과 그 효과를 다루는 물리과학이다. 공학적 원리를 이해하고 해석하는 데 있어서 역학 지식은 마치 건축물의 시공에서 기초를 닦는 것과 같은 역할을 한다. 구조물 및 기계류의 진동, 안정성 및 강도, 함정, 선박, 로봇, 로켓 및 우주선의 설계, 자동제어, 엔진 성능, 유체의 유동, 전기 기계 및 장치 등 많은 분야에 접근하기 위해서는 역학과 관련된 내용들의 이해가 선행되어야 한다. 이렇듯 중요한 역학의 기본 원리에 대한 충분한 이해와 이를 실제 문제에 적용시킬 수 있는 응용능력이 매우 중요하다. 기초역학은 정지해 있는 물체의 물리적 특성을 파악하는 정역학, 고체의 특성을 다루는 재료역학, 기체와 유체로 대표되는 유체 유동의 경향성을 파악하는 유체역학, 에너지 변환의 성질에 대해 이해를 높여 주는 열역학 그리고 함정의 진동과 밀접한 연관이 있는 동역학에 대한 기본원리의 학습이다. 이는 첨단 기술군인 해군의 미래 해군장교로서 지녀야 하는 '공학적 마인드'를 배양함에 있다. 또한, 해군무기체계에 응용되는 기초역학 지식을 제공하여 사관생도로 하여금 함정 및 함정관련 무기체계의 이해를 높이고자 한다.

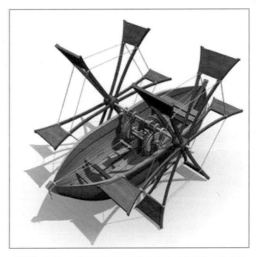

[그림 1.1] 레오나르도 다빈치가 설계한 외륜선

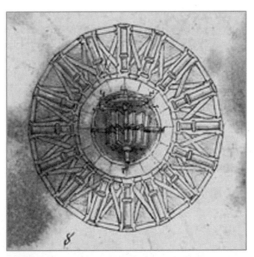

[그림 1.2] 레오나르도 다빈치의 다연장포 스케치

1.2 문제의 공학적 해결

(1) 문제의 유형

생도들이 공학을 학습하는 궁극적인 목적은 군 생활 과정에서 당면하는 제반 공학적 문제를 해결하는 것이다. 이를 위해서는 기계나 기구 등 장치의 물리적인 거동이나 고려하고 있는 현상에 대한 정확한 이해가 필요하다. 따라서 공학의 학습은 크게 두 부분으로 나누어 생각할 수 있다. 첫째는 일반적인 개념이나 원리의 이해(understanding)이고, 둘째는 이들 원리와 이해를 실제 현상에 적용(applying)하는 것이다. 일반적인 개념의 이해는 본 교재에 주어진 내용들이나 토론을 통해서 얻을 수 있으며, 이러한 개념들을 적용하는 기술은 스스로 문제를 풀어 나가는 과정에서 획득되어진다. 물론 역학에 관련된 문제들은 위의 두 가지 측면들이 서로 밀접하게 연관되어 있다. 개념을 이해하지 못하면서 원리를 적용한다는 것은 어려운 일이다. 즉, 원리를 말하기는 쉽지만 이 원리들을 실제 현상에 적용하기 위해서는 깊은 이해가 필수적이다. 이것이 바로 역학을 학습하는 과정에서 문제 풀이를 강조하는 이유이다. 공학적 문제 해결은 개념에 대한 이해를 돕는 동시에 경험을 얻고 판단을 발달시키는 기회를 제공해 줄 것이다.

본 교재에 수록된 예제와 연습문제들은 식의 유도나 풀이를 요구하게 될 것이다. 유도식 문제(symbolic problem)의 경우, 하중 P나 길이 L과 같이 다양한 자료들이 기호 혹은 문자로 제시된다. 이들 문제들은 관련된 변수들을 이용하여 풀어나가며 결과는 수학적인 표현이나 공식의 형태로 나타난다. 유도식 문제들은 수치 자료들을 최종 유도 결과에 대입하여 결과를 구하는 경우를 제외하고는 수치적 계산을 포함하지 않는다. 그러나 최종 유도 결과에 수치를 대입하는 해결방법도 문제를 유도 과정으로 해결하였다는 것에는 의심의 여지가 없다.

이와는 달리 수치적 문제(numerical problem)는 하중 12kN, 길이 3m 등과 같이 구체적인 자료들이 적절한 단위와 숫자로 주어진 경우에 해당한다. 이러한 수치적 문제들은 처음부터 계산을 해 나가면서 풀어나가며, 중간이나 나중에 나타나는 결과들 역시 숫자의 형태를 갖는다. 수치적 문제의 장점은 전체 풀이 과정에서 모든 양들에 대한 크기를 분명히 알 수 있어 풀이 과정에서 나타나는 결과들이 적절한지 여부를 점검할 수 있는 기회가 있다는 것이다. 만일 상식적으로 납득되지 않는다면 계산을 멈추고 잘못이 없는가를 살펴볼 수 있다. 또한 수치적 해는 크기가 정해진 범위 내에 유지될 수 있게 해준다. 수평보의 한 특정점에 작용하는 응력이 허용치를 벗어나지 않아야 하는 경우가 그 일례이다. 만약 이 응력이 수치해의 중간 단계에서 계산된 것이라면 즉시 이 응력이 한계치를 벗어나는 것인지를 확인할 수 있다. 그러나 풀이 과정이 유도식 형태로 진행된다면 응력의 크기를 중간 단계에서 알 수 없다.

유도식 문제 또한 몇 가지 장점이 있다. 결과들이 대수적 공식이나 표현이기 때문에 변수들이 결과에 어떠한 영향을 미치는지 알아볼 수 있다. 예를 들어, 하중이 결과식의 분자에 나타났다면 하중을 두 배로 증가시키면 결과도 이에 비례하여 두 배로 증가할 것이라는 것을 쉽게 알 수 있다. 혹은 분모에 나타난 차원이 제곱으로 나타나 있을 경우 이 차원에 대한 제곱의 영향은 결과를 4로 나눈 것과 같다는 것을 알 수 있다. 중요한 것은 결과에 영향을 미치지 않는 변수들을 알 수 있다는 것이다. 어떤 양은 계산 도중 소거되어 없어지기도 하는데 이와 같은 일은 수치적 문제에서는 인지하지 못하는 경우가 많다. 게다가 유도식 문제는 결과에 나타난 모든 항들의 차원이 일치하는 가를 살펴볼 수 있게 한다. 아울러 유도식 문제 풀이의 가장 중요한 점은 계산된 결과를 다른 수치적 자료를 가지고 있는 문제에 적용할 수 있다는 것이다. 반면에 수치적 문제의 결과는 오직 주어진 조건에 국한되어 의미를 가지게 되므로 조건이 달라지면 처음부터 다시 풀어야 된다. 물론 유도식 문제의 결과가 너무 복잡한 형태로 나타나게 되면 실용적이지 못하게 되고 이 경우 수치적 해가 보다 적합한 결과라 할 수 있다.

보다 진보된 역학 문제에 있어서는 수치해석(numerical analysis)적 방법에 의하는 경우도 있다. 수치해석이라는 용어는 컴퓨터를 이용한 광범위한 방법을 의미하며, 여기에는 수치적분(numerical integration), 수치미분(numerical differentiation)과 같이 표준적이고 수학적인 절차와 유한요소법(finite element method)과 같은 고도의 분석법이 포함된다. 수치해석은 대량의 반복적인 계산을 포함하기 때문에 컴퓨터 프로그램을 이용하며, 수학적 절차를 수행하는 프로그램은 다양한 상용 프로그램이 개발되어 쉽게 이용할 수 있다. 보의 처짐이나 주응력, 유체유동의 특성 등을 구하기 위한 것과 같은 특성화된 프로그램의 이용도 가능하다. 그러나 본 교재에서는 특정 프로그램을 이용하는 것보다는 개념적인 내용을 위주로 학습하게 될 것이다.

(2) 문제의 해결 절차

문제를 해결하는 절차는 개인에 따라 그리고 문제의 유형에 따라 달라진다. 하지만 다음의 제안된 순서는 문제 해결 도중 발생할 수 있는 오류를 줄여줄 것이다.

① 문제를 이해하고 문제의 범위를 명확하게 한다. 이 과정은 문제가 수반하는 것들에 대한 지적 구상을 가진다는 것, 즉 알려진 것은 무엇이고 찾아야 할 것은 무엇인지를 알 수 있게 하는 과정이다.

② 고려대상 시스템의 구조를 그림으로 그린다. 이는 문제를 해결하기 위해 관련된 물리적 현상을 시각화한다는 것을 의미한다. 스케치한 그림은 실제 상황을 이해하는 데 도움이 될 뿐 아니라 간과하기 쉬운 것들을 놓치지 않게 해준다.

③ 물리적 가정을 적용하여 시스템을 단순화한다. 가능하면 무시할 수 있는 효과들을 제거함으로써 특정 문제에 적합하도록 해석을 단순화시킨다. 이 과정은 실제의 시스템에 대한 이상적인 시스템을 그리기 때문에 모델링(modelling)이라 부른다.

④ 문제를 해결하는 데 필요한 식 또는 공식을 세우기 위해 이상화된 모델에 정의된 현상에 역학적 원리를 적용한다. 정역학에서는 뉴턴의 제1법칙에 의한 평형방정식이 되고, 동역학에서는 뉴턴의 제2법칙에 의한 운동방정식이 된다. 재료역학에서는 응력, 변형률, 처짐 등이 관련되어 있다.

⑤ 방정식을 풀어 문제에서의 미지량들을 계산한다. 결과를 얻기 위해 수치적 문제나 유도식 문제에 수학적인 기술과 컴퓨터 기술을 이용할 수 있다.

⑥ 기계적 시스템에 적합한 물리적 거동으로 결과를 분석한다. 이는 결과의 중요성이나 이해를 돕고 시스템 거동에 대한 결론을 이끌어 낼 수 있게 한다.

⑦ 다양한 방법을 이용하여 결과를 점검한다. 단위는 정확한지, 계산된 수치의 크기가 예상되는 크기의 범위에 있는 지를 점검한다. 착오나 오류는 치명적이고 추가적인 비용이 드는 문제이므로 공학도는 절대로 하나의 해에만 의존해서는 안 된다.

⑧ 마지막으로 결과를 명확하고 명료하게 정리하여 다른 사람들이 용이하게 검토할 수 있게 한다.

1.3 차원과 단위

(1) 차원 체계

길이, 질량, 시간, 온도, 면적, 힘, 속도, 가속도 등과 같이 측정 가능한 모든 물리적 양을 차원(dimension)이라 한다. 차원의 최소 그룹을 기본차원(primary dimension)이라 하는데, 길이(length), 질량(mass), 시간(time), 온도(temperature)를 국제표준차원으로 채택하고 있다. 모든 측정 가능한 물리적 양들은 기본차원 혹은 기본차원의 결합으로 표시할 수 있는데, 기본차원의 결합으로 나타낸 차원을 유도차원이라 한다. 면적, 힘, 속도, 가속도 등은 유도차원에 속한다.

기본차원으로 어떤 물리량을 택할 것인가는 과학과 기술의 발전과 더불어 변천되어 오고 있다. 길이와 시간은 세계 모든 나라에서 기본차원으로 채택하고 있으나, 질량과 힘은 나라에 따라 다른 기준을 택하고 있다. 일반적으로 순수과학분야는 기본차원으로 질량을 선호해 왔고, 공학분야는 힘을 기본차원으로 선호해 왔다. 이와 같이 기본차원은 국제표준체계인 질량(M), 길이(L), 시간(t) 및 온도(T)를 기본차원으로 하는 MLtT 체계와 힘(F), 길이(L), 시간(t) 및 온도(T)를 기본으로 하는 FLtT 체계로 나눌 수 있다.

뉴턴의 제2법칙 $F = ma$는 4개의 차원인 F, M, L, t의 관계를 나타내 주고 있다. 이 법칙은 힘과 질량의 관계를 나타내고 있으므로 다음 식과 같이 차원과 단위를 갖는 비례상수 값을 도입하면 좌변과 우변의 차원과 단위를 동일하게 만들 수 있다.

$$F = \frac{ma}{g_c} \tag{1.1}$$

여기서, g_c는 비례상수이며 차원을 가지고 있다. 비례상수 g_c의 수치 값은 채택되는 기본차원의 측정단위에 따라 결정된다. MLtT 차원체계에서는 질량(M)이 기본차원이고 힘(F)은 유도차원이며, 비례상수 g_c는 무차원으로 비례상수 값은 1이다. FLtT 차원체계에서는 힘(F)은 기본차원, 질량(M)은 유도차원이며, 비례상수 역시 무차원이며 그 값은 1이다.

(2) 단위 체계

측정 시스템은 인류가 건축물을 짓고 물물교역을 시작하면서 필수적인 요소가 되었다. 고대 문명은 대부분 그 문명에 적합한 측정 시스템을 발전시켰다. 측정 단위 혹은 측량 단위의 표준화는 수 세기에 걸쳐 점차적으로 이루어지기도 하였으나 포고령을 통해 이루어지기도 하였다. 영국단위계(British Imperial System)는 13세기로부터 18세기에 이르러 정착되었다. 영국단위계는 미국을 포함한 각국에 상업과 식민화를 통해 전파되었다. 미국에서는 그 후 현재 사용되고 있는 미국관습단위계(U.S. Customary System ; USCS)로 발전하였다.

미터단위계(metric system)의 개념은 300년 전 프랑스에서 시작되어 1790년대 프랑스 혁명 때에 공식화되었다. 프랑스는 1840년에 미터단위계의 사용을 의무화하였으며 이후 많은 나라들이 사용하고 있다. 1950년대에 미터단위계를 대폭적으로 수정한 새로운 단위계가 출현하였으며, 1960년 공식적인 국제단위계(International System of Units ; SI)인 SI 단위계가 채택되었다. SI 단위계는 이전의 미터단위계와 유사하지만 많은 새로운 특성들을 가지고 있으며, 미터단위보다 상당히 단순화되었다.

앞에서 설명하였듯이 길이, 시간, 질량 그리고 힘은 역학에서 필요로 하는 측정 단위들이다. 이들은 뉴턴의 제2법칙인 식 (1.1)에서와 같이 서로 관계가 있으며 이들 중 세 개의 양만이 독립변수이다. 미터단위계와 국제단위계 모두 길이, 시간 및 질량을 기본적인 양으로 한다. 이 세 가지 기본 단위들은 측정하는 장소에 무관한 독립적인 양들이므로 SI 단위계를 절대단위계(absolute system of units)라 한다. 따라서 SI 단위계의 길이, 시간 및 질량은 지구상의 모든 곳, 달, 우주 등 어느 곳에서도 사용할 수 있기 때문에 과학적 연구에서는 이 단위계를 선호한다. 반면에 힘의 단위는 임의의 질량이 중력가속도로 가속될 때의 필요한 힘으로 정의된다. 따라서 이렇게 정의된 힘은 위치와 고도에 따라 다르게 되므로 이를 중력단위계(gravitational systems of units)라 한다. 중력단위계는 직관적으로 무게를 확인할 수 있었고 중력의 변화를 인식하지 못했기 때문에 먼저 발달되었다. 그러나 현재의 과학기술에서는 절대단위계를 선호한다. 앞으로 학습하게 될 많은 문제들의 해석과정에서 고려 중인 변수들을 정의하기 위해서는 일관성 있는 단위계의 사용이 필수적이다. 본 교재에서도 국제단위계를 중심으로 서술하되, 아직도 군 현장에서의 미국단위계 사용관습을 감안하여 미국단위계도 예제와 연습문제 등의 보조적인 방법으로 사용하였다.

(3) SI 단위계

국제단위계의 기본단위는 역학에서 중요시하는 기본단위인 길이에 대하여 미터(meter, m), 시간은 초(second, s), 그리고 질량은 킬로그램(kilogram, kg)이다. 이외에 온도(K), 전류(A), 당량(mol) 그리고 조도(cd)의 7개 기본단위가 있다.

역학에서 사용하는 다른 단위들은 미터, 초, 그리고 킬로그램을 기본으로 유도된 단위들이다. 예를 들어 힘의 단위는 뉴턴(newton)이며, 이는 1kg의 질량을 $1m/s^2$의 등가속도로 가속시키는 데 필요한 힘으로 정의된다. 따라서 뉴턴(N)은 다음과 같이 기본단위의 항으로 표시할 수 있다.

$$1N = 1kg \cdot m/s^2 \tag{1.2}$$

1N은 대략 작은 사과의 무게에 해당된다.

[표 1.1] 역학에서 사용되는 주요 단위들

	국제단위계		미국관습단위계	
	단위	기호	단위	기호
가속도	m/s^2		ft/s^2	
면적	m^2		ft^2	
밀도	kg/m^3		$slug/ft^3$	
에너지	$N \cdot m$	J	ft−lb	
힘	$kg \cdot m/s^7$	N	lb	
주파수	s^{-1}	Hz	s^{-1}	Hz
길이	m		ft	
질량	kg		$lb-s^2/ft$	slug
동력	J/s	W	ft−lb/s	
압력	N/m^2	Pa	lb/ft^2	psf
시간	second	s	s	
속도	m/s		ft/s	
체적(액체)	$10^{-3}m^3$	L	gallon	gal.
체적(고체)	m^3		ft^3	cf

일과 에너지는 동일한 단위로 정의될 수 있다. 이는 일이 에너지의 한 형태이기 때문이다. 일의 단위는 줄(joule ; J)이며, 1N의 힘이 1m의 거리에 작용하는데 소요되는 에너지로 정의된다.

$$1J = 1N \cdot m \tag{1.3}$$

「표 1.1」에는 역학에서 주로 사용되는 단위들의 이름과 기호들이다. 이 단위들 중 뉴턴, 줄, 와트(watt), 헤르츠(hertz), 파스칼(pascal) 등은 과학과 공학에 현저한 업적을 이룩한 사람들의 이름을 따라 지어졌다. 이들 단위는 소문자로 쓰지만 기호는 대문자인 N, J, W, Hz, 그리고 Pa과 같이 표기된다.

어떤 단위는 매우 작은 양을 표현하기 때문에 해석을 수행하는 데 불편한 경우가 있어 수치적인 계산을 편리하게 하기 위하여 단위의 배수인 적절한 접두어를 사용하여 불필요하게 크거나 작은 값들을 피할 수 있다. 「표 1.2」는 SI 단위계에서 사용하는 접두어들을 정리한 것이다. 「표 1.2」의 접두어는 모든 단위에 적용되는 것은 아니다. 온도 단위나 시간에는 이러한 접두어를 사용하지 않는다.

[표 1.2] SI 단위계의 접두어

접두어	기호	지수	접두어	기호	지수
tera	T	10^{12}	deci	d	10^{-1}
giga	G	10^{9}	centi	c	10^{-2}
mega	M	10^{6}	milli	m	10^{-3}
kilo	k	10^{3}	micro	μ	10^{-6}
hecto	h	10^{2}	nano	n	10^{-9}
deka	da	10^{1}	pico	p	10^{-12}

(4) USCS 단위계

미국의 전통적인 측정단위들은 정부의 규제 없이 사용되었기 때문에 관습적 단위계라 불린다. 역학에 사용되는 기본단위로 길이는 피트(foot, ft), 시간은 초(second, s), 그리고 힘은 파운드(pound, lb)이다. 1ft는 0.3048m이며, 파운드는 0.4539237kg인 표준질량의 무게로 정의된다. 따라서 1lb=(0.4539237kg)(9.80665m/s^2)=4.44822N으로 정의된다.

USCS 단위계에서의 질량단위를 슬러그(slug)라 하며, 이는 1lb의 힘이 작용할 때 1ft/s^{2}로 가속될 수 있는 질량을 말한다. 따라서 뉴턴의 제2법칙을 이용하면 다음 식과 같이 표현할 수 있다.

$$1\,\text{slug} = \frac{1\,\text{lb} \cdot \text{s}^2}{\text{ft}} \qquad\qquad (1.4)$$

앞에서 언급한 바와 같이 중력가속도는 위치와 고도에 따라 변하기 때문에 국제 표준값을 정의하여 사용한다. USCS 단위계에서의 중력가속도는 $g=32.1740\text{ft/s}^2$이며, 일반적으로 $g=32.2\text{ft/s}^2$를 사용한다. 따라서 1slug 질량의 물체는 지표면에서 32.2lb의 무게가 된다. 미국단위계에서 사용하는 또 다른 질량 단위는 파운드-질량(pound-mass, lbm)으로 1lb 무게를 갖는 물체의 질량을 의미하며

1lbm=1/32.2slug이다.

SI 단위계와 미국단위계는 「표 1.3」의 환산계수들을 이용하면 서로 다른 단위계로 바꾸어 사용할 수 있다. 즉, 미국단위계로 나타낸 양이 있다면 「표 1.3」의 환산계수를 곱하여 SI 단위로 고칠 수 있다. 예를 들어 보에 작용하는 응력이 10,600psi이고, 이 양을 SI 단위계로 변환하고자 하면 「표 1.3」에서 1psi는 6,894.76Pa이므로 다음과 같이 변환할 수 있다.

$$10,600\mathrm{psi} \times \frac{6,894.76\,\mathrm{Pa}}{1\mathrm{psi}} = 73,100,000\,\mathrm{Pa} \times \frac{1\mathrm{MPa}}{10^6\mathrm{Pa}} = 73.1\mathrm{MPa}$$

예제 1.1

북위 45°의 지표면에서 측정한 우주왕복선에 탑재할 수하물의 무게가 50kg중이었다. 수하물의 무게를 N과 lb로 환산하고, 질량을 slug로 계산하시오.

풀이 수하물의 무게는

$$W=(50\mathrm{kg})(9.81\mathrm{m/s}^2)=450\mathrm{N}$$

이를 「표 1.3」의 환산표를 사용하여 lb로 환산하면,

$$W=490\mathrm{N}\left[\frac{1\mathrm{lb}}{4.4482\,\mathrm{N}}\right]=110.2\mathrm{lb}$$

끝으로, 질량을 slug로 표시하면,

$$m=\frac{W}{g}=\frac{110.2\mathrm{lb}}{32.2\,\mathrm{ft/s}^2}=3.42\mathrm{slug}$$

[표 1.3] 미국관습단위계와 SI 단위계의 환산계수

미국관습단위계	환산계수	SI 단위계	미국관습단위계	환산계수	SI 단위계
가속도			동력		
ft/s^2	0.3048	m/s^2	ft−lb/s	1.35582	W
면적			hp	745.701	W
ft^2	0.09290	m^2	압력, 응력		
in^2	645.16	mm^2	psf	47.8803	Pa
밀도			psi	6894.76	Pa
slug/ft^3	515.379	kg/m^3	ksf	47.8803	kPa
에너지			ksi	6.89476	MPa
ft−lb	1.35582	J	속도		
Btu	1055.06	J	ft/s	0.3048	m/s
힘			mph	0.447	m/s
lb	4.44822	N	mph	1.609344	km/h
kip	4.44822	kN			

미국관습단위계	환산계수	SI 단위계	미국관습단위계	환산계수	SI 단위계
길이			체적		
ft	0.3048	m	ft^3	0.0283168	m^3
in	25.4	mm	in^3	16.3871	cm^3
mile	1.609344	km	gal.	3.78541	L
질량			gal.	0.00378541	m^3
slug	14.5939	kg			

1.4 유효숫자

공학적인 계산들은 컴퓨터나 계산기를 이용하여 높은 정밀도로 수행된다. 반복적인 계산에 몇몇 컴퓨터는 25자리 이상의 값을 수행하고, 휴대용 계산기의 경우 대략 10자리수의 정확도로 수행된다. 이러한 조건에서 중요하게 인식되는 것은 공학적인 분석에서 얻어지는 결과의 정확도는 계산뿐 아니라 주어진 자료의 정확도와 같은 요인에 의해서도 영향을 받는다. 많은 공학적 상황에서 주어진 자료에 적용된 이론의 가정이나 추정, 대수적 모형에 대한 대략적인 추정과 같은 요인들로 인하여 결과를 나타낼 때 2～3자리의 유효숫자(significant digits)를 사용한다. 계산기나 컴퓨터를 사용하여 많은 자리수를 갖는 결과를 얻을 수 있기 때문에 필요 이상의 많은 자리수를 사용할 경우 잘못된 결과를 초래할 수도 있다.

예를 들어 부정정보에 정적으로 작용하는 작용력에 대한 계산결과가 $R=6,287.46N$ 이라고 하자. 그러나 결과를 이렇게 표현하는 것은 잘못이다. 왜냐하면 힘의 크기가 6,000N을 초과하는데 결과는 1/100N까지 나타내고 있기 때문이다. 이 경우 정확도(accuracy)는 대략 1/600,000, 정밀도(precision)는 0.01N이다. 계산된 작용력의 정확도가 영향을 받는 요인들은 하중이나 차원 그리고 분석에 사용된 데이터들의 정확도와, 보에 대한 이론에 적용된 추정이 영향을 준다. 대부분 이와 같은 부의 문제에서 작용력은 근접한 10N까지 나타내거나 근접한 100N까지만 나타낸다. 따라서 작용력에 대한 계산결과는 $R=6,290N$이나 $R=6,300N$으로 나타내는 것이 적합하다.

주어진 수치의 정확도를 명확하기 하기 위해서는 유효숫자를 사용한다. 유효숫자는 비록 수치를 정확하게 나타내지는 않지만 유효숫자의 사용은 공학적 측면에서 정확도에 대한 광범위하고 용이한 접근방법이다. 유효숫자는 1～9까지의 숫자와 소수의 자리를 나타내기 위한 것이 아닌 0이다. 예를 들어 417, 8.29, 7.30 그리고 0.00254의 경우 각각의 숫자는 모두 3개의 유효숫자를 가지고 있다. 그러나 29,000과 같은 숫자는 유효숫자가 불분명하다. 29,000은 2개의 유효숫자와 자리를 나타내기 위한 3개의 0으로 이루어졌다고 할 수도 있고, 3개 내지 4개의 유효숫자가 있다고 할 수도 있기 때문이다. 이러한 경우에는 지수를 사용하면 유효숫자를 명확히 할 수 있다. 즉, 2.9×10^4이나 0.029×10^6으로 나타내면 이 경우 2개의 유효숫자를 갖게 되며, 2.90×10^4이나 0.0290×10^6으로 나타내면 유효숫자는 3개로 늘어난다.

계산에 의해 얻어지는 수들의 경우 이들의 정확도는 계산을 수행할 때 사용된 수들의 정확도에 의존한다. 곱셈과 나눗셈에서의 계산결과 유효숫자의 수는 계산에 사용된 숫자 중 가장 작은 유효숫자를 갖는 것에 따른다. 예를 들어 2,339.3과 35.4를 곱하면 결과는 8자리수로 표기할 때 82,811.220이 된다. 하지만 이렇게 표시된 숫자는 원래의 수들을 보증할 수 있는 정도보다 훨씬 더 높은 정확도를 가지게 되어 결과를 잘못 이해하게 된다. 35.4는 단지 3개의 유효숫자를 가지고 있기 때문에 적절하게 나타낸 결과는 82.8×10^3이다.

일련의 숫자들이 관련된 덧셈이나 뺄셈의 경우 유효숫자의 마지막 자리는 계산에 관계된 숫자들이 유효숫자 중 마지막 자리에 의해 결정된다. 다음의 예를 보면 이점은 분명해 진다.

	459.637	838.49	856.400
	+ 7.2	− 7	−847.900
계산 결과	466.837	831.49	8.500
결과 표기	466.8	831	8.500

첫 번째의 예에서 459.637은 6개의 유효숫자를 가지고 있고 7.2는 2개를 가지고 있다. 이들을 더할 경우 결과는 4개의 유효숫자를 가지게 되는데 이는 7.2에서 2 아래의 자릿수는 의미가 없기 때문이다. 두 번째 예에서 7은 1자리의 유효숫자를 가지고 있기 때문에 결과는 7이 차지하고 있는 자리까지 유의미한 숫자가 된다. 따라서 3자리의 유효숫자인 831이 된다. 세 번째 예에서 856.400과 847.900은 4자리의 유효숫자를 가진 것으로 추정된다. 그러나 계산 결과에서 0은 중요하지 않기 때문에 유효숫자는 두 자리가 된다. 일반적으로 뺄셈에서는 정확도가 줄어든다. 특히 두 수의 차이가 적을 경우에는 정확도는 크게 감소한다. 이 세 가지 예에서 볼 수 있듯이 계산과정에서 얻어지는 수들은 아무런 물리적 의미를 가지지 않는 부수적인 수들을 포함하고 있다. 따라서 최종 결과로서 수들을 나타낼 때는 유효숫자만으로 나타내야 한다.

공학문제에서 데이터들이 갖는 정확도는 대략 1% 정도이며, 경우에 따라서는 0.1% 이기 때문에 최종결과도 이 정확도에 맞추어야 한다. 유효숫자들은 수들을 정확하게 나타내는 손쉬운 방법이기는 하지만 정확도의 정도(indicator of accuracy)를 나타내지는 않는다는 점을 알아야 한다. 999와 101 두 수를 비교해 보면 999에서 유효숫자가 갖는 정확도는 1/999 또는 0.1%이고, 101은 1/101 혹은 1.0%가 된다. 이러한 정확도의 차이는 1로 시작되는 부수적인 숫자를 사용함으로써 줄일 수 있다. 4자리 유효숫자를 가지는 101.1의 경우 정확도는 999의 3자리 유효숫자가 가지는 정확도와 같은 정도를 갖게 된다. 계산과정에서 많은 수들이 상수의 형태로 주어진다. 식에 포함되어 있는 1/2이나 12와 같은 수나 π와 같은 경우 이들의 유효숫자는 무한하다고 가정하고 사용한다. 따라서 이러한 상수나 변환변수들은 계산된 결과의 유효숫자에 영향을 미치지 않는다.

연습문제

1.1 다음 양을 적절한 접두어를 사용하여 올바른 SI 단위로 표시하시오.

(a) 0.000431kg

(b) $35.3(10^3)$N

(c) 0.00532km

정답 (a) 0.431g, (b) 35.3kN, (c) 5.32m

1.2 다음 주어진 양들을 MLtT 차원체계로 표시하고, SI 단위와 USCS 단위체계로 나타내시오.

(a) 동력   (b) 압력

(c) 탄성계수   (d) 각속도

(e) 에너지   (f) 운동량

(g) 전단응력   (h) 비열

정답 (a) ML^2t^{-3} ft–lb(Btu/s), (b) $ML^{-1}t^{-2}$ lb/ft^2, (c) $ML^{-1}t^{-2}$ lb/ft^2, (d) $t^{-1}s^{-1}$, (e) ML^2t^{-2} ft–lb(Btu), (f) MLt^{-1} lbm–ft/s, (g) $ML^{-1}t^{-2}$ lb/ft^2, (h) $L^2t^{-2}T^{-1}$ Btu/lb$_m$R

1.3 다음 각각을 계산하고 적절한 접두사를 갖는 SI 단위로 표시하시오.

(a) (50mN)(6GN)

(b) (400mm)$(0.6$MN$)^2$

(c) 45MN^3/900Gg

정답 (a) 300kN^2, (b) 0.144m · MN^2, (c) 50kN^3/kg

1.4 달의 중력가속도는 지구의 중력 가속도의 약 1/6이다. 다음 두 경우에 대하여 달 표면에서의 질량과 중량을 구하시오.

(a) 지구표면에서 20N인 물체

(b) 지구표면에서 20lb인 물체

정답 (a) 2.04kg, (b) 3.34N, 0.62slug, 3.33lb

1.5 다음 질량을 갖는 물체의 무게를 뉴턴 단위로 표시하시오. 적절한 접두어를 사용하여 유효숫자 세 자리까지 구하시오.

(a) 40kg   (b) 0.5g   (c) 4.5Mg

정답 (a) 392N, (b) 4.90mN, (c) 44.1kN

1.6 원유는 배럴(barrel) 단위로 거래된다. 1배럴은 원유 55갤런(gallon)을 담고 있다. 1갤런은 231in^3이다.

(a) 원유 1배럴은 몇 ft^3을 포함하고 있는가?

(b) 원유 1배럴은 몇 L에 해당하는가?

정답 (a) 7.35ft^3, (b) 208L

1.7 다음 숫자를 유효숫자 세자리까지 반올림하여 표현하시오.

(a) 4.65735m

(b) 55.578g

(c) 4,555N

(d) 2,768kg

정답 (a) 4.66m, (b) 55.6g, (c) 4.56kN, (d) 2.77Mg

1.8 고속도로상의 최고 속도 110km/h를 mph(mile per hour)로 환산하시오.

정답 68.4mph

1.9 다음을 계산하고 적절한 접두어를 사용하여 표현하시오.

(a) $(430\text{kg})^2$

(b) $(0.002\text{mg})^2$

(c) $(230\text{m})^3$

정답 (a) 0.185Mg^2, (b) $4\mu\text{g}^2$, (c) 0.0122km^3

1.10 직경이 10mm이고 높이가 200mm인 원통의 체적을 ft^3 단위로 구하시오.

정답 0.000555ft^3

MEMO

Chapter **02**

Fundamentals of Mechanics

정 역 학

02 정역학

Chapter >>>

　역학이란 힘이 작용하고 있는 물체의 정지 또는 운동 상태를 묘사하고 예측하는 과학이라고 정의될 수 있다. 역학은 과학이라고 불리는 것 중 가장 먼저 체계화된 학문으로, 갈릴레이를 거쳐 17세기 말 뉴턴에 의해서 그 기초가 확립되었다. 이러한 역학체계를 뉴턴역학이라고 하는데, 이는 그 당시 정밀과학의 본보기로서 다른 과학의 모범이 되었을 뿐 아니라 모든 자연현상을 규명하는 기초과학으로 간주되었다. 그러나 20세기 이후 19세기 말에 발전한 전자기학의 체계화와 함께 아인슈타인에 의하여 상대성 이론이 확립되면서 뉴턴역학은 일종의 제한적인 상황에서 성립하는 이론으로 그 적용 범위가 한정되었다. 그 후 원자 차원의 물질입자를 지배하는 역학으로서 양자역학이 대두되면서, 그때까지 역학의 기초였던 결정론적 인과성이 모든 자연현상에 반드시 적용되는 것이 아님이 밝혀지게 되었고 그 적용한계가 규정되었다. 그러한 의미에서 상대성 이론을 포함하는 양자역학 이전의 역학을 고전역학이라고 명명하였다.

　역학은 강체역학(mechanics of rigid bodies), 변형체역학(mechanics of deformable bodies) 및 유체역학(mechanics of fluids) 등의 분야로 나누어진다.

　강체역학은 정지하고 있는 물체를 다루는 정역학(statics)과 운동하고 있는 물체를 다루는 동역학(dynamics)으로 나누어진다. 본 장에서는 대상 물체가 완전한 강체(rigid body)라 가정하고 정역학을 공부하고자 한다.

　실제 구조물이나 기계들은 완전한 강체가 아니므로 그들이 받고 있는 하중에 의해 변형하게 된다. 이러한 변형은 보통 매우 작고 구조물의 운동이나 평형 조건에 큰 영향을 미치지 않는다. 그러나 이러한 변형들도 구조물의 파손에 대한 저항들을 고려하면 중요하며, 이러한 변형체의 역학을 재료역학(mechanics of materials)에서 연구하게 된다.

　유체역학에서는 비압축성 유체(incompressible fluids)와 압축성 유체(compressible fluids)의 특징적인 유동 특성 및 압력분포에 대해 공부하게 된다.

　역학이란 물리적 현상에 대한 연구를 다루므로 자연과학이라 할 수 있다. 그러나 역학을 크게 공학적인 문제와 수학적인 문제와 연관시키려는 두 가지 입장이 존재한다. 이러한 두 가지 관점들은 부분적으로 옳다고 할 수 있다. 역학은 대부분의 공학에서 기초를 이루므로 그들에 대한 연구에서 없어서는 안될 선행과제인 것이다. 그러나 역학은 일부 공학에서 발견

될 수 있는 경험이나 관찰에 의존하는 경험주의를 기초로 하지 않고 연역적 추리에 중점을 두게 되므로 수학에 가깝다고 할 수 있다. 다시 말해서 역학은 추상적인 과학도 아니고 순수 과학도 아니며 응용과학인 것이다.

그리고 역학은 물리현상들을 설명하고 예측하는 데 그 목적이 있으므로 공학적 응용의 기초를 이룬다고 할 수 있다.

2.1 정역학의 기초

(1) 기본 개념과 원리

고전물리학은 1890년 이전에 밝혀진 고전역학, 열역학, 광학, 전자기학 분야에서 이론, 개념, 법칙, 실험들을 포함한다. 고전물리학에 중요한 공헌을 한 사람은 뉴턴이다. 그는 고전역학을 체계적인 이론으로 발전시켰고 수학을 도구로 활용하기 위하여 미적분학을 창안한 사람 중의 한 명이다. 고전역학의 중요한 발전은 18세기까지 계속되었으나 열역학과 전자기학은 19세기 후반까지도 잘 이해되지 못하였다. 그 주된 이유는 체계적으로 실험할 수 있는 장치가 제대로 갖추어지지 못했기 때문이었다.

현대물리학이라고 하는 물리학에서의 주요한 혁명이 19세기 말에 시작되었다. 고전물리학으로 설명할 수 없는 많은 물리적 현상들이 발견되면서 현대물리학이 발전하였다. 이 시기에 이루어진 가장 중요한 두 가지 발전은 상대성 이론과 양자역학이다. 아인슈타인의 상대성 이론은 빛의 속력에 가깝게 움직이는 물체의 운동을 정확히 기술할 뿐만 아니라 공간, 시간, 에너지에 대한 전통적인 개념을 완전히 바꾸어 놓았다. 또한 상대성 이론은 빛의 속력이 물체가 가질 수 있는 속력의 상한선이며 질량과 에너지가 관련되어 있다는 것($E = mc^2$)을 보여준다. 그리고 탁월한 과학자들에 의해 체계가 이루어진 양자역학은 원자 영역에서 일어나는 물리적 현상들을 기술할 수 있게 해 주었다.

역학에서 사용되는 기본 개념들은 공간(space), 시간(time), 질량(mass) 및 힘(force)들이다. 이러한 개념들은 정확하게 정의할 수 없지만 이들은 우리의 직관력과 경험을 근거로 받아들여져야 하며, 역학적 연구를 위한 사고의 기본 틀로서 사용되어야 한다.

공간(space)은 한 점 P의 위치와 관계가 있다. 「그림 2.1」과 같이 P의 위치는 어느 특정한 기준점 또는 원점으로부터 세 방향으로 측정된 세 개의 길이에 의하여 정의될 수 있다. 이러한 길이들을 P의 좌표값(coordinates)이라 한다.

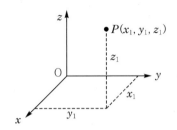

[그림 2.1] 공간(space)에서의 좌표

　현상을 정확히 정의하기 위해서는 공간에서의 위치만으로 충분하지 않으며 시간도 정의되어야 한다.

　질량(mass)은 장소나 상태에 따라 달라지지 않는 물질의 고유한 양으로 접시저울이나 양팔저울을 사용하여 측정한다. 단위로는 kg, g, mg 등을 사용하며 1kg은 1,000g이고 1g은 1,000mg이다. 어떤 물체의 무게는 그 물체를 이루는 양, 즉 질량에 따라 결정되므로 질량은 그 물체의 무게를 결정하는 물질의 양이라고 할 수 있다. 그러므로 같은 장소에서 무게는 질량에 비례한다. 뉴턴역학에서 관성질량이란 두 물체의 질량의 비는 이것들이 서로 같은 힘을 받았을 때 생기는 가속도의 역수의 비와 같다는 것으로 정의된다. 즉, 뉴턴역학의 제2법칙에 의한 운동의 법칙으로 정의되는 것이 관성질량이다. 반면 각각의 물체에 작용하는 지구의 중력의 비로서 정의되는 중력질량은 만유인력의 법칙을 사용하여 정의하는 질량이다.

　힘(force)이란 하나의 물체가 다른 물체에 미치는 작용을 나타낸다. 그것은 실제 접촉에 의해 가해지거나 중력 혹은 자기력의 경우와 같이 떨어져서 작용된다. 힘이란 그것이 작용하는 점, 크기 및 작용방향으로 특징지워진다. 이러한 힘은 벡터(vector)에 의해 표현된다.

　뉴턴역학에서 공간, 시간 및 질량은 서로 독립적인 절대 개념들이다. 이와는 달리 상대성 이론에서는 어느 사건이 발생하는 시간은 절대적인 의미가 아니라, 그 위치에 따라 다르고, 물질의 질량도 그 속도에 따라 변한다는 것이다.

　힘은 다른 세 개념(공간, 시간 및 질량)과 관련이 있으므로 독립적이지 않다. 뉴턴역학의 기본원리들 중의 하나는 물체에 작용하는 합력(resultant force)이 물체의 질량은 물론이고, 그 속도가 시간에 따라 변화되는 방법(가속도)에 관계가 있다는 것을 나타낸다.

　우리는 앞에서 소개한 네 가지 기본 개념을 질점과 강체의 정지 상태나 운동 상태에 대해 배우고자 한다. 질점(particle)이란 공간상에서 한 점을 차지하는 매우 작은 양의 물질을 의미한다. 강체(rigid body)란 상호간에 고정된 위치를 가지고 있는 많은 질점들의 결합체이다. 따라서 질점 역학에 대한 연구는 강체 역학 연구의 선행 과제가 된다. 그 밖에 질점에 대해 얻은 결과는 실제 물체 (actual bodies)의 정지 상태와 운동 상태를 다루는 많은 문제에 직접적으로 적용될 수 있다.

(2) 질점의 운동에 대한 뉴턴의 법칙

뉴턴의 법칙은 다음과 같은 세 가지의 법칙으로 설명할 수 있다.

뉴턴의 제1법칙은 관성의 법칙이라 하며, 질점에 작용하는 합력이 0인 경우, 정지하고 있는 질점은 계속 정지 상태로 남아 있고, 운동하고 있는 질점은 직선 상을 일정한 속도로 운동한다.

뉴턴의 제2법칙은 가속도의 법칙이라 하며, 질점에 작용하는 합력이 0이 아닌 경우, 그 질점은 합력의 방향으로 합력의 크기에 비례하는 가속도를 갖는다는 것이다. 이는 다음과 같은 식으로 정의할 수 있다.

$$\vec{F} = m\vec{a} \tag{2.1}$$

($\vec{F}$: 질점에 작용하는 합력, m : 질점의 질량, $\vec{a}$: 질점의 가속도)

뉴턴의 제3법칙은 서로 접촉하고 있는 물체들 사이에 작용하는 작용력과 반작용력은 그 크기와 작용선이 같고 방향은 반대라는 것이다. 「그림 2.2」와 같이 2009년 8월 26일 역사적으로 한국 첫 우주발사체가 발사됐다. 우주발사체의 노즐에서 연소 가스를 내보내게 되면(작용), 이 작용에 의해 반대되는 힘을 받게 되고(반작용), 이 힘으로 우주발사체는 치솟게 되는 것이다. 이와 같은 뉴턴의 제3법칙을 작용-반작용의 법칙이라고 한다.

[그림 2.2] 나로호의 발사(작용-반작용 법칙 적용)

2.2 벡터(Vector)

(1) 관성좌표계

뉴턴의 제2법칙(힘과 가속도의 법칙)을 적용할 때에는 가속도 측정이 기준되는 좌표계의 선택이 중요하다. 관성좌표계(inertial reference)는 뉴턴의 질점에 관한 법칙이 성립되는 좌표계를 말한다. 그러므로 지구에서의 설계는 관성좌표계를 지구에 고정시켜서 수행한다. 또한 뉴턴의 법칙이 명백히 성립하는 좌표계는 관성(inertial)이라는 말을 빼고 통상 좌표계라 부른다.

이러한 좌표계는 직각좌표계, 극좌표계 그리고 원통좌표계 등 다양하다. 본 절에서는 가장 많이 사용되는 직각좌표계와 극좌표계에 대해 공부한다.

일반적으로 평면상의 한 점을 표시하기 위해 수평과 수직선이 교차하는 점을 원점으로 정의하는 직각좌표계(rectangular coordinates)를 사용한다. 이를 카테시안 좌표(Cartesian coordinate)라고도 하며 한 점을 (x, y)로 표시할 수 있다.

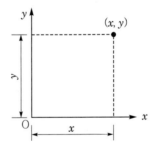

[그림 2.3] 직각좌표계의 좌표 설정

또한 평면상의 한 점을 표시하기 위해 평면 극좌표계(plane polar coordinate)도 많이 사용한다. 「그림 2.4」와 같이 한 점을 표시하기 위하여 (r, θ)로 표시하는데 r은 직교 좌표의 원점 $(0, 0)$으로부터 한 점의 위치 (x, y)까지의 거리이며, θ는 원점에서 주어진 점까지 그은 선(r)과 고정된 좌표축 사이의 각도이다. 고정축은 일반적으로 양$(+)$의 x축으로 잡고 각도는 반시계 방향$(\cup)$으로 측정한다. 이를 삼각함수의 공식을 이용하여 좌표를 구하면 다음과 같다.

$$(x, y) = (r\cos\theta,\ r\sin\theta) \tag{2.2}$$

또한 삼각함수의 정의로부터 각도 θ와 거리 r은 다음과 같이 구할 수 있다.

$$\tan\theta = \frac{y}{x} \qquad (2.3)$$

$$r = \sqrt{x^2 + y^2} \qquad (2.4)$$

식 (2.2)~(2.4)에 나타난 (x, y)와 (r, θ)의 관계는 θ를 양(+)의 x축으로부터 반시계 방향으로 측정한 각으로 정의할 때만 적용할 수 있다. 만약 평면 극좌표의 기준 축을 양(+)의 x축으로 하지 않거나, 각의 증가 방향을 다르게 정의할 경우에는 두 좌표계에 관련된 수식은 바뀌게 되므로 주의해야 한다.

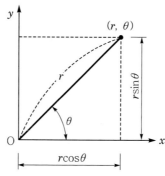

[그림 2.4] 극좌표계의 좌표 설정

 2.1

직각좌표계의 $(2\sqrt{3}, 2)$를 극좌표계로 변경하시오.

풀이 $(x, y) = (r\cos\theta, r\sin\theta)$이고, $r = \sqrt{x^2 + y^2}$, $\tan\theta = \frac{y}{x}$이므로

$$r = \sqrt{[(2\sqrt{3})^2 + 2^2]} = 4$$

$\theta = \tan^{-1}\left(\frac{2}{2\sqrt{3}}\right) = 30° = \frac{\pi}{6}$이므로 $(r, \theta) = \left(4, \frac{\pi}{6}\right)$와 같이 나타낼 수 있다.

(2) 벡터량과 스칼라량

스칼라(scalar)는 벡터와 함께 물리학 및 역학에서 사용하는 대표적인 물리량의 한 형태로서 방향성이 없고, 크기만 가지고 있는 물리량을 뜻한다. 물리량의 크기를 나타낸 수에 단위를 붙여 그대로 사용한다. 우리가 기온이 얼마인지 알고자 할 때 필요한 정보는 온도와 그 단위인 섭씨(℃), 또는 화씨(℉)만 알면 된다. 그러므로 온도는 스칼라량의 한 예이다. 스칼라량의 다른 예로는 부피, 질

량, 속력, 그리고 시간 등이 있다.

이러한 스칼라에서는 일반적인 사칙연산(더하기, 빼기, 나누기, 곱하기)이 적용된다. 질량 2kg인 물체 위에 5kg인 물체를 얹으면 총 질량은 7kg이 된다. 이처럼 스칼라의 연산은 일반적인 사칙연산을 그대로 사용할 수 있다.

벡터(vector)는 크기와 방향을 가지고 있는 양으로 정의할 수 있다. 일반적으로 두 가지 정보(크기와 방향)를 동시에 표현할 수 있도록 A와 같이 볼드체를 사용하거나 볼드체를 사용하기 어려운 경우 문자 위에 화살표를 표시하여 $\vec{A}$와 같이 나타내기도 한다. 벡터의 크기는 양변에 절대량을 표시하여 $|A|$, $|\vec{A}|$와 같이 표시한다. 항공기를 조종하기 위하여 속도를 서술하려면 바람의 속력과 동시에 그 방향을 알아야 하므로 속도는 벡터량이다. 이 외에도 가속도, 힘, 자기장, 전기장 등이 벡터량이다.

스칼라에서 사칙연산이 적용되듯 벡터에도 더하기, 빼기, 외적, 내적과 같은 몇 가지 연산이 정의되어 있다. 각각에 대한 자세한 내용은 다음 단락에서 공부하기로 한다.

(3) 벡터의 성질 및 계산

① 벡터의 동등성(Equality of two vectors)

$\vec{A} = \vec{B}$는 단순히 크기가 $|\vec{A}| = |\vec{B}|$이고 $\vec{A}$와 $\vec{B}$가 평행선을 따라 같은 방향을 가리킨다. 두 벡터 $\vec{A}$와 $\vec{B}$가 동등하다는 것은 크기가 같고 방향이 같음을 의미한다. 이러한 성질로부터 벡터는 평행 이동이 가능하다는 것을 알 수 있다.

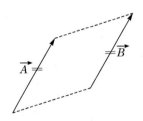

[그림 2.5] 벡터의 동등성

② 벡터의 덧셈(Adding vectors)

벡터의 덧셈은 「그림 2.6」과 같이 기하학적 방법으로 편리하게 기술할 수 있다. 벡터 $\vec{A}$와 $\vec{B}$를 더하려면 먼저 벡터 $\vec{A}$를 도시한 후 벡터 $\vec{B}$의 꼬리가 $\vec{A}$의 머리에 이어지도록 $\vec{B}$를 같은 배율로 도시한다. 두 벡터의 덧셈의 결과는 벡터합(resultant vector) $\vec{R} = \vec{A} + \vec{B}$로서 벡터 $\vec{A}$의 꼬리에서 벡터 $\vec{B}$의 머리까지 그려준 벡터이다.

이를 대수적으로 표현해보도록 한다. 벡터 $\vec{A} = (a_1,\, a_2,\, a_3)$, $\vec{B} = (b_1,\, b_2,\, b_3)$이면 벡터의 합은 $\vec{A} + \vec{B} = (a_1 + b_1,\, a_2 + b_2,\, a_3 + b_3)$로 각 벡터의 항끼리 더하면 구할 수 있다.

$$\vec{A} + \vec{B} = (a_1 + b_1,\, a_2 + b_2,\, a_3 + b_3) = (b_1 + a_1,\, b_2 + a_2,\, b_3 + a_3)$$
$$= \vec{B} + \vec{A} \tag{2.5}$$

식 (2.5)와 같이 벡터의 덧셈에서는 덧셈의 순서에 무관한 교환법칙(commutative law of addition)이 성립한다.

식 (2.6)과 같이 셋 또는 그 이상의 벡터들을 더할 때, 그 합이 어느 두 벡터를 먼저 더하는 것과 전혀 무관한 결합법칙(associative law of addition)도 성립한다.

$$\vec{A} + (\vec{B} + \vec{C}) = (\vec{A} + \vec{B}) + \vec{C} \tag{2.6}$$

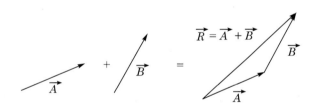

[그림 2.6] 벡터의 덧셈

③ 벡터의 스칼라곱(Multiplying a vector by a scalar)

벡터 $\vec{A}$에 양(+)의 스칼라량 α를 곱한 $\alpha\vec{A}$는 $\vec{A}$와 같은 방향을 갖고 크기는 $\alpha|\vec{A}|$인 벡터이다. 벡터 $\vec{A}$에 음(−)의 스칼라량 $-\alpha$를 곱하면 $-\alpha\vec{A}$는 $\vec{A}$와 반대 방향을 갖고 크기는 $\alpha|\vec{A}|$인 벡터이다.

만약 벡터 $\vec{A} = (a_1,\, a_2,\, a_3)$일 경우 $\alpha\vec{A}$는 식 (2.7)과 같이 쓸 수 있다.

$$\alpha\vec{A} = (\alpha a_1,\, \alpha a_2,\, \alpha a_3) \tag{2.7}$$

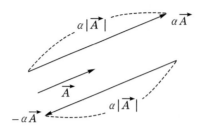

[그림 2.7] 벡터의 스칼라곱

④ 벡터의 뺄셈(Subtracting vectors)

벡터의 뺄셈은 앞에서 공부한 벡터의 덧셈과 벡터의 스칼라곱을 이용해야 한다. 먼저 벡터의 뺄셈을 하기 위해서는 음(−)의 벡터(negative of vector)를 정의해야 한다. 벡터 $\vec{A}$의 음(−)의 벡터란, 식 (2.8)과 같이 벡터 $\vec{A}$에 더했을 때 그 합이 0이 되는 벡터를 말한다.

$$\vec{A} + (-\vec{A}) = 0 \tag{2.8}$$

이와 같은 $-\vec{A}$를 음(−)의 벡터라고 한다. 음(−)의 벡터 $-\vec{A}$는 벡터 $\vec{A}$와 크기는 같지만 방향은 서로 반대인 벡터이다. 벡터의 스칼라곱으로 생각하면 $-\alpha\vec{A}$는 벡터 $\vec{A}$에 상수 $-\alpha$를 곱한 것과 같은 것이다. 이를 대수적으로 표현하면, 다음 식과 같이 벡터 $\vec{A}$의 각 항목에 상수 $-\alpha$를 곱한 것과 같다.

$$-\alpha\vec{A} = (-\alpha a_1, -\alpha a_2, -\alpha a_3) \tag{2.9}$$

벡터의 뺄셈 $\vec{A} - \vec{B}$는 식 (2.10)과 같이 벡터 $\vec{A}$에 음(−)의 벡터 $-\vec{B}$를 더하여 구할 수 있다.

$$\vec{A} - \vec{B} = \vec{A} + (-\vec{B}) \tag{2.10}$$

벡터의 뺄셈의 또 다른 방법으로 두 벡터 $\vec{A}$와 $\vec{B}$의 차이, $\vec{C} = \vec{A} - \vec{B}$는 첫 번째 벡터 $\vec{A}$를 얻기 위해서 벡터 $\vec{C}$에 두 번째 벡터 $\vec{B}$를 더하는 것이다. 두 번째 벡터의 끝점에서 첫 번째 벡터의 끝점을 잇는 벡터가 $\vec{A} - \vec{B}$이다.

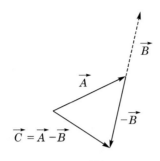

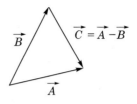

(a) $-\vec{B}$를 이용 (b) $\vec{C}$에 $\vec{B}$를 더하여 $\vec{A}$를 얻는 방법

[그림 2.8] 벡터의 뺄셈

예제 2.2

$\vec{A}=(2, 3, 5)$, $\vec{B}=(-1, 2, 7)$일 때 다음을 계산하시오.

(a) $\vec{A}+\vec{B}$ (b) $\vec{A}-\vec{B}$

(c) $3\vec{A}$ (d) $4\vec{A}-5\vec{B}$

풀이

(a) $\vec{A}+\vec{B}=(2, 3, 5)+(-1, 2, 7)=(2-1, 3+2, 5+7)=(1, 5, 12)$

(b) $\vec{A}-\vec{B}=(2, 3, 5)-(-1, 2, 7)=(2-(-1), 3-2, 5-7)=(3, 1, -2)$

(c) $3\vec{A}=3\times(2, 3, 5)=(3\times2, 3\times3, 3\times5)=(6, 9, 15)$

(d) $4\vec{A}-5\vec{B}=(8, 12, 20)-(-5, 10, 35)=(13, 2, -15)$

(4) 벡터의 성분

벡터합을 구할 때 그래프를 이용하는 방법은 정밀도가 요구되거나 3차원 문제를 다루는 경우에는 적합하지 않다. 이는 벡터의 성분을 이용하면 쉽게 해결할 수 있다. 벡터의 성분(component)이란 벡터의 각 좌표축에 대한 투영을 말한다.

「그림 2.9」와 같이 xy 평면상에 놓인 벡터 $\vec{A}$를 생각하자. 벡터는 x축과 θ 만큼 각도를 이루고 있다. 이 벡터 $\vec{A}$는 $\vec{A_x}$와 $\vec{A_y}$의 두 벡터로 분해할 수 있으며 $\vec{A}=\vec{A_x}+\vec{A_y}$이다. 따라서 벡터 $\vec{A}$는 성분벡터 $\vec{A_x}$와 $\vec{A_y}$의 합으로 표시되었다고 하며, 이들 성분벡터의 크기는 A_x와 A_y로 나타낸다. 여기서 성분 A_x는 벡터 $\vec{A}$의 x축에, 성분 A_y는 벡터 $\vec{A}$의 y축에 투영된 그림자이다.

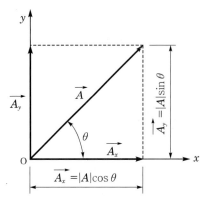

[그림 2.9] 벡터의 성분

만약 $\overrightarrow{A_x}$ 의 방향이 x 축에 있다면 성분 A_x 는 양(+)의 값을 가지고 A_x 의 방향이 $-x$ 축에 있다면 성분 A_x 는 음(-)의 값을 갖는다. 이는 성분 A_y 에 대해서도 동일하게 생각할 수 있다. 이는 앞에서 공부한 극좌표계와 동일한 원리이다.

삼각함수의 정의로부터

$$\cos\theta = \frac{A_x}{A}, \ \sin\theta = \frac{A_y}{A} \tag{2.11}$$

이므로 벡터 $\overrightarrow{A}$ 의 성분은 다음과 같다.

$$A_x = A\cos\theta, \quad A_y = A\sin\theta \tag{2.12}$$

이 성분들은 두 변이 직교하는 직각삼각형을 이루며, 다른 한 변의 크기는 빗변 A 이다. 따라서 $\overrightarrow{A}$ 의 크기와 방향을 벡터의 성분들과 다음의 관계를 만족한다.

$$|\overrightarrow{A}| = A = \sqrt{A_x^2 + A_y^2} \tag{2.13}$$

$$\theta = \tan^{-1}\left(\frac{A_y}{A_x}\right) \tag{2.14}$$

성분 A_x 와 A_y 의 부호는 각 θ 에 따라 결정됨에 주의하여야 한다.

복잡한 역학 문제를 해결할 때 벡터의 성분을 분해하는 것은 유용하다. 많은 응용 문제에서 벡터를 서로 수직인 좌표축의 방향으로 분해하여 각 성분들로 표현하는 것은 편리하다.

예제 2.3

오른쪽 그림과 같이 구조물에 연결된 로프를 500N
의 힘으로 당기고 있다. 점 A~에서 로프에 의해
연결된 힘의 수평성분과 수직성분의 크기를 구하시
오. 단, 로프에 가해지는 힘은 균일하게 분포되었다
고 가정한다.

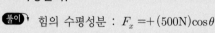

풀이 힘의 수평성분 : $F_x = +(500N)\cos\theta$

힘의 수직성분 : $F_y = -(500N)\sin\theta$

$\overline{AB} = 20m$이므로 이를 이용하여 $\cos\theta$와 $\sin\theta$를 구하면

$\cos\theta = \dfrac{16m}{20m} = \dfrac{4}{5}$, $\sin\theta = \dfrac{12m}{20m} = \dfrac{3}{5}$ 이므로 힘의 수평성분과 수직성분을 구하면

힘의 수평성분 : $F_x = +(500N) \times \dfrac{4}{5} = 400N$

힘의 수직성분 : $F_y = -(500N) \times \dfrac{3}{5} = -300N$

(5) 단위벡터

벡터는 종종 단위벡터(unit vectors)를 이용하여 나타낸다. 단위벡터는 차원
이 없고 크기가 1인 벡터이다. 단위벡터는 주어진 방향을 표시하기 위해 사용하
지만 다른 특별한 의미는 없다. 하지만 공간에서 방향을 나타내는 편리함이 있
다. 「그림 2.10」과 같이 직교 좌표계의 단위벡터인 $\hat{i}$, $\hat{j}$, $\hat{k}$는 각각 양(+)의 x,
y, z축 방향을 나타내는 데 사용한다. 이와 같은 단위벡터는 직교 좌표계에서
서로 수직한 벡터의 집합을 이루고 이들 단위벡터의 크기는 $|\hat{i}| = |\hat{j}| = |\hat{k}| = 1$이
다. 직각 좌표계에 한정하여 이러한 단위벡터를 단위기초벡터(unit basis vec-
tor)라고도 한다.

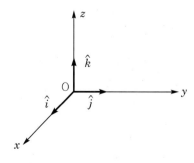

[그림 2.10] 단위벡터

먼저 2차원에 대해 생각해보자. 벡터 $\vec{A}$가 xy 평면에 놓여 있을 때 x방향으로의 벡터 성분 A_x(스칼라)와 단위벡터 $\hat{i}$의 곱은 x축에 평행하며 그 크기는 $|A_x|$인 벡터 $A_x\hat{i}$이고, 마찬가지 방법으로 $A_y\hat{j}$는 크기가 $|A_y|$이고 y축에 평행한 벡터이다. 그러므로 단위벡터를 이용하여 벡터 $\vec{A}$를 표시하면 다음과 같다.

$$\vec{A} = A_x\hat{i} + A_y\hat{j} \tag{2.15}$$

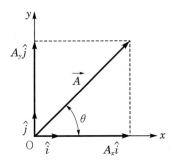

[그림 2.11] 단위벡터를 이용한 좌표 표시(2차원)

좌표가 xy 평면상에 있고 직교 좌표가 (x, y)인 한 점을 생각하면 위치벡터 (position vector) $\vec{r}$로 나타내는 한 점을 단위벡터 형태로 쓰면 다음과 같이 나타낼 수 있다.

$$\vec{r} = x\hat{i} + y\hat{j} \tag{2.16}$$

즉, $\vec{r}$의 성분은 좌표 x와 y이다.

대수적인 방법을 이용하여 벡터를 계산해 보자. 만약 벡터 $\vec{A}$와 벡터 $\vec{B}$를 더하려면 벡터 $\vec{A}$의 x와 y성분(A_x, A_y)과 벡터 $\vec{B}$의 x와 y성분(B_x, B_y)을 각각 더하면 된다. 결과적으로 $\vec{R} = \vec{A} + \vec{B}$는 다음과 같다.

$$\begin{aligned}\vec{R} &= \left(A_x\hat{i} + A_y\hat{j}\right) + \left(B_x\hat{i} + B_y\hat{j}\right) \\ &= \left(A_x + B_x\right)\hat{i} + \left(A_y + B_y\right)\hat{j}\end{aligned} \tag{2.17}$$

$\vec{R} = R_x\hat{i} + R_y\hat{j}$이므로 벡터합의 성분은

$$R_x = A_x + B_x \tag{2.18}$$

$$R_y = A_y + B_y \tag{2.19}$$

이며 $\vec{R}$의 크기와 각도는 다음과 같다.

$$|\vec{R}| = \sqrt{R_x^2 + R_y^2} = \sqrt{(A_x + B_x)^2 + (A_y + B_y)^2} \qquad (2.20)$$

$$\tan\theta = \frac{R_y}{R_x} = \frac{A_y + B_y}{A_x + B_x} \qquad (2.21)$$

만약 3차원에 대해서 생각하면 2차원 문제에서 세 개의 성분으로 확장된다는 것을 제외하고는 2차원과 동일하다. 3차원 벡터 $\vec{A}$와 $\vec{B}$는 다음과 같이 x, y, z 성분으로 표현할 수 있다.

$$\vec{A} = A_x \hat{i} + A_y \hat{j} + A_z \hat{k} \qquad (2.22)$$

$$\vec{B} = B_x \hat{i} + B_y \hat{j} + B_z \hat{k} \qquad (2.23)$$

따라서 $\vec{A}$와 $\vec{B}$의 합은 다음 식으로 계산할 수 있다.

$$\vec{R} = (A_x + B_x)\hat{i} + (A_y + B_y)\hat{j} + (A_z + B_z)\hat{k} \qquad (2.24)$$

2차원에서 확장한 3차원의 경우 $R_z = A_z + B_z$의 성분을 더 갖게 되며 크기는 다음과 같다.

$$|\vec{R}| = \sqrt{R_x^2 + R_y^2 + R_z^2} \qquad (2.25)$$

벡터 $\vec{R}$과 x축이 이루는 각도 θ_x, θ_y, θ_z도 삼각함수를 이용하여

$$\cos\theta_x = \frac{R_x}{|\vec{R}|} = \frac{R_x}{\sqrt{R_x^2 + R_y^2 + R_z^2}} \qquad (2.26)$$

$$\cos\theta_y = \frac{R_y}{|\vec{R}|} = \frac{R_y}{\sqrt{R_x^2 + R_y^2 + R_z^2}} \qquad (2.27)$$

$$\cos\theta_z = \frac{R_z}{|\vec{R}|} = \frac{R_z}{\sqrt{R_x^2 + R_y^2 + R_z^2}} \qquad (2.28)$$

와 같이 구할 수 있으며 이를 방향 코사인(directional cosine)이라고 한다.

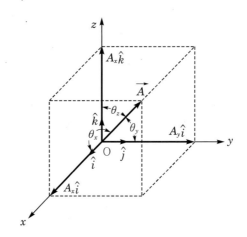

[그림 2.12] 단위벡터를 이용한 좌표 표시(3차원)

(6) 벡터의 내적

「그림 2.13」은 사이각이 θ인 두 벡터 $\vec{A}$와 $\vec{B}$를 보여준다. $\vec{A}$와 $\vec{B}$의 내적 (dot product)은 다음과 같이 정의한다.

$$\vec{A} \cdot \vec{B} = |\vec{A}||\vec{B}|\cos\theta \quad (0° < \theta < 180°) \tag{2.29}$$

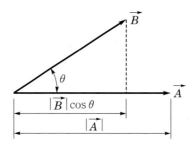

[그림 2.13] 벡터의 내적

내적의 결과는 스칼라 값이므로 스칼라적(scalar product)이라고도 한다.

내적은 $\theta < 90°$이면 양(+)의 값이고 $\theta > 90°$이면 음(−)의 값이다. $\theta = 0°$($\vec{A}$ 와 $\vec{B}$가 평행)일 경우 $\vec{A} \cdot \vec{B} = |\vec{A}||\vec{B}|$이다. 벡터 스스로에 대한 내적은 $\vec{A} \cdot \vec{A} = |\vec{A}|^2$이다. $\theta = 180°$($\vec{A}$와 $\vec{B}$가 평행하지만 방향이 반대)일 경우는 $\vec{A} \cdot \vec{B} = -|\vec{A}||\vec{B}|$이다.

내적의 정의식으로부터 내적에 대한 다음의 두 가지 성질을 얻을 수 있다.

① 내적은 교환법칙이 가능하다 : $\vec{A} \cdot \vec{B} = \vec{B} \cdot \vec{A}$

② 내적은 분배법칙이 가능하다 : $\vec{A} \cdot (\vec{B} + \vec{C}) = \vec{A} \cdot \vec{B} + \vec{A} \cdot \vec{C}$

또한 직교좌표계의 단위벡터들의 내적은 다음과 같은 성질이 있다.

$$\hat{i} \cdot \hat{i} = \hat{j} \cdot \hat{j} = \hat{k} \cdot \hat{k} = 1 \tag{2.30}$$

$$\hat{i} \cdot \hat{j} = \hat{j} \cdot \hat{k} = \hat{k} \cdot \hat{i} = 0 \tag{2.31}$$

3차원 벡터 $\vec{A}$와 $\vec{B}$의 내적은

$$\vec{A} \cdot \vec{B} = \left(A_x \hat{i} + A_y \hat{j} + A_z \hat{k} \right) \cdot \left(B_x \hat{i} + B_y \hat{j} + B_z \hat{k} \right) \tag{2.32}$$

으로 서술할 수 있다. 내적의 정의식으로 유도한 위의 값들을 이용하여 재정리하면 다음과 같이 쓸 수 있다.

$$\vec{A} \cdot \vec{B} = A_x B_x + A_y B_y + A_z B_z \tag{2.33}$$

이는 벡터의 x, y, z 방향의 각 구성 성분끼리 곱하여 더한 값과 같다. 식 (2.33)은 직각성분 형태의 두 벡터의 내적을 구하는 데 편리한 식이다.

내적은 두 벡터가 서로 수직을 이루고 있을 때 0이라는 특성적인 값을 나타낸다. 내적의 정의식을 이용하여 두 벡터 $\vec{A}$와 $\vec{B}$의 사이각 θ는 다음과 같다.

$$\cos\theta = \frac{\vec{A} \cdot \vec{B}}{|\vec{A}||\vec{B}|} = \frac{\vec{A}}{|\vec{A}|} \cdot \frac{\vec{B}}{|\vec{B}|} \tag{2.34}$$

식 (2.34)에서 $\vec{u_A} = \dfrac{\vec{A}}{|\vec{A}|}$, $\vec{u_B} = \dfrac{\vec{B}}{|\vec{B}|}$ 는 각각 $\vec{A}$의 $\vec{A}$방향으로의 단위벡터, $\vec{B}$의 $\vec{B}$방향으로의 단위벡터이다. 식 (2.34)는 단위벡터를 이용하여 다음과 같이 정리할 수 있다.

$$\cos\theta = \vec{u_A} \cdot \vec{u_B} \tag{2.35}$$

「그림 2.13」과 같이 $\vec{A}$에로의 $\vec{B}$의 투영은 $|\vec{B}|\cos\theta$이며 $\vec{A}$에로의 $\vec{B}$의 직각성분(orthogonal component of $\vec{B}$ in the direction of $\vec{A}$)이라고 부른다. θ가 $\vec{A}$와 $\vec{B}$의 사이각일 때 식 (2.29)의 내적의 정의식 $\vec{A} \cdot \vec{B} = |\vec{A}||\vec{B}|\cos\theta$에 의해 다음과 같이 나타낼 수 있다.

$$|\vec{B}|\cos\theta = \frac{\vec{A}\cdot\vec{B}}{|\vec{A}|} = \vec{B}\cdot\frac{\vec{A}}{|\vec{A}|} = \vec{B}\cdot\vec{u_A} \qquad (2.36)$$

이는 벡터 $\vec{B}$의 $\vec{A}$ 방향에 대한 수직성분이다.

 2.4

$\vec{A}=8\hat{i}+3\hat{j}-5\hat{k}$, $\vec{B}=3\hat{j}+7\hat{k}$, $\vec{C}=4\hat{i}-3\hat{j}+2\hat{k}$일 때 다음을 구하시오.

(a) $\vec{A}\cdot\vec{B}$

(b) $\vec{B}$의 $\vec{C}$로의 직각성분

(c) $\vec{A}$와 $\vec{C}$의 사이각

풀이 (a) $\vec{A}\cdot\vec{B} = A_xB_x + A_yB_y + A_zB_z = (8\times0)+(3\times3)+(-5\times7) = -26$

(b) $\vec{B}$의 $\vec{C}$로의 직각성분 : $\vec{B}$와 $\vec{C}$의 사이각을 θ라고 하면 $\vec{B}$의 $\vec{C}$로의 직각성분은 $|\vec{B}|\cos\theta$

$$|\vec{B}|\cos\theta = \vec{B}\cdot\vec{u_C} = \vec{B}\cdot\frac{\vec{C}}{|\vec{C}|} = (3\hat{j}+7\hat{k})\cdot\frac{(4\hat{i}-3\hat{j}+2\hat{k})}{\sqrt{4^2+(-3)^2+2^2}}$$

$$= \frac{(0\times4)+(3\times-3)+(7\times2)}{\sqrt{29}} = \frac{5}{\sqrt{29}} \approx 0.93$$

(c) $\vec{A}$와 $\vec{C}$의 사이각 : $\vec{A}$와 $\vec{C}$의 사이각을 α라고 하면

$$\cos\alpha = \vec{u_A}\cdot\vec{u_C} = \frac{\vec{A}}{|\vec{A}|}\cdot\frac{\vec{C}}{|\vec{C}|} = \frac{8\hat{i}+3\hat{j}-5\hat{k}}{\sqrt{8^2+3^2+(-5)^2}}\cdot\frac{4\hat{i}-3\hat{j}+2\hat{k}}{\sqrt{4^2+(-3)^2+2^2}}$$

$$= \frac{(8\times4)+(3\times-3)+(-5\times2)}{\sqrt{98}\,\sqrt{29}} \approx 0.24$$

$$\alpha = \cos^{-1}0.24 = 76.1°$$

(7) 벡터의 외적

벡터의 외적(cross product)은 3차원 공간의 벡터들 간의 이항연산의 일종이다. 연산의 결과가 스칼라인 내적과는 달리 연산의 결과가 벡터이기 때문에 벡터적(vector product)이라고 불리기도 한다.

두 벡터 θ를 두 벡터 $\vec{A}$와 $\vec{B}$가 이루는 사이각이라고 할 때 $\vec{A}$와 $\vec{B}$의 외적(cross product)은 $\vec{A}\times\vec{B}$로 나타내며 다음과 같다.

$$\vec{A}\times\vec{B} = |\vec{A}||\vec{B}|\sin\theta \qquad (2.37)$$

외적은 다음과 같은 성질이 있다.

① 각도 θ는 $\vec{A}$와 $\vec{B}$의 양(+)의 방향의 사이각이고 $0° \le \theta \le 180°$의 값을 가진다. 식 (2.37)에 의해 외적의 값은 항상 양(+)의 수이다.

② 외적의 방향은 두 벡터 $\vec{A}$와 $\vec{B}$에 수직이다. 이는 「그림 2.14」와 같이 오른손 법칙에 의해 결정된다. 오른손의 엄지를 제외한 네 손가락을 θ방향으로 향하여 감았을 때 엄지손가락이 $\vec{A} \times \vec{B}$의 방향을 가리키게 된다.

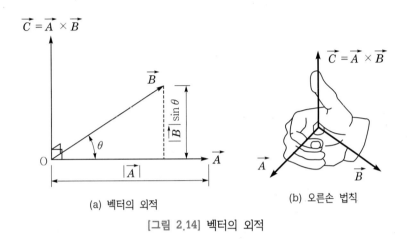

(a) 벡터의 외적   (b) 오른손 법칙

[그림 2.14] 벡터의 외적

벡터의 외적은 분배법칙이 성립하며 다음과 같이 쓸 수 있다.

$$\vec{A} \times (\vec{B} + \vec{C}) = (\vec{A} \times \vec{B}) + (\vec{A} \times \vec{C}) \qquad (2.38)$$

그러나 결합법칙과 교환법칙은 성립하지 않는다.

$$\vec{A} \times (\vec{B} \times \vec{C}) \ne (\vec{A} \times \vec{B}) \times \vec{C} \qquad (2.39)$$
$$\vec{A} \times \vec{B} \ne \vec{B} \times \vec{A} \qquad (2.40)$$

식 (2.38)의 교환법칙을 이용하여 식 (2.40)을 계산하면 다음과 같다.

$$\vec{A} \times \vec{B} = - \vec{B} \times \vec{A} \qquad (2.41)$$

이는 「그림 2.14」에서 설명한 오른손 법칙을 이용하면 쉽게 이해할 수 있다.

외적의 정의에 의하면 $\vec{A}$와 $\vec{B}$가 수직($\theta = 90°$)이면 $\vec{A} \times \vec{B} = |\vec{A}||\vec{B}|$이고, $\vec{A}$와 $\vec{B}$가 평행($\theta = 0°$ 또는 $\theta = 180°$)이면 $\vec{A} \times \vec{B} = 0$이다. 이 성질로 인하여 기초단위벡터는 다음과 같은 성질을 만족한다.

$$\hat{i} \times \hat{i} = 0, \ \hat{j} \times \hat{j} = 0, \ \hat{k} \times \hat{k} = 0 \tag{2.42}$$

$$\hat{i} \times \hat{j} = \hat{k}, \ \hat{j} \times \hat{k} = \hat{i}, \ \hat{k} \times \hat{i} = \hat{j} \tag{2.43}$$

직각좌표계로 표현된 두 벡터 $\vec{A}$와 $\vec{B}$의 외적은 다음과 같이 계산할 수 있다.

$$\vec{A} \times \vec{B} = \left(A_x \hat{i} + A_y \hat{j} + A_z \hat{k} \right) \times \left(B_x \hat{i} + B_y \hat{j} + B_z \hat{k} \right)$$

$$= \left(A_y B_z - A_z B_y \right) \hat{i} - \left(A_x B_z - A_z B_x \right) \hat{j} + \left(A_x B_y - A_y B_x \right) \hat{k} \tag{2.44}$$

이를 3×3 행렬로 나타내면 다음과 같이 나타낼 수 있다.

$$\vec{A} \times \vec{B} = \begin{vmatrix} \hat{i} & \hat{j} & \hat{k} \\ A_x & A_y & A_z \\ B_x & B_y & B_z \end{vmatrix} \tag{2.45}$$

 2.5

$\vec{A} = 8\hat{i} + 3\hat{j} - 5\hat{k}$, $\vec{B} = 3\hat{j} + 7\hat{k}$, $\vec{C} = 4\hat{i} - 3\hat{j} + 2\hat{k}$일 때 다음을 구하시오.

(a) $\vec{A} \times \vec{B}$

(b) $\vec{A}$와 $\vec{B}$에 동시에 수직인 단위벡터

풀이 (a) $\vec{A} \times \vec{B}$

$$\vec{A} \times \vec{B} = \begin{vmatrix} \hat{i} & \hat{j} & \hat{k} \\ A_x & A_y & A_z \\ B_x & B_y & B_z \end{vmatrix} = \begin{vmatrix} \hat{i} & \hat{j} & \hat{k} \\ 8 & 3 & -5 \\ 0 & 3 & 7 \end{vmatrix} = \hat{i} \begin{vmatrix} 3 & -5 \\ 3 & 7 \end{vmatrix} - \hat{j} \begin{vmatrix} 8 & -5 \\ 0 & 7 \end{vmatrix} + \hat{k} \begin{vmatrix} 8 & 3 \\ 0 & 3 \end{vmatrix}$$

$$= 36\hat{i} - 56\hat{j} + 24\hat{k}$$

(b) $\vec{A}$와 $\vec{B}$에 동시에 수직인 단위벡터 :

$\vec{A} \times \vec{B}$는 $\vec{A}$와 $\vec{B}$에 동시에 수직이다. 이 방향의 단위벡터는

$$\frac{\vec{A} \times \vec{B}}{|\vec{A} \times \vec{B}|} = \frac{36\hat{i} - 56\hat{j} + 24\hat{k}}{\sqrt{36^2 + (-56)^2 + 24^2}} = 0.509\hat{i} - 0.791\hat{j} + 0.339\hat{k}$$

수직인 성분은 양(+)·음(−) 모두 존재하므로 $\pm \left(0.509\hat{i} - 0.791\hat{j} + 0.339\hat{k} \right)$

(8) 스칼라 삼중적

스칼라 삼중적(scalar triple product)은 두 벡터의 외적을 다른 세 번째 벡터와 내적한 것($\vec{A} \times \vec{B} \cdot \vec{C}$)이다. 이러한 스칼라 삼중적을 할 때에는 괄호를 쓸 필

요가 없다. 왜냐하면 외적을 먼저 하고 나중에 내적하지 않으면 계산 자체가 불가능하기 때문이다.

$\vec{A}$, $\vec{B}$ 그리고 $\vec{C}$를 수직성분으로 표현하고 앞에서 공부한 내적과 외적의 식을 이용하여 계산하면 삼중적은

$$\vec{A} \times \vec{B} \cdot \vec{C} = \left[(A_y B_z - A_z B_y)\hat{i} - (A_x B_z - A_z B_x)\hat{j} \right.$$
$$\left. + (A_x B_y - A_y B_x)\hat{k} \right] \cdot \left(C_x\hat{i} + C_y\hat{j} + C_z\hat{k} \right)$$
$$= (A_y B_z - A_z B_y)C_x - (A_x B_z - A_z B_x)C_y$$
$$+ (A_x B_y - A_y B_x)C_z \tag{2.46}$$

이다. 여기에서 C_x, C_y, C_z의 값은 두 벡터의 외적($\vec{A} \times \vec{B}$)의 직각성분이다. 이는 외적의 경우와 마찬가지 방법으로 행렬식으로 표현할 수 있다.

$$\vec{A} \times \vec{B} \cdot \vec{C} = \begin{vmatrix} A_x & A_y & A_z \\ B_x & B_y & B_z \\ C_x & C_y & C_z \end{vmatrix} \tag{2.47}$$

다음과 같은 형태의 스칼라 삼중곱은 모두 같다.

$$\vec{A} \times \vec{B} \cdot \vec{C} = \vec{A} \cdot \vec{B} \times \vec{C} = \vec{B} \cdot \vec{C} \times \vec{A} = \vec{C} \cdot \vec{A} \times \vec{B} \tag{2.48}$$

이는 $\vec{A} - \vec{B} - \vec{C}$의 순서를 유지하는 한 내적과 외적의 순서를 바꾸어도 스칼라 삼중적의 값은 변화가 없다는 것을 알 수 있다.

예제 2.6

$\vec{A} = 7\hat{i} + 3\hat{j} - 6\hat{k}$, $\vec{B} = 1\hat{i} + 3\hat{j} + 7\hat{k}$, $\vec{C} = 4\hat{i} + 2\hat{k}$일 때 삼중적 $\vec{A} \times \vec{B} \cdot \vec{C}$를 구하시오.

풀이
$$\vec{A} \times \vec{B} \cdot \vec{C} = \begin{vmatrix} 7 & 3 & -6 \\ 1 & 3 & 7 \\ 4 & 0 & 2 \end{vmatrix} = 7\begin{vmatrix} 3 & 7 \\ 0 & 2 \end{vmatrix} - 3\begin{vmatrix} 1 & 7 \\ 4 & 2 \end{vmatrix} + (-6)\begin{vmatrix} 1 & 3 \\ 4 & 0 \end{vmatrix}$$
$$= 42 + 78 + 72 = 192$$

2.3 질점의 평형

(1) 힘의 개념 및 힘의 평형

누구나 일상 생활에서의 경험으로 힘의 개념에 대해 잘 알고 있다. 물체를 밀거나 공을 던질 때 그 물체에 힘이 가해진다. 이들 예에서 힘은 근육 활동의 결과이거나 물체 속도의 어떤 변화와 관련이 있다고 생각할 수 있다. 그러나 힘이 언제나 운동을 유발시키는 것은 아니다. 예를 들어 앉아서 책을 읽고 있을 때 몸은 아래 방향으로 중력을 받고 있지만 몸은 정지한 채로 있다. 또 커다란 바위를 밀 때 그 바위는 조금도 움직이지 않는다.

어떠한 힘이 달을 지구 주위로 돌게 할까? 뉴턴은 이것과 관련된 몇 가지의 질문에 대해 물체의 속도를 변화시키는 힘이라는 설명으로 답을 할 수 있었다. 달은 지구를 중심으로 원운동을 하고 접선 방향이 속도가 되는데 「그림 2.15」와 같이 접선의 방향이 계속 바뀌면서 속도가 일정하지 않음을 알 수 있다. 이렇게 속도가 변하는 것은 바로 지구와 달 사이에 중력 때문이라는 것을 알고 있다. 힘만이 운동을 변화시킬 수 있기 때문에 물체를 가속시키는 것은 바로 힘이라고 생각할 수 있다.

[그림 2.15] 지구 주위를 도는 달

어떠한 물체에 여러 힘이 동시에 작용하면 알짜힘(net force)을 이용하여 생각해야 한다. 알짜힘이란 물체가 받고 있는 모든 힘을 벡터합한 것이다. 때로는 이것을 합력 또는 전체힘이라고 하기도 한다. 물체에 작용하는 알짜힘이 0이 아닐 때에 한하여 물체는 가속된다. 물체에 작용하는 이 알짜힘이 0이면 그 물체는 계속 정지 상태로 있고 움직이는 물체는 그 속도로 운동을 계속하게 된다. 이처럼 물체가 정지해 있거나 등속 운동을 할 때 물체가 평형 상태(equilibrium, $\sum F_{net} = 0$)에 있다고 한다.

「그림 2.16」과 같이 만약 한 물체의 한 점(O)에 $\vec{F_1}$, $\vec{F_2}$, $\vec{F_3}$의 힘이 동시에 가해지고 있다고 가정하자. 모든 힘들이 점 O를 지나므로 작용선들이 O에서 교차한다. 이 힘들은 한 개의 등가힘으로 단순화될 수 있다. 이는 다음 두 개의 단계로 구할 수 있다.

① 작용선들을 따라 각 힘들을 점 O에서 모은다. 전달성 원리에 따라 이렇게 하더라도 물체에 대한 외부 효과에는 변동이 없다. 따라서 힘계는 그림에서 표시한 바와 같이 등가적이다.

② 모든 힘들을 공통점 O에 모은 이들의 합력 $\vec{R}$을 다음과 같이 구한다.

$$\vec{R} = \sum \vec{F} = \vec{F_1} + \vec{F_2} + \vec{F_3} \tag{2.49}$$

이 합력은 최초의 힘계와 등가적이다. 위의 식은 합력의 크기와 방향만을 결정한다. $\vec{R}$의 작용선은 등가가 성립하기 위해서 공통점 O를 반드시 통과해야 한다. 만약 직각성분이 사용될 경우 합력 $\vec{R}$을 결정하는 등가의 스칼라식은 각각의 성분끼리 계산해주면 된다.

$$R_x = \sum F_x \tag{2.50}$$
$$R_y = \sum F_y \tag{2.51}$$
$$R_z = \sum F_z \tag{2.52}$$

이를 단위방향벡터를 이용하여 정리하면 다음과 같다.

$$\vec{R} = \left(\sum F_x\right)\hat{i} + \left(\sum F_y\right)\hat{j} + \left(\sum F_z\right)\hat{k} \tag{2.53}$$

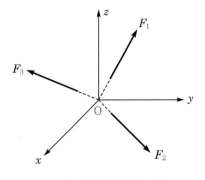

(a) 좌표계에서의 힘의 표시

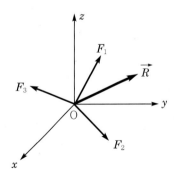

(b) 전달성의 원리 및 합력의 계산

[그림 2.16] 힘의 평형

예제 2.7

어떠한 물체의 한 점에 $\vec{F_1}=30\hat{i}+40\hat{j}\,[\mathrm{N}]$, $\vec{F_2}=-5\hat{i}+10\hat{j}+8\hat{k}\,[\mathrm{N}]$, $\vec{F_3}=15\hat{i}-7\hat{j}+5\hat{k}\,[\mathrm{N}]$ 같이 세 힘이 작용하고 있을 때 합력을 구하시오.

풀이 $\sum F=\vec{F_1}+\vec{F_2}+\vec{F_3}=(30-5+15)\hat{i}+(40+10-7)\hat{j}+(8+5)\hat{k}=40\hat{i}+43\hat{j}+13\hat{k}$

(2) 뉴턴의 제1법칙과 관성

지구상의 많은 사람들은 하루에도 몇 번씩 관성을 느끼면서 살아가고 있다. 출근길에 급하게 정차하는 버스에 타고 있는 사람들은 앞으로 쏠리게 되고 급하게 출발하면 뒤로 쏠리게 된다. 만약 일정한 속도로 버스가 도로를 주행하고 있을 경우 사람은 어느 방향으로도 쏠림을 느끼지 못할 것이다. 뉴턴의 제1법칙은 다음과 같이 서술할 수 있다.

'물체에 작용하는 외력이 없을 경우 정지해 있는 물체는 정지 상태를 유지하고, 등속 직선 운동을 하는 물체는 그 운동을 지속한다.'

이를 앞에서 배운 알짜힘과 연관시켜 생각하면 물체에 작용하는 알짜힘이 0이면 가속도가 0이다. 즉, 물체의 운동에 아무런 작용을 하지 않으면 그것의 속도는 변화하지 않는다는 것이다. 뉴턴의 제1법칙에 따르면 고립된 물체(주위와 상호작용을 하지 않는 물체)는 정지해 있거나 등속 운동을 하게 된다. 물체가 그 속도를 변화시키려는 시도를 거스르려고 하는 경향성을 관성(inertia)이라고 한다.

2.4 모멘트

일반적으로 어떤 강체에 가해지는 힘은 그 물체를 병진운동을 하게 할 수도 있고 회전운동을 하게 할 수도 있다. 그 힘의 크기는 뉴턴의 제2법칙($F=ma$)에 의해서 물체를 병진시키는 능력에 비례한다.

본 단락에서는 물체를 회전시키는 능력, 모멘트(moment)에 대해 공부하고자 한다. 물체를 회전시키는 효과는 힘의 크기와, 한 점과 힘의 작용선과의 거리에 의존한다. 어떤 축을 중심으로 물체를 회전시키는 힘의 영향을 한 축에 대한 힘의 모멘트라고 한다.

(1) 모멘트의 정의

「그림 2.17」과 같이 임의의 힘 $\vec{F}$와 $\vec{F}$의 작용선 상에 있지 않은 임의의 점 O를 생각해보자. 이때 힘 $\vec{F}$와 점 O는 한 평면을 결정할 수 있다. A를 $\vec{F}$의 작용선 상의 어떤 점이라고 하고 $\vec{r}$를 점 O에서 점 A로의 벡터라고 정의한다. 모멘트 중심(moment center)인 점 O를 중심으로 하는 힘 $\vec{F}$의 모멘트는 다음과 같이 표시할 수 있다.

$$\overrightarrow{M_O} = \vec{r} \times \vec{F} \tag{2.54}$$

하첨자 O는 점 O를 중심으로 모멘트가 발생한다는 것이다. 한 점을 중심으로 하는 모멘트는 ML^2T^{-2} 차원을 가진다. 국제표준단위로는 N·m로 측정될 수 있다.

점 O에 대한 $\vec{F}$의 모멘트는 벡터이다. 두 벡터의 외적의 성질로부터 $\overrightarrow{M_O}$는 $\vec{r}$과 $\vec{F}$에 모두 수직이며 방향은 외적에서 공부한 바와 같이 오른손 법칙에 의해 결정된다.

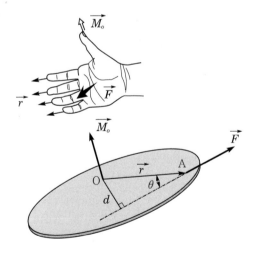

[그림 2.17] 모멘트의 정의

2.8

오른쪽과 같은 구조물에서 O점에서 작용하는
모멘트를 구하시오.

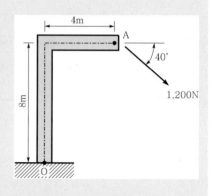

풀이 〈방법 1〉

$$\overrightarrow{M_O} = \vec{r} \times \vec{F}$$
$$= (4\hat{i} + 8\hat{j}) \times 1,200(\cos 40°\hat{i} - \sin 40°\hat{j})$$
$$= 4,800 \sin 40°\hat{k} + 9,600 \cos 40°(-\hat{k})$$
$$= -10,440\hat{k}[\text{N} \cdot \text{m}]$$

〈방법 2〉

$$\overrightarrow{M_O} = \vec{r} \times \vec{F}$$
$$= [(4\hat{i} + 8\hat{j}) \times 1,200 \cos 40°\hat{i}] + [(4\hat{i} + 8\hat{j}) \times -1,200 \cos 40°\hat{j}]$$
$$= [8 \times 1,200 \cos 40°(-\hat{k})] + [4 \times 1,200 \sin 40°(-\hat{k})]$$
$$= -10,440\hat{k}[\text{N} \cdot \text{m}]$$

(2) 모멘트의 기하학적 해석

한 점에 대한 모멘트는 외적에 의해 구할 수 있다. 모멘트의 크기에 대한 스칼라 값 계산은 θ는 $\vec{r}$과 $\vec{F}$ 사이의 각도라고 할 때 기하학적 해석에 의해 다음과 같이 구할 수 있다.

$$\left| \overrightarrow{M_O} \right| = \left| \vec{r} \times \vec{F} \right| = |\vec{r}||\vec{F}|\sin\theta \tag{2.55}$$

「그림 2.17」에서 $|\vec{r}|\sin\theta$는 길이 d와 같다.

$$d = |\vec{r}|\sin\theta \tag{2.56}$$

여기에서 d는 모멘트 중심에서 $\vec{F}$의 작용선까지의 수직거리이다. 수직거리를 모멘트팔(moment arm)이라고 부르며 다음 식과 같이 $\overrightarrow{M_O}$의 크기를 구할 수 있다.

$$\left| \overrightarrow{M_O} \right| = |\vec{F}|d \tag{2.57}$$

$\overrightarrow{M_O}$의 크기는 힘의 크기와 수직거리 d에 의존하므로 이 힘은 모멘트의 변화 없이 작용선을 따라 어디든지 옮겨 놓을 수 있다. 따라서 이 힘의 미끄럼 벡터

로 취급할 수 있다. 벡터 $\vec{r}$를 구할 때 힘의 작용선 상의 임의의 점 A라도 사용할 수 있다. 이 식은 모멘트 팔을 쉽게 결정할 수 있는 평면상의 점 O와 힘 $\vec{F}$가 있을 경우에만 편리하다.

한 점에 대한 힘의 모멘트를 결정할 때 모멘트 정리(principle of moments)를 사용하는 것이 편리하다. 이는 마치 알짜힘을 구하는 원리와 동일하다.

'한 점에 대한 힘의 모멘트는 그 힘의 분력이 만드는 각 모멘트의 합과 같다.' 를 이용하여 구할 수 있다.

외적의 원리를 이용하여 모멘트를 구하는 식을 행렬로 나타내면 다음과 같이 쉽게 계산할 수 있다.

$$\vec{M_O} = \vec{r} \times \vec{F} = \begin{vmatrix} \hat{i} & \hat{j} & \hat{k} \\ x & y & z \\ F_x & F_y & F_z \end{vmatrix}$$

$$= (yF_z - zF_y)\hat{i} + (zF_x - xF_z)\hat{j} + (xF_y - yF_x)\hat{k} \qquad (2.58)$$

예제 2.9

오른쪽 그림과 같이 크기가 500N인 힘 ($\vec{F}$)이 작용하고 있을 때 점 C에 대한 힘 $\vec{F}$의 모멘트를 구하시오.

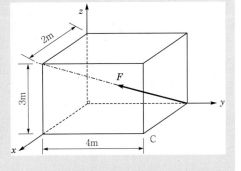

풀이 이를 구하기 위해서는 벡터 $\vec{F}$를 구하고, 거리 벡터 $\vec{r}$, 이 둘을 외적하여 모멘트($\vec{M_C} = \vec{r} \times \vec{F}$)를 구하면 된다.

벡터 $\vec{F}$는

$$\vec{F} = 500\vec{u_{AB}} = 500\frac{\vec{AB}}{|\vec{AB}|}$$

$$= 500\left(\frac{2\hat{i} - 4\hat{j} + 3\hat{k}}{\sqrt{2^2 + (-4)^2 + 3^2}}\right) = 185.7\hat{i} - 371.4\hat{j} + 278.6\hat{k}\,[\text{N}]$$

벡터 $\vec{r}$은 $\vec{r} = -2\hat{i}\,[\text{m}]$

모멘트 $\vec{M_C} = \vec{r} \times \vec{F} = \begin{vmatrix} \hat{i} & \hat{j} & \hat{k} \\ -2 & 0 & 0 \\ 185.7 & -371.4 & 278.6 \end{vmatrix} = 557.2\hat{j} + 742.8\hat{k}\,[\text{N}\cdot\text{m}]$

2.5 동일 평면 내의 평형 해석

동일 평면 내에서의 평형을 해석하기 위해서 가장 중요한 개념 중의 하나가 바로 자유물체도(Free-Body Diagram ; FBD)이다. 자유물체도를 이용하여 평형상태에서 물체에 작용하는 힘과 모멘트의 평형방정식을 구하고 이로부터 반력을 구하게 된다. 이 각 과정에 대해 자세히 공부해 보도록 하자.

(1) 평형의 정의

앞에서 질점에서의 힘과 모멘트의 동일 평면 내에서의 평형(equilibrium)은 '물체에 작용하는 합력과 모멘트의 합이 0인 것'이라고 정의하였다. 즉, 물체에 작용하는 힘계의 합력이 0이면 평형이라고 할 수 있는 것이다.

초기에 정지하여 있는 물체에 힘이 작용할 때, 합력이 0이라는 것은 물체가 이동하려는 경향이 없음을 의미한다. 이렇게 움직이지 않는 물체에 대하여 관심을 갖고 문제를 해결하는 것을 정역학이라 하고, 힘계의 합력이 0이 아닌 경우 힘계에 대한 물체의 응답에 관심을 가지는 학문을 동역학이라 한다. 그러므로 본 단원에서는 힘계의 합력이 0인 물체의 응답을 다음과 같은 평형방정식으로 서술할 수 있다.

$$\sum F_x = 0 \tag{2.59}$$
$$\sum F_y = 0 \tag{2.60}$$
$$\sum M_o = 0 \tag{2.61}$$

이 식은 작용력과 뒤에서 배우게 될 반력을 모두 포함하여야 한다.

요약하면 물체의 평형 해석에 관한 3가지 단계는 다음과 같다.

① 물체에 작용하는 모든 작용력, 반력 그리고 모멘트를 나타내는 물체의 자유물체도를 그린다.

② 자유물체도에 나타난 힘과 모멘트에 대한 평형방정식을 작성한다.

③ 평형방정식을 이용하여 미지수를 구한다.

각 단계에 대해 다음 절부터 자세히 고찰해 보고자 한다.

(2) 자유물체도

동일 평면 내의 평형 해석에서 자유물체도는 문제 해결에 매우 중요하다. 자유물체도는 '물체에 작용하는 모든 힘을 나타내는 물체의 개략도'이다. 여기에서

'자유(free)'라는 용어는 모든 지지부가 제거되고, 물체에 작용하는 힘, 반력 등에 의해 대체되는 것을 의미한다. 자유물체도의 구성은 물리적인 문제를 수학적으로 해석할 수 있는 형태로 전환하는 가장 중요한 단계이다.

물체에 작용하는 힘은 반력(reaction)과 작용력(applied force)의 일반적인 범주로 나눌 수 있다. 반력은 반작용력의 줄임말로서 물체에 결합되어 있는 지지부에 의해 물체에 작용하는 힘이다. 지지부에 의해 주어지지 않는 물체에 작용하는 힘을 작용력이라 부른다. 물론 작용력과 반력은 모두 자유물체도에 기술이 되어야 한다. 자유물체도를 구성하는 일반적인 원칙은 다음과 같다.

① 모든 지지부(접촉면, 지지용 케이블 등)가 제거된 것으로 가정한 물체의 개략도를 그린다.

② 개략도에 모든 작용력을 기호로 표시한다. 물체의 무게는 무게 중심에 작용한다고 간주한다.

③ 개략도의 각 지지부에 기인하는 반력을 기호로 표시한다. 반력의 방향을 표시하기 전에 기준축이 설정되어야 한다. 기준축은 임의의 방향으로 설정하여도 무방하다(보통 위·오른쪽, 반시계방향을 양(+)으로 설정한다). 만약 반력의 방향(direction)이 미지이면 가정되어야 한다. 이는 구해진 해로부터 정확한 방향이 결정될 것이다. 양(+)의 결과는 가정된 방향이 기준축과 동일한 방향이라는 것을 나타내고, 반면에 음(−)의 결과는 가정된 방향이 기준축과 반대 방향이라는 것을 의미한다.

④ 개략도에 모든 관련된 각도와 차원을 나타낸다.

이 과정이 완성되면, 물체의 평형방정식을 작성하기 위해 필요한 모든 정보를 포함한 자유물체도를 가지게 된다.

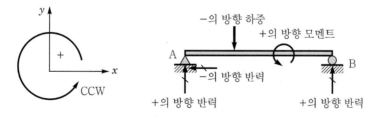

[그림 2.18] 기준축의 설정과 반력 방향의 결정

(3) 반력(Reaction)

자유물체도를 도시하는데 가장 어려운 단계는 바로 반력을 도시하는 것이다. 「그림 2.19」에서부터 「그림 2.24」는 다양한 동일 평면 내의 지지부에 의해 작용하는 반력을 표시한 것이다. 그러나 자유물체도를 성공적으로 도시하기 위해서는 반력을 완벽하게 도시할 수 있도록 숙달하여야 한다. 일반적으로 많이 사용되는 각각의 경우에 대해서 설명하면 다음과 같다.

① 유연케이블(무게는 무시할 수 있음)

유연케이블(flexible cable)은 케이블을 당기는 힘, 즉 인장력으로 작용한다. 케이블의 무게는 무시되고 케이블은 직선을 형성한다. 만약 케이블의 방향을 알고 있으면 케이블의 제거는 자유물체도 내에 하나의 미지값, 즉 케이블에 의해 작용하는 힘의 크기가 주어진다.

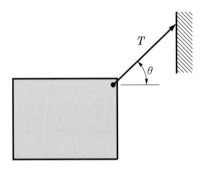

[그림 2.19] 유연케이블에서의 반력

② 마찰이 없는 표면(하나의 접촉점)

물체가 단지 하나의 점에서 마찰이 없는 표면(frictionless surface)과 접촉하고 있을 때 반력은 접촉점에 작용하고 표면에 수직인 힘이다. 이 반력은 종종 단순히 수직력(normal force)으로 간주된다. 따라서 이러한 표면을 제거하면 자유물체도 내에 하나의 미지력으로 수직력의 크기가 주어진다. 만약 물체와 표면 사이의 접촉이 한 점이 아닌 유한 크기의 면적에서 발생한다면, 수직 합력의 작용선 또한 미지력이 될 것이다.

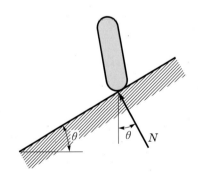

[그림 2.20] 마찰이 없는 표면에서의 반력

③ 롤러지지(roller support)

롤러지지는 마찰이 없는 표면과 등가이다. 롤러지지는 단지 지지표면에 수직인 힘으로만 작용한다. 따라서 힘의 크기는 지지부가 제거되었을 때 자유물체도 내에 하나의 미지수로 주어진다.

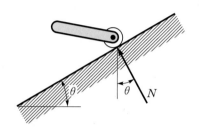

[그림 2.21] 롤러지지에서의 반력

④ 마찰면(surface with friction)

마찰면은 표면에 임의의 각도로 작용하는 힘으로 작용한다. 미지수는 힘의 크기와 방향이지만 대개 각각의 표면에 수직(N)과 평행한 성분(F)으로 미지수를 나타내는 것이 유리하다. 표면에 수직한 성분 N은 수직력이라 부르고 평행한 성분 F는 마찰력(friction force)이라 한다. 만약 면적 접촉이 있다면 N은 작용선 또한 미지수이다.

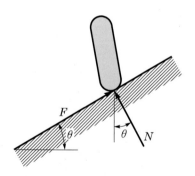

[그림 2.22] 마찰면에서의 반력

⑤ 핀지지(pin support)

마찰을 무시하면 핀은 반력 R의 크기와 R의 방향을 나타내는 각도 α의 두 개의 미지수로 주어진다. 일반적으로 두 개의 미지수는 수직성분 R_x와 R_y로 구할 수 있다.

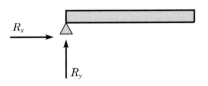

[그림 2.23] 핀지지에서의 반력

⑥ 고정지지(cantilever)

고정(built-in) 지지는 또한 외팔보(cantilever) 지지로 알려져 있고 지지부
에서의 물체의 모든 운동을 제한한다. 병진운동(수평 또는 수직운동)은 힘에
의해 제한되고, 모멘트의 경우 회전운동을 제한한다. 따라서 반력 R의 크기
와 방향(이 미지수는 R_x, R_y와 같은 R의 2개의 성분으로 일반적으로 선택
된다)과 모멘트의 크기 M의 3가지 미지수로 주어진다.

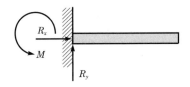

[그림 2.24] 고정지지에서의 반력

예제 2.10

오른쪽 그림과 같이 질량이 m인 구조물에
서의 작용력 및 반력을 모두 표현하시오.

풀이 B점은 핀지지부로 연결되어 있고 A지점
에서는 수직응력이 작용하게 된다. 이에
대한 자유물체도는 다음과 같다.

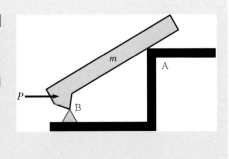

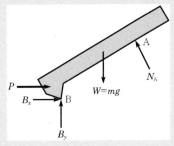

(4) 평형방정식

평형방정식은 일반적인 동일평면 힘계의 경우 아래의 3개의 식으로 요약할 수 있다.

$$\sum F_x = 0 \tag{2.62}$$
$$\sum F_y = 0 \tag{2.63}$$
$$\sum M_o = 0 \tag{2.64}$$

모멘트 중심인 O점과 x와 y축의 방향은 임의적으로 선택할 수 있다. 평형 문제를 해석할 때 힘의 평형에 관계된 식 2개와 모멘트의 평형에 관계된 식 1개, 총 3개의 식으로 해결할 수 있다.

평형은 물체를 가지는 힘계를 해석할 때, 먼저 독립된 평형방정식의 수와 미지수의 수를 계산하여야 한다. 물체가 평형 상태를 유지하는 힘계는 만약 독립된 평형방정식의 수가 자유물체도에 나타낸 미지수와 동일하다면 정역학적으로 풀이될 수 있고 이를 정정구조물 문제라고 한다. 따라서 정정구조물 문제는 평형 해석 자체만으로 해결할 수 있다. 만약 미지수가 독립된 평형방정식의 수를 초과한다면 이 문제는 정역학적으로 풀이될 수 없고 이를 부정정구조물 문제라 한다. 부정정구조물 문제를 풀이하기 위해서는 변위조건 등과 같은 부가적인 식을 이용하여 해결해야 한다.

또한 해석에 사용되는 평형방정식들은 서로 독립적이어야 한다. 독립이 아닌 식에서 해를 구하면 어떤 단계에서 0=0과 같은 의미가 없는 항등식이 얻어진다.

3차원의 경우 2차원과 마찬가지로 동일하게 계산해주면 된다. 2차원과 3차원의 차이점은 z항이 추가된다는 것이다. 2차원 평면 및 3차원 공간에서 힘의 평형방정식을 요약하면 「표 2.1」과 같다.

[표 2.1] 2차원과 3차원에서의 평형방정식

	2차원 평면	3차원 공간	비고
힘의 평형 ($\sum \vec{F} = 0$)	$\sum F_x = 0$ $\sum F_y = 0$	$\sum F_x = 0$ $\sum F_y = 0$ $\sum F_z = 0$	x, y, z 방향 대신 임의의 독립적인 방향을 선택할 수 있음
모멘트 평형 ($\sum \vec{M_O} = 0$)	$\sum \vec{M_{O,z}} = 0$	$\sum \vec{M_{O,x}} = 0$ $\sum \vec{M_{O,y}} = 0$ $\sum \vec{M_{O,z}} = 0$	
방정식 개수	3개	6개	

(5) 반력 구하기(전과정)

예제를 이용하여 반력을 구하는 전과정을 고찰해 보기로 한다.

「그림 2.25」와 같이 왼쪽에는 핀지지(A), 오른쪽에는 롤러지지(B)로 지탱되고 있는 보에 다음과 같은 하중이 가해지고 있을 때 이때 각각의 지지점에서 발생하는 반력을 구하기로 한다.

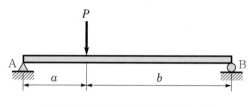

[그림 2.25] 반력구하기 (하중 표시)

반력을 구하기 위해서는 위에서 공부했던 것과 같이 세 단계(자유물체도 도시 – 평형방정식 세우기 – 평형방정식 풀이)를 거쳐야 한다. 각각의 과정에 대해 자세히 공부하기로 한다.

① 자유물체도 도시

자유물체도를 도시할 때에는 물체에 가해지는 하중뿐 아니라 반력도 자유물체도에 도시해야 한다.

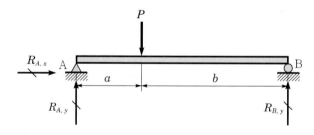

[그림 2.26] 자유물체도 도시

이 문제에서 핀지지(A)점에는 x방향의 반력($R_{A,x}$)과 y방향의 반력($R_{A,y}$)이 동시에 존재하여야 한다. 롤러지지(B)에서는 x방향으로 자유롭게 움직일 수 있기 때문에 반력이 존재하지 않고 y방향으로의 반력($R_{B,y}$)만 존재한다. 이를 자유물체도에 도시하면 「그림 2.26」과 같다.

② 평형방정식 세우기

평형방정식은 힘의 평형($\sum \vec{F} = 0$)과 모멘트의 평형($\sum \vec{M} = 0$)이 있다. 힘의

평형은 다시 둘로 나뉘어($\sum \vec{F_x} = 0$, $\sum \vec{F_y} = 0$) 계산할 수 있다.

그런데 평형방정식을 세울 때 주의해야 할 사항은 항상 기준축을 기준으로 부호를 결정해야 한다는 것이다. 기준축의 양(+)의 방향은 임의로 설정해도 된다. 힘의 기준축은 일반적으로 사용하는 직각좌표계 방향(↑방향, →방향)을 양(+)으로 설정할 수도 있다. 그러나 ↓방향, ←방향을 양(+)의 방향으로 설정하여도 무방하다. 모멘트의 기준축 설정도 마찬가지이다. 반시계 방향(↶)을 양(+)으로 설정할 수 있고, 시계 방향(↷)을 양(+)으로 설정해도 무방하다.

작용력 또는 반력이 기준축 설정 방향과 같은 방향일 경우 부호를 양(+)으로, 반대 방향일 경우 음(−)으로 계산하여 평형방정식을 도출해 낼 수 있다. 결과를 해석할 때에도 마찬가지로 결과값의 부호가 양(+)일 경우 기준축과 동일한 방향이고 음(−)일 경우 반대 방향이라고 해석할 수 있다.

그러므로 기준축이 명확히 설정되어 있고 계산과정에 오류가 없을 경우 결과값의 부호로써 힘의 작용 방향을 명확하게 알 수 있는 것이다. 이와 같은 이유로 자유물체도를 도시할 때 반력의 방향을 임의로 설정하여도 무방하다.

이번 문제에서 기준축을 ↑(위쪽), →(오른쪽), ↶(반시계 방향)을 양(+)의 방향으로 설정하고 계산한다.

먼저 힘의 평형($\sum \vec{F} = 0$)을 생각해 보기로 한다. 힘의 평형에는 x방향, y방향의 평형 두 종류가 존재한다.

x방향 평형($\sum F_x = 0$)을 생각하면

$$+ F_{A,x} = 0 \tag{2.65}$$

이다. 기준축에서 오른쪽(→)을 양(+)의 방향으로 설정하였고, 자유물체도에서 도시한 반력이 오른쪽(→)으로 향하고 있으므로 부호가 양(+)이 되는 것이다(「그림 2.26」).

y방향 평형($\sum F_y = 0$)을 생각하면

$$+ F_{A,y} - P + F_{B,y} = 0 \tag{2.66}$$

이다. $F_{A,y}$, $F_{B,y}$는 위쪽 방향(↑)으로 향하고 있고 기준축에서 위쪽 방향(↑)을 양(+)으로 설정하였기 때문에 부호가 양(+)으로 계산된다. 그러나 하중 P의 경우 기준축과 반대 방향인 아래쪽 방향(↓)으로 향하고 있기 때문에

부호가 음(−)으로 계산된다.

만약 식 (2.65)와 (2.66)의 기준축을 ↓(아래쪽), ←(왼쪽)을 양(+)의 방향으로 설정하였다면 식 (2.67)와 (2.68)의 부호를 + → −, − → +로 변환한 형태로 식을 전개할 수 있다.

$$-F_{A,x} = 0 \qquad\qquad (2.67)$$
$$-F_{A,y} + P - F_{B,y} = 0 \qquad\qquad (2.68)$$

다음으로 모멘트 평형($\sum \vec{M} = 0$)을 생각해 보자. 기준축을 반시계 방향(↶)을 양(+)으로 설정하고, 기준점을 A점으로 설정하기로 한다. 이때 모멘트 평형을 계산하면 다음과 같다.

$$M_A = -(P \times a) + [F_{B,y} \times (a+b)] = 0 \qquad\qquad (2.69)$$

여기에서 $(P \times a)$항은 A점을 기준으로 했을 때 하중 P, 거리 a에 의해서 발생하는 모멘트이다. 이 모멘트는 시계 방향(↷)으로 발생한다. 반시계 방향(↶)을 양(+)의 기준축으로 설정한 것과 반대 방향이므로 음(−)의 값을 갖게 된다. 그래서 $-(P \times a)$으로 표현할 수 있다.

$[F_{B,y} \times (a+b)]$항은 A점을 기준으로 했을 때 반력 $F_{B,y}$, 거리 $(a+b)$에 의해서 발생하는 모멘트이다. 이 모멘트는 반시계 방향(↶)으로 발생한다. 반시계 방향(↶)을 양(+)의 기준축으로 설정한 것과 같은 방향이므로 양(+)의 값을 갖게 되고 $+[F_{B,y} \times (a+b)]$와 같이 표현할 수 있다.

만약 식 (2.69)의 기준축을 시계 방향(↷)으로 하였다면 모멘트 평형식은 다음과 같이 부호를 (+) → (−), (−) → (+)로 바꾸면 구할 수 있다.

$$M_A = +(P \times a) - [F_{B,y} \times (a+b)] = 0 \qquad\qquad (2.70)$$

위에서 구한 식을 요약하면 다음과 같다.

㉠ 힘의 평형($\sum \vec{F} = 0$)
- x방향($\sum F_x = 0$) : $+F_{A,x} = 0$
- y방향($\sum F_y = 0$) : $+F_{A,y} - P + F_{B,y} = 0$

㉡ 모멘트 평형($\sum \vec{M} = 0$)
- $M_A = -(P \times a) + (F_{B,y} \times (a+b)) = 0$

③ 평형방정식 풀이(반력 계산)

이 과정에서는 위에서 구한 평형방정식, 식 (2.65), (2.66), (2.69)를 풀어 반력을 구하면 된다.

먼저 모멘트 평형식, 식 (2.69)를 이용하여 반력 $F_{B,y}$를 $\dfrac{a}{a+b}P$로 구할 수 있다.

$$F_{B,y} = \frac{a}{a+b}P \tag{2.71}$$

y방향 힘의 평형식, 식 (2.66)을 이용해서 반력 $F_{A,y}$를 구하면 $\dfrac{b}{a+b}P$로 구할 수 있다.

$$F_{A,y} = \frac{b}{a+b}P \tag{2.72}$$

반력 모두 양(+)의 값이므로 설정한 기준축과 동일 방향인 위쪽 방향으로 반력이 발생한다고 생각할 수 있다. 만약 결과값이 음(−)의 값이라면 설정한 기준축과 반대 방향인 아래쪽 방향으로 반력이 발생한다고 생각할 수 있다. 반력 계산은 고체역학(3장)에서 공부하게 될 전단력−모멘트 선도를 도시함에 있어 기본이 되는 단계이다. 전단력−모멘트 선도의 자세한 내용은 뒤에서 공부하게 되겠지만, 반력 계산이 정확하여야 올바른 전단력−모멘트 선도를 도시할 수 있기 때문에 정역학(2장)에서 자유물체도 도시, 평형방정식 전개, 반력 계산을 명확히 이해하는 것은 매우 중요하다.

연습문제

2.1 $\vec{A} = 5\hat{i} + 8\hat{j} - 3\hat{k}$, $\vec{B} = 7\hat{i} - 3\hat{j} + 4\hat{k}$일 때 다음을 계산하시오.

(a) $\vec{A} + \vec{B}$

(b) $\vec{A} - \vec{B}$

(c) $3\vec{A}$

(d) $2\vec{A} + 4\vec{B}$

(e) $\vec{A} \cdot \vec{B}$

(f) $\vec{A} \times \vec{B}$

정답 (a) $12\hat{i} + 5\hat{j} + 1\hat{k}$, (b) $-2\hat{i} + 11\hat{j} - 7\hat{k}$,
(c) $15\hat{i} + 24\hat{j} - 9\hat{k}$, (d) $38\hat{i} + 4\hat{j} + 10\hat{k}$,
(e) -1, (f) $23\hat{i} - 41\hat{j} - 71\hat{k}$

2.2 극좌표를 단위벡터를 이용하여 직각좌표계의 성분으로 표현하시오.

(a) 3.3m, 60°

(b) 20m, 215°

(c) 12.8m, 150°

정답 (a) $(1.65\hat{i} + 2.86\hat{j})$m, (b) $(-16.38\hat{i} - 11.47\hat{j})$m, (c) $(-11.1\hat{i} + 6.4\hat{j})$m

2.3 한 소년이 서쪽으로 3m, 북쪽으로 4m 그리고 동쪽으로 6m 움직였을 때 다음을 구하시오.

(a) 이 소년의 합성 변위

(b) 이 소년이 움직인 전체 거리

정답 (a) 동북쪽 53.1° 방향으로 5m, (b) 13m

2.4 독도를 지날 때 태풍의 눈이 서북쪽 60°의 방향으로 41km/h의 속력으로 움직이고 있었다. 3시간이 경과한 후 태풍은 북쪽으로 방향을 바꾸었고, 속력은 25km/h로 감소했다. 태풍이 독도를 통과한 뒤 4.5시간 후 독도에서 태풍의 눈까지의 거리는 얼마인가?

정답 157km

2.5 어떤 비행기 조종사가 레이더 화면에서 두 대의 비행기를 관측하였다. 그 중 한 비행기는 고도 800m, 수평거리 19.2km, 서남방향으로 25°에 위치하고 있었고, 두 번째 비행기는 고도 1,100m, 수평거리 17.6km, 서남방향으로 20°에 위치하고 있었다. 두 대의 비행기 사이의 거리는 얼마인가? 단, x축은 서쪽, y축은 남쪽, z축은 수직방향에 놓여있다고 가정한다.

정답 2.29km

2.6 그림과 같이 두 힘 $\vec{A}$와 $\vec{B}$가 O점에서 작용하고 있다. 이 두 힘의 합력의 크기와 방향을 구하시오.

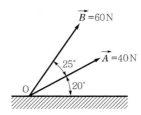

정답 98N, ╱35°

2.7 두 개의 제어봉이 레버 AB의 A에 매달려 있다. 힘 $\vec{F_1}$이 120N이고 레버의 봉에 가해진 합력 $\vec{R}$이 수직일 경우 다음을 구하시오.

(a) 오른쪽 봉에 필요로 하는 힘 $\vec{F_2}$

(b) 이때의 합력 $\vec{R}$

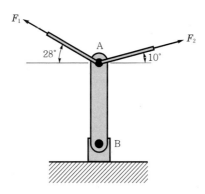

정답 (a) 107.6N, (b) 75N

2.8 그림과 같은 전신주 AC에 버팀줄 BD가 매어져 있다. BD방향으로 힘 P를 가해주었을 때 AC방향으로 힘 P의 성분이 450N일 경우 버팀줄 BD에 가해준 힘 P의 값을 구하시오.

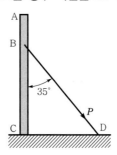

정답 549N

2.9 그림과 같이 물체에 작용하는 합력을 구하시오.

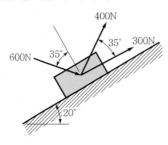

정답 1,007N, ↗4.9°

2.10 질량 15kg의 모터가 바닥에 설치되어 있을 때 무게와 벨트에 가해진 힘들의 합력을 구하시오.

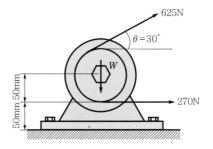

정답 827.9N, ↗11.5°

2.11 벡터의 내적을 이용하여 벡터 $\overrightarrow{OA}$와 $\overrightarrow{OB}$의 사이각을 구하시오.

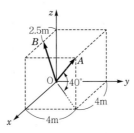

정답 34.8°

2.12 $\vec{A}=6\hat{i}+20\hat{j}-12\hat{k}$를 $\vec{B}=2\hat{i}-3\hat{j}+5\hat{k}$에 투영시켰을 때 투영시킨 성분의 크기를 구하시오.

정답 −17.5

2.13 $\vec{A}=5\hat{i}-6\hat{j}-1\hat{k}$와 $\vec{B}=-5\hat{i}+8\hat{j}+6\hat{k}$에 동시에 수직하는 벡터를 구하시오.

정답 $\vec{R}=-28\hat{i}-25\hat{j}+10\hat{k}$

2.14 벡터 $\vec{A}=4\hat{i}-2\hat{j}+3\hat{k}$와 $\vec{B}=-2\hat{i}+6\hat{j}-5\hat{k}$가 같은 평면 위에 있을 때 평면에 수직인 단위벡터를 구하시오.

정답 $\vec{u}=\dfrac{1}{\sqrt{165}}(-4\hat{i}+7\hat{j}+10\hat{k})$

2.15 세 개의 벡터 $\vec{A}=2\hat{i}-\hat{j}-2\hat{k}$, $\vec{B}=6\hat{i}+3\hat{j}+a\hat{k}$, $\vec{C}=16\hat{i}+46\hat{j}+7\hat{k}$가 동일한 평면에 존재할 때 $\vec{B}$의 미지수 a의 값을 구하시오.

정답 $a=-3.44$

2.16 합력 $\vec{R}$이 사각평판에 작용하는 세 개의 힘 P_1, P_2, P_3의 합력이라고 하자. 이때 합력 $|\vec{R}|=40\text{kN}$, $P_3=20\text{kN}$일 때 힘 P_1과 P_2를 구하시오.

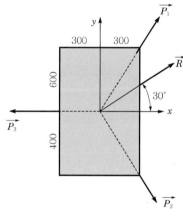

정답 $P_1=62.3\text{kN}$, $P_2=44.6\text{kN}$

2.17 다음과 같은 구조물에 두 개의 힘이 작용하고 있다. 다음을 구하시오.

(a) 합력 $\vec{F_{\text{net}}}$
(b) 합력 $\vec{F_{\text{net}}}$과 빔이 이루는 각도

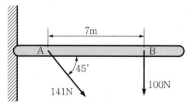

정답 (a) 223.2kN, (b) 63.3°

2.18 그림과 같이 200kN의 크기로 수직하중 P가 프레임에 가해지고 있다. 하중 P를 AB 와 AC 방향으로 분해하여 그 값을 구하시오.

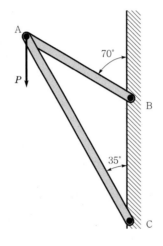

정답 $P_{AB} = 200\text{kN},\ P_{AC} = 327.7\text{kN}$

2.19 그림과 같이 하중 P가 360kN으로 가해지고 있다. 이때 선 AB에 185kN, AC에 200kN의 장력이 가해지고 있다고 할 경우 각도 α와 β를 구하시오.

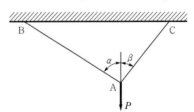

정답 $\alpha = 21.6°,\ \beta = 20°$

2.20 그림과 같이 A점에서 하중이 점 O에 있는 축에 부착된 지렛대의 끝에 작용한다. 이 하중에 대한 모멘트를 구하시오.

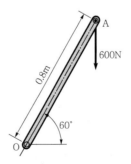

정답 $240\text{N} \cdot \text{m}$

2.21 그림과 같은 구조물에 힘이 작용하고 있을 때 점 O에 대한 모멘트를 계산하시오.

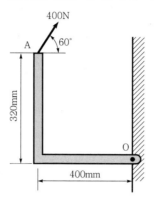

정답 $\overrightarrow{M_O} = -202.6\text{N} \cdot \text{m}$

2.22 하중 P가 25N이고 두 힘의 합력이 A점을 지난다고 하자. 합력의 점 A에 대한 모멘트가 0일 경우 Q의 크기를 구하시오.

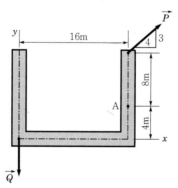

정답 10N

2.23 다음과 같은 구조물의 B에서 힌지로 지지되어 있다. 사이각 θ가 50°일 때 20N의 힘이 가해진다고 할 경우 점 B에 관한 모멘트를 구하시오.

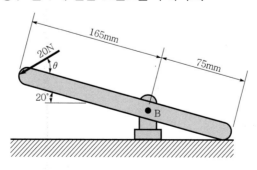

정답 $2.53\text{N} \cdot \text{m}$

2.24 그림과 같이 질량 60kg인 물체가 벽에 줄로 매어져 물체 B와 연결되어 있다. 물체 A와 책상 사이의 마찰계수가 $1/\sqrt{3}$일 때 물체 A가 미끄러지지 않으려면 물체 B는 최대 몇 kg까지 가능한가? 단, 계산상 편의를 위하여 중력가속도는 $g = 10\,\text{m/s}^2$으로 한다.

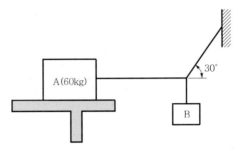

정답 20kg

2.25 물보다 비중이 작은 나무토막이 그림과 같이 물 속에 잠겨 있다. 이 나무토막이 고무줄로 바닥과 연결되어 있다. 고무줄은 길이 L에서 평형을 이루고 있다. 이 실험 장치를 엘리베이터에 싣고 윗방향으로 가속도 운동을 한다면 고무줄의 길이는 어떻게 되겠는지 예상하시오.

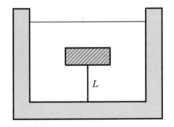

정답 고무줄의 길이가 늘어난다.

2.26 다음 구조물의 지지점 A, B에서의 반력을 각각 구하시오.

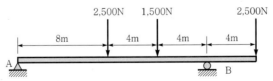

정답 $R_A = 1{,}000\text{N}(\uparrow)$, $R_B = 5{,}500\text{N}(\uparrow)$

2.27 다음 구조물의 지지점 A, B에서의 반력을 각각 구하시오.

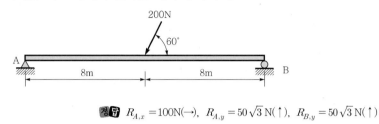

정답 $R_{A,x} = 100\text{N}(\rightarrow)$, $R_{A,y} = 50\sqrt{3}\,\text{N}(\uparrow)$, $R_{B,y} = 50\sqrt{3}\,\text{N}(\uparrow)$

2.28 다음 구조물의 지지점 A, B에서의 반력을 각각 구하시오.

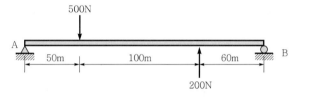

정답 $R_{A,y} = 323.8\text{N}(\uparrow)$, $R_{B,y} = 23.8\text{N}(\downarrow)$

2.29 다음 구조물의 지지점 A, B에서의 반력을 각각 구하시오.

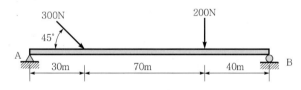

정답 $R_{A,x} = 150\sqrt{2}\,\text{N}(\leftarrow)$, $R_{A,y} = 223.8\text{N}(\uparrow)$, $R_{B,y} = 188.3\text{N}(\uparrow)$

2.30 다음 구조물의 지지점 A, B에서의 반력을 각각 구하시오.

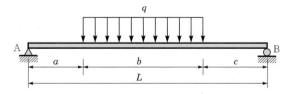

정답 $R_{A,y} = \dfrac{qb(b+2c)}{2L}(\uparrow)$, $R_B = \dfrac{qb(b+2a)}{2L}(\uparrow)$

2.31 다음 구조물의 지지점 A, B에서의 반력을 각각 구하시오.

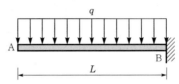

정답 $R_{A,y} = 0$, $R_B = qL(\uparrow)$

2.32 다음 구조물의 지지점 A, B에서의 반력을 각각 구하시오.

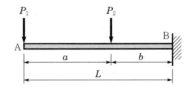

정답 $R_{A,y} = 0$, $R_B = P_1 + P_2(\uparrow)$

2.33 다음 구조물의 지지점 A, B, C에서의 반력을 각각 구하시오.

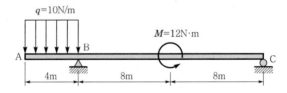

정답 $R_{A,y} = 0N(\uparrow)$, $R_B = 45.75N(\uparrow)$, $R_C = 5.75N(\downarrow)$

2.34 다음 구조물의 지지점 A, B에서의 반력을 각각 구하시오.

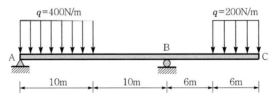

정답 $R_{A,y} = 3,060N(\uparrow)$, $R_B = 2,140N(\uparrow)$

2.35 그림과 같이 ABC 구조물에 블래킷 BDE의 끝 부분에서 수직방향으로 하중 P가 가해지고 있을 때, A와 C에서의 반력을 구하시오.

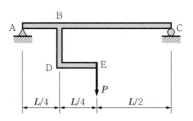

정답 $R_{A,y} = P/2(\uparrow),\ R_C = P/2(\uparrow)$

2.36 다음 구조물의 지지점 A, B에서의 반력을 각각 구하시오.

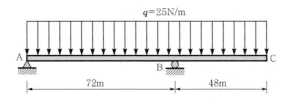

정답 $R_{A,y} = 500\text{N}(\uparrow),\ R_B = 2{,}500\text{N}(\uparrow)$

2.37 다음 구조물의 지지점 A, D에서의 반력을 각각 구하시오.

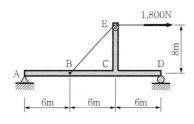

정답 $R_{Ax} = 1{,}800\text{N}(\leftarrow),\ R_{Ay} = 800\text{N}(\downarrow),\ R_D = 800\text{N}(\uparrow)$

2.38 다음 구조물의 지지점 A, B에서의 반력을 각각 구하시오.

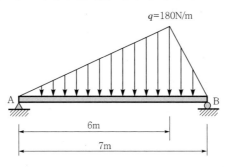

정답 $R_{A,\,y} = 240.04\text{N}(\uparrow),\ R_{B,\,y} = 389.96\text{N}(\uparrow)$

Chapter **03**

Fundamentals of Mechanics

재 료 역 학

03 재료역학

Chapter >>>

선박, 항공기, 자동차로부터 건물, 교량 및 대형 안테나에 이르기까지 각종 구조물에 쓰이는 재료들은 궁극적으로 다양한 하중으로 인한 파괴를 피할 수 있도록 선택되어야 한다. 이를 위해서는 하중의 작용에 대해 반응하는 재료의 특성을 정확하게 이해할 필요가 있다. 이와 같이 여러 가지 형태의 하중을 받는 재료의 거동을 중점적으로 취급하는 응용역학의 한 분야를 재료역학(mechanics of materials)이라 한다. 재료역학을 학습하는 주목적은 구조물에 작용하는 하중에 대한 응력과 변형률 및 변위를 구하는 것이다. 하중의 작용으로부터 파괴에 이르기까지 재료의 거동을 완벽하게 파악할 수 있다면 이러한 자료들은 모든 형태의 구조물의 안전설계에 활용할 수 있을 것이다.

제2장에서 학습한 정역학과 제6장에서 배울 동역학도 역학의 핵심 부분이지만, 이 과목들은 실제로 발생하는 재료의 변형 과정을 고려하지 않고 대상 물체를 질점(particle) 혹은 강체(rigid body)로 가정한 상태에서 힘과 운동의 관계를 해석한다. 하지만 재료역학에서는 하중에 의해 발생하는 재료 자체의 변형이 중요한 관심의 대상이며, 이 과정에서 응력과 변형률의 관계를 검토하고, 재료의 물리적 특성을 감안하여 각종 구조물에 사용되는 재료의 종류, 형태 등에 대한 설계지침을 제공한다.

여기에서는 본 강좌의 개론적 특성을 감안하여 비교적 간단한 인장, 압축을 받는 축과 굽힘을 받는 보에 대해 하중의 작용에 의한 재료의 거동 변화를 서술하고자 한다.

3.1 응력과 변형률

응력(stress)과 변형률(strain)은 재료의 거동을 해석하는 데 있어서 가장 자주 언급되는 기본적인 개념이다. 응력은 재료에 작용하는 외력에 대하여 재료 내부 즉, 재료의 단면에 발생하는 힘을 내력(internal force)이라 하는데, 이 단위면적당 발생한 내력을 말한다. 또한 재료에 하중이 작용하면 재료 내부에 응력이 발생하고 재료는 그 크기와 형태가 변화하게 된다. 이 때 발생되는 신장량 또는 수축량을 변형량이라 하며, 변형량과 변형 전 재료의 치수와의 비율을 변형률이라 한다.

이러한 개념은 축하중을 받는 균일단면봉을 살펴봄으로써 설명할 수 있다. 균일단면봉(prismatic bar)은 전 길이에 걸쳐 일정한 단면을 갖는 곧은 구조용 부재를 말하며, 축하중(axial load)은 부재의 축방향으로 작용하는 하중으로 부재에 인장 (tension)이나 압축(compression)을 발생시킨다. 「그림 3.1」의 한강철교는 트러스 구조에 의해 지지되고 있으며, 트러스의 각 부재들은 인장 혹은 압축을 받고 있다.

[그림 3.1] 트러스 구조의 한강 철교

봉이 축방향의 힘을 받으면 길이에 변화가 생기게 된다. 이러한 현상은 모든 재료에서 발생하지만 실제의 길이 변화는 재료에 따라 달라진다. 응력과 변형률을 구하기 위하여 인장을 받고 있는 「그림 3.2」의 균일단면봉을 살펴보자. 봉은 하중이 작용하기 전의 상태(「그림 3.2(b)」)로부터 축하중 P의 작용에 의해 δ만큼 늘어난 모습(「그림 3.2(c)」)을 보여주고 있다. 봉의 단면 mn을 잘라서 오른쪽 부분과 분리하면 봉의 내부응력들이 「그림 3.2(d)」와 같이 나타난다. 이러한 응력은 단면 전체에 연속적으로 분포된다. 응력은 그리스 문자로 σ(sigma)로 표시하며, 단위면적당의 힘으로 표현된다. 응력이 단면 mn에 균일하게 분포되어 있다고 가정하면 이들의 합력은 응력 σ와 단면적 A를 곱한 것과 같게 되며, 여기서 합력은 P와 같은 값을 갖는다. 따라서 응력을 구하는 식은 다음과 같이 표현할 수 있다.

$$\sigma = \frac{P}{A} \tag{3.1}$$

이 식은 임의의 단면형상을 갖고 축하중을 받는 균일단면봉의 평균응력을 나타낸다.

봉이 하중 P에 늘어나는 경우의 응력을 인장응력(tensile stress)이라 하고, 하중이 반대로 작용되어 줄어드는 경우의 응력을 압축응력(compression stress)이라고 한다. 이와 같이 절단면에 수직으로 작용하는 응력들은 수직응력(normal stress)이라 한다. 수직응력에 대한 부호는 인장응력을 양(+)으로 하고, 압축응력을 음(-)으로 한다.

수직응력은 축하중을 단면적으로 나누어 얻어지므로, 단위면적당 힘의 단위로 나타낸다. SI 단위계에서의 응력단위는 파스칼(Pa) 혹은 N/m^2이며, USCS 단위계에서는 psi(lb/in^2) 혹은 psi의 10^3인 ksi가 주로 사용된다. 1psi는 대략 7,000Pa의 크기이다.

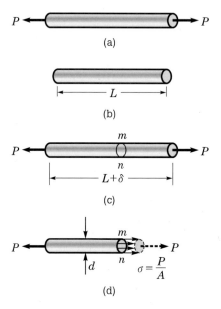

[그림 3.2] 인장을 받는 균일단면봉

식 (3.1)은 응력이 봉의 단면에 균일한 경우에만 적용할 수 있는데, 이러한 조건은 축하중 P가 도심(centroid)에 작용할 때 충족된다. 하중 P가 도심에 작용하지 않으면 봉에 굽힘이 발생하며, 이 경우에는 보다 복잡한 해석이 필요하게 된다. 본 강좌에서는 축하중이 단면의 도심에 작용하는 경우에만 고려하기로 한다.

재료가 봉 전체에 걸쳐서 균일하다고 가정하면 「그림 3.2(c)」에서의 신장량(혹은 변형량) δ는 재료의 모든 부분이 늘어나서 누적된 결과이다. 재료역학에서는 이러한 신장량보다는 다음 식과 같이 표현되는 단위길이당 신장량 혹은 변형률(strain)을 사용한다.

$$\varepsilon = \frac{\delta}{L} \tag{3.2}$$

변형률은 그리스 문자로 ε(epsilon)으로 표시하며, 위 식에서 알 수 있듯이 무차원량으로 단위가 없다. 하지만 대개의 경우 변형률은 매우 작은 값을 갖기 때문에 mm/m혹은 μm/m와 같이 표현하기도 한다. 변형률은 응력과 마찬가지로 길이가 늘어나는 경우의 변형률을 인장변형률(tensile strain), 줄어드는 경우를 압축변형률

(compressive strain)이라 하며, 변형률 ε은 수직응력과 관계되므로 수직변형률 (normal strain)이라 한다.

예제 3.1

그림과 같은 길이 L=400mm인 원통형 알루미늄 튜브에 압축력 P가 가해지고 있다. 튜브의 내경과 외경이 각각 60mm와 50mm이다. 축방향의 변형률을 측정하기 위하여 튜브 외부에 스트레인 게이지를 부착하였다.

(a) 만일 측정된 변형률이 ε=550×10^{-6}이라면 튜브의 길이가 얼마나 줄어들었는가?

(b) 튜브의 압축응력이 40MPa이라면 압축하중은 얼마인가?

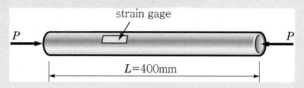

풀이 (a) 줄어든 길이 δ 는

$$\delta = \varepsilon L = (550 \times 10^{-6})(400) = 0.220 \, \text{mm}$$

(b) 압축하중 P는

$$A = \frac{\pi}{4}(d_2^2 - d_1^2) = \frac{\pi}{4}(60^2 - 50^2) = 863.9 \, \text{mm}$$

$$P = \sigma A = (40)(863.9) = 34{,}556 \, \text{N} = 34.6 \, \text{kN}$$

3.2 재료의 기계적 성질

구조물에 사용되는 재료가 하중 변화에 따라 어떻게 거동하는가를 알 수 있는 방법은 실험에 의한 방법이다. 일반적인 실험과정은 규격이 정해진 형상을 갖는 시편 (specimen)을 시험기에 장착하고 서서히 하중을 가하여 하중변화에 따른 길이변화 과정을 측정하여 서로 대응되는 응력과 변형률 값을 기록하면 그 결과 생기는 곡선이 재료의 거동을 말해준다. 「그림 3.3」은 전형적인 인장시험기를, 「그림 3.4」는 길이변화를 측정하는 스트레인 게이지를 시편에 부착한 모양이다.

[그림 3.3] 인장시험기

　일반적으로 시험 결과는 시편의 크기에 따라서 달라질 수 있으므로 이를 해소하기 위하여 하중과 길이 변화를 각각 응력과 변형률로 변환한다. 따라서 하중-변형선도에서 세로축에 하중과 비례관계를 갖는 응력을 취하고, 가로축에는 변형량과 비례관계를 갖는 변형률을 취하여 얻어진 선도를 응력-변형률 선도(stress-strain dia- gram)라 한다. 응력-변형률 선도는 재료의 형상과 크기에 무관하게 기계적 성질과 거동에 대한 중요한 정보를 제공해 준다.

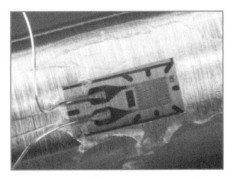

[그림 3.4] 시편에 부착된 스트레인 게이지

　연강 혹은 저탄소강으로 알려져 있는 「그림 3.5」의 구조용 강(structural steel)에 대한 응력-변형률 선도는 파악할 수 있는 대부분의 기계적 성질들을 포함하고 있기 때문에 가장 일반적으로 이용된다. 그림에서 재료의 중요한 성질들을 표현하기 위하여 변형률축의 크기를 무시하였다. 하중이 적용되는 초기단계인 선도의 원점에서 점

A까지는 응력과 변형률이 선형적으로 비례함을 보여주고 있다. 이 구간에서 응력이 증가하면 변형률이 이에 비례하여 증가한다. 모든 하중이 제거되면 응력은 0이 되며, 봉은 원래의 길이로 돌아간다. 이 때 점 A의 응력을 비례한도(proportional limit)라고 한다. 직선 OA의 기울기를 탄성계수(modulus of elasticity)라 하며, 응력과 같은 단위를 갖는다. 하중이 점 A를 통과하면 이러한 비례관계가 더 이상 유지하지 않는다.

하중이 탄성구간을 지나도록 증가하면 봉은 영구변형 되기 시작한다. 소성구간에서 변형률은 더 이상 응력에 비례하지 않으며 응력이 조금만 증가하여도 변형률은 크게 증가할 수 있다. 연강의 경우 비례한도를 지나서 응력이 증가하면 변형률은 더 급격하게 증가하기 시작한다. 탄성거동에서 소성거동으로의 변화를 재료의 항복(yield)이라 한다. 「그림 3.5」에서 점 B를 항복점(yield point)이라 하며 이에 대응하는 응력을 항복응력(yield stress)이라 한다. BC 영역에서 비교적 큰 변형이 발생한 후에 재료는 변형경화(strain hardening)가 나타난다. 변형경화가 일어나는 동안 재료는 결정구조가 변화되어 그 결과 응력이 증가하게 된다. 따라서 응력은 점 C로부터 점 D로 증가하여 최대값 D에 도달한다. 이때의 최대값 D를 극한응력(ultimate stress)이라고 한다. 점 D를 통과하면 시험편 혹은 봉의 단면적은 넥킹(necking) 현상 때문에 실제적으로 감소하고 봉은 계속 신장되어 결국 점 E에서 파단(fracture) 된다.

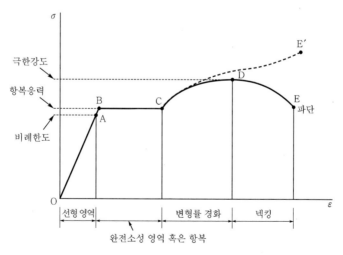

[그림 3.5] 구조용 강의 응력·변형률 선도

시험편이 신장되는 동안 가로 방향으로는 수축이 발생한다. 시험편의 수축으로 인한 단면적 감소는 매우 적기 때문에 점 C에 이르기까지의 응력계산에는 큰 영향을 미치지 않는다. 하지만 점 C 이후에는 단면감소가 두드러지기 시작하여 극한응력 부근에서는 더욱 뚜렷해지며, 단면감소가 급격한 「그림 3.6」과 같은 넥킹(necking) 현상이 발생한다. 응력을 계산하는 과정에서 이와 같이 변화하는 최소단면적을 사용하여 얻어진 곡선을 진응력(true stress)−변형률 곡선이라 하며, 「그림 3.5」에 점선으로 표시된 CE′ 곡선이다. 하지만 실제 응력을 구하는 것은 용이하지 않고 대부분의 구조물은 비례한도 이내의 응력에서 기능을 발휘하도록 설계되기 때문에 최초의 단면적을 기초로 하여 얻어진 공칭응력(nominal stress)에 의한 공칭응력−변형률 선도인 OABCDE가 공학적인 설계에서도 충분한 자료를 제공한다.

연강의 경우 응력−변형률 선도에서 항복점의 존재를 뚜렷하게 확인할 수 있으며, 항복점을 지나서 파단에 이르기까지 상당한 큰 변형을 보인다. 이와 같이 파단에 이르기까지 큰 변형률에 견디는 재료를 연성(ductile) 재료라 한다. 연성재료에는 알루미늄, 구리, 마그네슘, 황동, 청동, 나일론, 테플론 등이 있다. 반면에 인장하중에 대해서 비교적 작은 변형률에서 파단되는 재료를 취성(brittle) 재료라 하며, 콘크리트, 돌, 유리, 세라믹 등이 이에 해당한다. 유리의 경우 완벽한 취성재료이지만 유리섬유(fiber glass)는 매우 큰 극한응력을 갖도록 설계되었다.

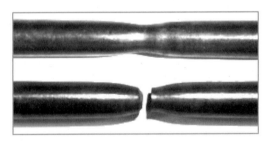

[그림 3.6] 연강의 넥킹 현상

압축에 의한 응력−변형률 선도는 연성 및 취성재료 모두 초기의 선형 영역이나 비례한도는 인장의 경우와 거의 같은 값을 보여준다. 하지만 연성재료의 경우 항복이 시작되면서 인장의 넥킹과는 다르게 재료가 압축되어 시편의 중간 부분이 부풀어 올라 통모양이 된다. 취성재료의 경우 압축에서의 극한응력은 인장에서의 극한응력보다 더 큰 값을 가져 취성재료가 압축하중에 적합함을 알 수 있다. 대부분의 공학적 설계에서는 비례한도 이내의 응력에 관심을 두므로 인장시험에서 얻은 자료들이 압축하중의 경우에도 무난히 적용할 수 있다. 「표 3.1」은 대표적인 공업용 재료의 강성 및 연성을 보인 것이다.

[표 3.1] 주요 공업용 재료의 강성 및 연성

재료	항복강도		극한강도		신장률(%)
	MPa	ksi	MPa	ksi	
알루미늄 합금					
2014-T6	410	60	480	70	13
6061-T6	275	40	310	45	17
황동 (85% Cu, 15% Zn)					
Cold-rolled	410	60	520	75	4
Annealed	100	15	275	40	50
회주철 (ASTM-A48)	−	−	170	25	0.5
티타늄 합금 (6% Al, 4% V)	830	120	900	130	10
구조강 (ASTM −A36)	250	36	400	58	20
스테인리강					
Cold-rolled	520	75	860	125	12
Annealed	260	38	655	95	50

3.3 Hooke의 법칙과 Poisson 비

응력과 변형률 선도 상의 임의의 지점에서 하중을 제거하였을 때 선도가 어떠한 형태로 변하는가를 살펴보면 재료의 또 다른 특성을 파악할 수 있다. 「그림 3.7(a)」의 곡선 OE 구간 중에 점 A까지 하중을 부과한 후 제거하였을 때 선도가 원점 O로 복귀하는 성질을 탄성적(elastic)이라 하며, 이러한 재료의 특성을 탄성(elasticity)이라 한다. 곡선 OE 구간 중 초기의 구간은 보통 직선이며 이 구간을 비례한도라고 한다. 「그림 3.7(b)」와 같이 재료에 훨씬 큰 하중을 부과하여 점 B에 도달한 다음 하중을 제거하면 변형률은 C점으로 복귀한다. 이때 BC의 기울기는 점 O에서의 기울기와 같다. 변형률이 점 C에 도달하면 하중은 완전히 제거되었지만 선 OC와 같은 잔류변형률(residual strain) 혹은 영구변형률(permanent strain)이 남게 된다. 점 B에서의 영구변형률 OD 중 변형률 CD만큼은 하중이 제거되면서 부분적으로 원래의 형태로 복귀하는데, 이러한 재료의 성질을 부분탄성적(partially elastic)이라 한다. 아울러 변형률 CD는 영구변형으로 남게 된다. 여기서 탄성영역의 상한에 해당하는 응력을 탄성한도(elastic limit)라 한다. 탄성한도는 일반적으로 선형영역의 상한인 비례한도와 거의 같거나 약간 큰 값을 갖는다. 따라서 대부분의 경우 재료의 탄성한도와 비례한도는 같은 값을 갖는다. 탄성한도에서의 변형률 이상에서 비탄성적 변형이 일어나는 재료의 특성을 소성(plasticity)이라 한다. 따라서 「그림 3.7(b)」의 응력-변형률 선도에서 탄성 영역 다음에는 소성 영역이 온다.

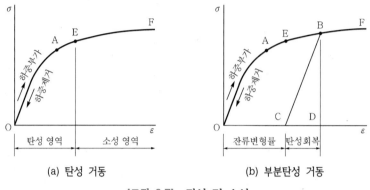

(a) 탄성 거동   (b) 부분탄성 거동

[그림 3.7] 탄성 및 소성

대부분의 금속 및 비금속의 구조용 재료들은 하중이 작용하는 초기에 탄성적으로 거동하는데, 특히 응력-변형률의 관계가 선형인 경우를 선형탄성적(linearly elasticity)이라고 한다. 인장이나 압축을 받는 봉에 대한 응력과 변형률 사이에는 다음과 같은 선형적 관계로 나타낼 수 있다.

$$\sigma = E\varepsilon \tag{3.3}$$

여기서 σ는 축응력을, ε은 축변형률을 그리고 E는 재료의 탄성계수(modulus of elasticity)로 알려진 비례상수로 선형탄성 영역의 기울기이다. 변형률은 무차원이므로 탄성계수의 단위는 응력과 동일한 GPa 혹은 ksi를 사용한다. 탄성계수 E는 재료의 강성을 나타내는 척도로 주어진 응력에 대한 변형률이 작을수록 E값은 크고 강성도 커진다. E값은 부드러운 나무의 경우 7GPa로부터 다이아몬드의 경우 1,000GPa를 초과하는 값까지 다양하다. 대부분의 재료의 E값은 인장과 압축시 동일한 값을 갖는다. 식 (3.3)은 영국의 과학자인 Robert Hooke의 이름을 기려 Hooke의 법칙이라 한다.

균일단면봉이 인장을 받으면 축방향 신장량은 「그림 3.8」과 같이 가로 방향으로의 수축(lateral contraction)을 일으킨다. 봉의 임의의 점에서의 가로변형률(lateral strain, 혹은 횡변형률)은 재료가 선형탄성적이라면 같은 점에서 축변형률에 비례한다. 이와 같이 축변형률 ε에 대한 가로변형률 ε'과의 비를 Poisson 비라 하며, 그리스 문자 ν(nu)로 표시한다.

[그림 3.8] 인장을 받는 봉의 축방향 신장과 가로 수축

$$\nu = - \frac{\text{가로변형률}}{\text{축변형률}} = - \frac{\varepsilon'}{\varepsilon} \tag{3.4}$$

식 (3.4)에서 인장을 받는 봉에서의 축방향 변형률은 양(＋)이고, 가로방향 변형률은 음(－)이며, 압축의 경우에는 반대의 부호가 된다. 따라서 Poisson 비는 항상 양(＋)의 값을 갖는다. 재료가 균질하다고 가정하면 탄성 특성치는 모든 방향에서 동일하다고 생각할 수 있다. 따라서 가로변형률은 모든 방향에서 같게 되니, 체적변화가 없다면 Poisson 비의 이론값은 0.5가 된다. 실제로 대부분의 공학재료의 Poisson 비는 대략 0.25~0.35의 범위 내에 있다. 고무는 0.5에 가까운 값을 갖는 반면, 매우 작은 값을 갖는 재료는 0의 값을 갖는 코르크와 0.1~0.2의 값을 갖는 콘크리트가 있다. 이는 코르크가 포도주 병을 막는 이상적인 재료가 되는 이유이다. 코르크가 병의 목 부분에 들어가도 지름은 거의 변하지 않는다. 「표 3.2」는 대표적인 구조용 재료의 탄성계수와 뒤에서 설명하게 될 전단탄성계수 그리고 Poisson 비이다.

[표 3.2] 주요 구조용 재료의 기계적 성질

재료	탄성계수 E		전단탄성계수 G		Poisson 비
	GPa	ksi	GPa	ksi	ν
알루미늄 합금	70~79	10,000~11,400	26~30	3,800~4,300	0.33
2014–T6	73	10,600	28	4,000	0.33
6061–T6	70	10,000	26	3,800	0.33
7075–T6	72	10,400	27	3,900	0.33
황동	96~110	14,000~16,000	36~41	5,200~6,000	0.34
청동	96~120	14,000~16,000	36~44	5,200~6,300	0.34
주철	83~170	12,000~25,000	32~69	4,600~10,000	0.2~0.3
콘크리트(압축)	17~31	2,500~4,500			0.1~0.2
구리·구리합금	110~120	16,000~18,000	40~47	5,800~6,800	0.33~0.36
유리	48~83	7,000~12,000	19~35	2,700~5,100	0.17~0.27
고무	0.0007~0.004	0.1~0.6	0.0002~0.001	0.03~0.2	0.45~0.50
강	190~210	28,000~30,000	75~80	10,800~11,800	0.27~0.30
티타늄 합금	100~120	15,000~17,000	39~44	5,600~6,400	0.33

3.2

길이 100mm, 지름 20mm인 원형봉에 인장하중을 가하여 0.4×10^{-3}의 축방향 변형률이 발생하였다. Poisson 비가 0.5일 때 체적의 변화가 없음을 보이시오.

풀이 원형봉의 길이변화는 식 (3.2)로부터

$$\varepsilon = \frac{\delta}{L} \quad \to \quad \delta = \varepsilon \times L = 0.4 \times 10^{-3} \times 100 = 0.04 \, \text{mm}$$

따라서 변형된 봉의 길이는 100.04mm이다.

가로변형률은 식 (3.4)로부터

$$\varepsilon' = -\nu \times \varepsilon = -0.5 \times 0.4 \times 10^{-3} = -0.2 \times 10^{-3}$$

봉 지름의 변화는

$$\Delta d = \varepsilon' \times d = -0.2 \times 10^{-3} \times 20 = 0.004 \, \text{mm}$$

따라서 봉의 새로운 지름은 19.996mm이다.

봉의 최초의 체적은

$$V_1 = \frac{\pi}{4} \times 20^2 \times 100 = 31415.9 \, \text{mm}^2$$

봉의 새로운 체적은

$$V_2 = \frac{\pi}{4} \times 19.996^2 \times 100.04 = 31415.9 \, \text{mm}^2$$

$V_1 = V_2$, 즉 체적의 변화는 없다.

3.4 전단응력과 전단변형률

재료면에 수직으로 작용하는 수직응력과는 다르게 전단응력(shear stress)은 재료면의 접선방향으로 작용한다. 전단응력이 작용하는 예는 「그림 3.9」와 같은 볼트 연결체에서 볼 수 있다. 봉-클레비스 연결체에 「그림 3.10」과 같이 인장하중 P가 작용하면 봉과 클레비스는 지압(bearing)을 받는 볼트를 누르면서 지압응력(bearing stress)이라 하는 접촉응력이 발생한다. 봉과 클레비스는 볼트를 전단시키려는 경향이 있으며, 이러한 경향은 볼트의 전단응력에 의해 억제되고 있다. 「그림 3.10(b)」와 「그림 3.10(c)」로부터 클레비스에 의해 볼트에 가해지는 지압응력은 볼트의 좌측에 나타나며, 봉에 의한 지압응력은 우측에 나타난다. 지압응력은 균일하게 분포되어 있다고 가정하며, 전체 지압하중 F_b를 지압면적 A_b로 나누어 평균지압응력 σ_b를 계산할 수 있다.

$$\sigma_b = \frac{F_b}{A_b} \tag{3.5}$$

여기서 지압면적은 곡면으로 된 지압면의 투영면적으로 정의되므로 클레비스에 의한 지압면적은 클레비스 두께와 볼트의 지름을 곱하여 얻어지며, 지압하중은 $P/2$ 이다.

[그림 3.9] 봉-클레비스 연결체

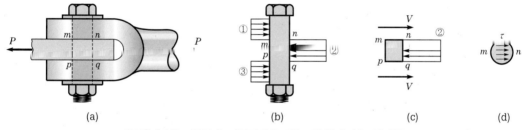

[그림 3.10] 볼트가 이중전단을 받는 봉-클레비스 연결체

「그림 3.10(b)」를 살펴보면 단면 mn과 pq를 따라 볼트를 전단하려는 경향이 있음을 알 수 있다. 볼트의 $mnpq$에 대한 자유물체도인 「그림 3.10(c)」로부터 전단력 V가 볼트의 절단면에 작용함을 알 수 있다. 이때 전단력 V는 위아래 두 단면에 동일하게 작용하므로 전체 하중의 절반인 $V = P/2$이다. 이와 같이 두 개의 전단면에 전단력이 작용하는 경우를 이중전단(double shear)이라 한다. 이에 대응하여 전단면이 하나인 경우를 단일전단(single shear)이라 하며, 이때의 전단력은 $V = P$이다. 「그림 3.10(d)」를 보면 단면 mn에 절단면에 평행하게 작용하고 있음을 알 수 있다. 이와 같이 전단응력은 재료를 자르려고 하는 힘의 결과로 생겨난다. 여기서의 전단응력 분포를 정확히 알 수 없으나 일반적으로 다음과 같은 평균전단응력(average shear stress)을 정의하여 사용한다. 전단응력은 수직응력과 마찬가지로 단위면적당의 힘을 의미하므로 수직응력과 같은 단위를 사용한다.

$$\tau_{\text{aver}} = \frac{V}{A} \tag{3.6}$$

「그림 3.11」은 전단응력이 작용하는 재료의 미소요소를 보여주고 있다. 전단응력 τ가 면적이 bc인 우측면에 등분포 된다고 가정하면, 요소가 y방향으로의 평형을 유지하기 위해서는 크기가 같고 방향이 반대로 작용하는 전단력과 균형을 이루어야 한다. 그러나 이와 같이 크기가 같고 방향이 반대인 두 힘은 우력을 발생시키기 때문에 모멘트의 평형을 이루기 위해서는 그림에서와 같이 윗면과 아랫면에서도 전단응력이 작용하여야 한다. 이와 같은 전단응력의 특성을 요약하면 다음과 같다.

① 요소의 반대편에 있는 면(서로 평행한 면)에 작용하는 전단응력들은 크기가 같고 방향은 반대이다.

② 요소의 인접한 면(서로 수직인 면)에 작용하는 전단응력들은 크기가 같고 방향은 두 면의 교차선을 향하거나 또는 멀어지는 쪽을 향한다.

전단응력의 작용에 의해 미소요소는 「그림 3.11(b)」과 같이 변형된다. 이때 전단응력에 의해 미소요소의 각 변의 길이는 변화하지 않고 직육면체의 원래 요소가 찌그러진 육면체로 변형된다. 이러한 변형으로 인하여 측면 사이의 각이 처음의 $\pi/2$(또는 90°)이었던 각들이 γ만큼 감소 혹은 증가하게 된다. γ는 미소요소의 찌그러짐(distortion) 혹은 모양의 변화를 나타내는 척도로 이를 전단변형률(shear strain)이라고 한다.

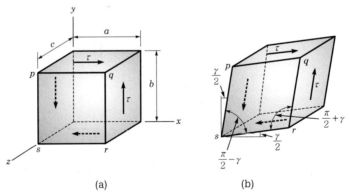

[그림 3.11] 미소요소에 대한 전단응력과 전단변형률

재료가 전단하중을 받는 경우에도 인장시험과 유사한 방법을 통하여 전단응력−변형률 선도를 구할 수 있다. 이 경우 선도는 인장시험의 결과와 모양은 비슷하나 비례한도, 탄성계수, 항복응력, 극한응력 등의 값들이 대체로 인장시험에서의 값들의 반 정도이다. 대부분의 재료에서 전단응력−변형률 선도의 초기부분은 인장시험에서

와 같이 원점을 통과하는 직선 영역이다. 이러한 선형탄성 영역에서 전단응력과 전단변형률은 비례하므로 전단에 대한 Hooke의 법칙은 다음과 같이 쓸 수 있다.

$$\tau = G\gamma \tag{3.7}$$

여기서 G는 전단탄성계수(shear modulus of elasticity)로서 인장에서의 탄성계수 E와 같은 단위이며, 역시 재료의 강성을 나타내는 척도이다. 탄성계수 E와 전단탄성계수 G는 모두 재료의 고유한 탄성 특성치이며, 인장과 전단에서의 이들은 다음과 같은 관계가 있다.

$$G = \frac{E}{2(1+\nu)} \tag{3.8}$$

여기서 ν는 Poisson 비이다. 위 식으로부터 E, G 및 ν가 독립된 재료의 성질이 아니라 서로 연관되어 있음을 알 수 있다. 대부분의 공업용 재료의 Poisson 비가 0.25~0.5이므로 G의 값은 E의 값의 33~40% 사이에 있다.

 3.3

강철판에 구멍을 뚫는 펀치가 있다. 지름이 20mm인 펀치가 그림과 같이 두께 6.5mm의 판에 구멍을 뚫는데 사용된다. 구멍을 뚫는데 125kN의 힘이 가해진다면 판의 전단응력과 펀치의 압축응력은 각각 얼마인가?

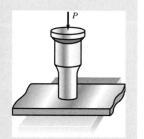

풀이 전단면적 A_s는

$$A_s = \pi dt = \pi(20)(6.5) = 408\,\text{mm}^2 = 408 \times 10^{-6}\,\text{m}^2$$

따라서 판의 평균전단응력은

$$\tau_{\text{aver}} = \frac{P}{A_s} = \frac{125 \times 10^3}{408 \times 10^{-6}} = 306\,\text{MPa}$$

펀치의 압축응력은

$$\sigma_c = \frac{P}{A_{\text{punch}}} = \frac{P}{\pi d^2/4} = \frac{4(125 \times 10^3)}{\pi(20^2 \times 10^{-6})} = 398\,\text{MPa}$$

3.5 안전계수와 허용응력

구조물이 안정적으로 기능을 발휘하기 위해서는 구조물을 지지하는 재료가 지지할 수 있는 하중이 작용될 하중보다 커야만 한다. 구조물 또는 재료가 하중을 견디는 능력을 강도(strength)라 하며, 재료의 실제 강도는 요구강도보다 커야 한다. 실제 강도와 요구강도와의 비를 안전계수(factor of safety, n)라고 한다.

$$n = \frac{실제강도}{요구강도} \tag{3.9}$$

안전계수는 특수한 상황에 대한 응력해석에 관련된 불확실성들을 참작할 때 필요해진다. 불확실성들은 해석 중인 구성부품의 하중조건 또는 재료의 특성과 관련 있다. 따라서 안전계수는 응력계산이나 재료의 불균질 등에 대한 부정확성을 보충하고 설계시 최대응력에 도달할 때까지 어느 정도 여유를 주기 위한 것으로 파단을 피하기 위해서는 안전계수 n이 1보다 커야 한다. 개략적으로 재료의 특성치에 대한 확신이 있을 때, 연성재료에 대해서는 $n = 2$, 취성재료는 $n = 3$, 그리고 하중 조건과 재료의 특성치가 모두 확실하지 않은 상황에서는 $n = 4$의 값을 사용한다. 일반적으로 안전계수를 결정하는 데에는 다음과 같은 상황들을 고려하여야 한다.

① 설계하중을 초과하는 우발적인 과하중(overload)을 받을 확률
② 정하중, 동하중, 반복하중 등의 하중 특성
③ 구조물의 부정확성
④ 부식이나 환경영향에 의한 약화
⑤ 해석절차의 정확성

구조물의 안전에 있어서는 하중을 제거하였을 때 영구변형을 남기지 않도록 재료가 탄성 영역에서 거동하는 것이 중요하다. 이 경우에는 파단이 아닌 항복점을 기준으로 안전계수를 정의한다. 즉, 허용응력(allowable stress, σ_w)은 안전상 영구변형이 일어나지 않도록 탄성한도 이내에서 허용하는 최대의 응력으로 다음과 같이 정의한다.

$$허용응력 = \frac{항복응력}{안전계수} \tag{3.10a}$$

$$\sigma_w = \frac{\sigma_y}{n}, \ \tau_w = \frac{\tau_y}{n} \tag{3.10b}$$

콘크리트나 고강도강과 같이 항복응력이 확실하게 정의되지 않는 경우에는 식 (3.10)의 항복응력 대신 극한응력을 사용하여 허용응력을 구한다.

$$\sigma_w = \frac{\sigma_u}{n}, \ \tau_w = \frac{\tau_u}{n} \tag{3.11}$$

특정 구조물 또는 재료에 대해 허용응력이 결정되면 허용하중(allowable load)은 허용응력과 면적의 곱으로 구해진다.

$$\text{허용하중} = \text{허용응력} \times \text{면적} \tag{3.12}$$

「그림 3.12」는 트러스 구조물의 철 구조물 제작 및 용접 과정에서의 원천적인 부실시공과 준공 이후 설계하중을 초과하는 과부하의 지속 및 취약한 접합 부위의 방치 등 관리부실이 복합적으로 작용하여 발생한 성수대교 붕괴 사건이다. 1994년 10월 21일 아침에 등굣길의 학생들을 포함한 32명이 숨지고, 17명이 부상을 입었던 대 참사였다.

[그림 3.12] 성수대교 붕괴 사고

 3.4

항복응력 $\sigma_y = 270\text{MPa}$인 강관이 아래 그림과 같이 $P = 1{,}200\text{kN}$의 압축하중을 받고 있다. 파이프의 항복에 대한 안전계수는 $n = 1.8$이다. 만일 파이프의 두께 t가 외경의 1/8이라 하면 최소요구직경 $d_{\min}$은 얼마인가?

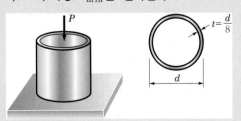

풀이 강관의 허용응력 σ_w는

$$\sigma_w = \frac{\sigma_Y}{n} = \frac{270}{1.8} = 150\,\text{MPa}$$

강관의 단면적은

$$A = \frac{\pi}{4}[d^2 - (d - \frac{d}{4})^2] = \frac{7\pi d^2}{64}$$

압축하중 P는

$$P = \sigma_w A = \frac{7\pi d^2}{64}\sigma_w$$

이를 d에 대해 풀면

$$d = 8\sqrt{\frac{P}{7\pi\sigma_w}} = 8\sqrt{\frac{1{,}200}{7\pi(150)}} = 153\,\text{mm}$$

3.6 축하중을 받는 부재의 길이 변화

인장과 압축하중만을 받는 구조물의 부품을 축하중을 받는 부재(axially loaded member)라고 한다. 트러스 부재, 엔진 연결봉, 자전거 바퀴 스포크, 건물 기둥, 항공기 엔진 마운트 지주 등이 축하중을 받는 부재이며, 케이블과 코일 스프링도 축하중만을 받는다.

「그림 3.13」과 같이 인장하중 P를 받는 균일단면봉은 그림에서와 같이 δ만큼 늘어나게 되는데, 늘어난 길이 δ을 신장량(elongation)이라고 한다. 이때 발생하는 수직응력은 $\sigma = P/A$에 의해 얻어지며, 축변형률은 $\varepsilon = \delta/L$에 의해 구할 수 있다. 재료가 선형탄성적이라고 가정하면 Hooke의 법칙을 적용할 수 있으며, 여기에 수직응력 및 축변형률에 대한 식을 대입하면 봉의 신장량은 다음의 식으로 구할 수 있다.

$$\delta = \frac{PL}{EA} \tag{3.13}$$

위 식으로부터 신장량은 하중과 길이에 비례하고, 탄성계수와 단면적에 반비례하는 것을 알 수 있다. 식 (3.13)은 인장의 경우에 대해 유도되었지만, 압축에 대해서도 동일하게 적용할 수 있으며, 이때의 신장량은 음(−)으로 나타낸다.

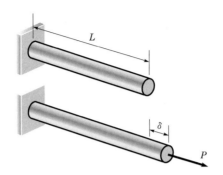

[그림 3.13] 인장을 받는 균일단면봉의 신장량

예제 3.5

「그림 3.13」과 같은 균일단면봉이 인장하중 $P = 134\text{kN}$을 받고 있다. 재료의 직경 $d = 25\text{mm}$, 길이 $L = 1\text{m}$이며, 탄성계수는 $E = 200\text{GPa}$이다.

(a) 봉의 최종길이는 얼마가 되는가?
(b) 만일 길이변화가 3.8mm로 제한되어 있다면 이때 허용되는 최대하중 P_{max}는 얼마인가?

 (a) 봉의 길이변화 δ는 식 (3.13)으로부터

$$\delta = \frac{PL}{EA} = \frac{(134 \times 10^3)(1.0)}{(200 \times 10^9)\left(\dfrac{\pi}{4} \times 25^2 \times 10^{-6}\right)} = 1.365\,\text{mm}$$

최종길이 L'은
$$L' = L + \delta = 1.00137\,\text{m}$$

(b) 길이변화 $\delta = 3.8\text{mm}$이라면 최대허용하중 P_{max}는

$$P_{\text{max}} = \frac{EA}{L}\delta = \frac{(200 \times 10^9)\left(\dfrac{\pi}{4} \times 25^2 \times 10^{-6}\right)}{(1.0)}(3.8 \times 10^{-3}) = 373\,\text{kN}$$

균일단면봉의 중간 지점에 한 개 이상의 외부 하중이 작용하는 경우의 길이 변화는 각 부분의 늘어난 길이와 줄어든 길이를 대수적으로 합하여 구한다. 예를 들어 「그림 3.14」의 균일단면봉의 세 부분에 각기 다른 축하중을 받고 있다. 이 경우 각 부분에 대한 자유물체도를 통해 내부 축력 N_1, N_2, N_3을 구한 후 부분별로 길이 변화를 구하여 합하면 전체 길이 변화를 얻을 수 있다.

「그림 3.14」에서 부분 AB, BC, CD를 각각 1, 2, 3이라 하면, 각각의 자유물체도로부터 내부축력은 $N_1 = -P_B + P_C + P_D$, $N_2 = P_C + P_D$, $N_3 = P_D$가 되며, 각 부

분의 길이 변화는 $\delta_1 = \dfrac{N_1 L_1}{EA}$, $\delta_2 = \dfrac{N_2 L_2}{EA}$, $\delta_3 = \dfrac{N_3 L_3}{EA}$ 가 된다. 따라서 봉 전체의 길이변화는 $\delta = \delta_1 + \delta_2 + \delta_3$ 로 얻어진다.

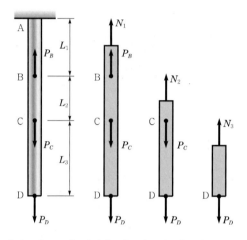

[그림 3.14] 중간 지점에 외부하중이 작용하는 봉의 길이 변화

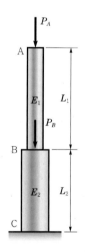

[그림 3.15] 불균일단면봉

위의 방법은 다른 치수, 다른 재료 구성된 보다 복잡한 형태의 봉에 대해서도 적용할 수 있다(「그림 3.15」). 이때 각 부분별로 축력이나 길이뿐 아니라 탄성계수와 단면적이 달라질 수 있음을 알아야 한다. 이 경우 길이변화를 구하는 식은 다음과 같다.

$$\delta = \delta_1 + \delta_2 + \delta_3 + \cdots = \frac{P_1 L_1}{E_1 A_1} + \frac{P_2 L_2}{E_2 A_2} + \frac{P_3 L_3}{E_3 A_3} + \cdots \qquad (3.14a)$$

또는

$$\delta = \sum_{i=1}^{n} \frac{P_i L_i}{E_i A_i} \qquad (3.14b)$$

여기서 하첨자 i는 봉의 여러 부분에 대한 숫자표시를, n은 부분의 개수이다.

 3.6

그림과 같은 수직강철봉 ABC가 봉의 상단에서 지지되어 있고 하단에서 하중 P_1을 받고 있다. 수평보 BDE는 조인트 B에서 수직봉과 핀으로 연결되어 있으며, 점 D에서 지지되어 있다. 보는 다시 점 E에서 하중 P_2를 받는다. 수직봉 윗부분 AB의 길이 $L_1 = 500$mm이고, 단면적 $A_1 = 160$mm^{2}이며, 아랫부분 BC의 길이 $L_2 = 750$mm, 단면적 $A_2 = 100$mm^{2}이다. 강철의 탄성계수는 $E = 200$GPa이다. 보 BED의 구간길이는 각각 $a = 700$mm, $b = 625$mm이다. 하중 $P_1 = 10$kN, $P_2 = 25$kN일 때 점 C에서의 수직변위 δ_c를 구하시오. 단 봉과 보의 무게는 무시한다.

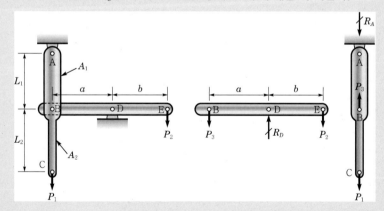

풀이 수평보 BDE의 점 E에 작용하는 하중 P_2에 의해 봉 ABC는 점 B에서 축하중 P_3를 받는다. P_3는 수평보 BDE에 대한 자유물체도를 통해 구할 수 있으며, 그 값은 다음과 같다.

$$P_3 = \frac{P_2 b}{a} = \frac{(25 \times 10^3)(625 \times 10^{-3})}{700 \times 10^{-3}} = 22.3 \text{kN}$$

이 하중은 수직봉에 윗 방향으로 작용한다. 그러므로 각 부분의 내부축력은 다음과 같다.

$$N_1 = P_1 - P_3 = 10 - 22.3 = -12.3 \text{kN(압축)}$$

$$N_2 = P_1 = 10 \text{kN(인장)}$$

점 C에서의 수직변위는 봉 ABC의 길이변화와 같다. 즉,

$$\delta = \frac{N_1 L_1}{E_1 A_1} + \frac{N_2 L_2}{E_2 A_2}$$

$$= \frac{(-12.3 \times 10^3)(500 \times 10^{-3})}{(200 \times 10^9)(160 \times 10^{-6})} + \frac{(10 \times 10^3)(750 \times 10^{-3})}{(200 \times 10^9)(100 \times 10^{-6})}$$

$$= -0.192 + 0.375 = 0.183 \, \text{mm}$$

따라서 $\delta_C = 0.183 \, \text{mm} (\,\downarrow\,)$

3.7 경사단면에 발생하는 응력

균일단면을 갖는 재료에 축 방향 하중을 가하여 파단시킬 때 대부분의 재료는 경사진 파단면을 갖는다. 이는 외력이 재료의 횡단면과 직각 방향인 축 방향으로 작용하였으나 이 축 방향의 힘이 경사단면 상에서 법선 방향의 힘과 접선 방향의 힘으로 작용하였기 때문이다. 따라서 경사단면상에는 법선력에 의한 법선응력과 접선력에 의한 전단응력이 존재하게 된다.

「그림 3.16」에서와 같이 경사면 pq에 작용하는 응력을 고려하여 보자. 축하중 P는 경사면에 수직인 법선력 N과 경사면에 평행한 전단력 V로 다음 식과 같이 분해할 수 있다.

$$N = P\cos\theta, \quad V = P\sin\theta \tag{3.15}$$

수직응력은 법선력 N을 단면면적으로 나눈 것과 같고, 전단응력은 전단력 V를 단면의 면적으로 나눈 것과 같으므로, 응력들은

$$\sigma = \frac{N}{A_I}, \quad \tau = \frac{V}{A_I} \tag{3.16}$$

이며, 여기서 A_I는 경사면의 면적이다.

$$A_I = \frac{A}{\cos\theta} \tag{3.17}$$

인장을 받는 봉에 대해서 법선력 N은 양(+)의 수직응력 σ_θ를, 전단력 V는 음(−)의 전단응력 τ_θ를 일으킨다. 이를 식 (3.16)과 (3.17)로부터 다음과 같이 구할 수 있다.

$$\sigma_\theta = \frac{N}{A_I} = \frac{P}{A}\cos^2\theta, \quad \tau_\theta = -\frac{V}{A_I} = -\frac{P}{A}\sin\theta\cos\theta$$

σ_x가 단면에의 수직응력일 때, $\sigma_x = P/A$와 다음의 삼각함수 관계식, 즉

$$\cos^2\theta = \frac{1}{2}(1+\cos 2\theta), \quad \sin\theta\cos\theta = \frac{1}{2}(\sin 2\theta)$$

를 이용하면 다음과 같이 각 θ만큼 회전한 경사면에 작용하는 수직응력과 전단응력을 구하는 공식을 얻을 수 있다.

$$\sigma_\theta = \sigma_x\cos^2\theta = \frac{\sigma_x}{2}(1+\cos 2\theta) \tag{3.18a}$$

$$\tau_\theta = -\sigma_x\sin\theta\cos\theta = -\frac{\sigma_x}{2}(\sin 2\theta) \tag{3.18b}$$

식 (3.18a)와 (3.18b)는 재료의 거동이 선형이거나 비선형, 혹은 탄성적이거나 비탄성적에 관계없이 어떤 재료에 대해서도 적용할 수 있다.

식 (3.18)으로부터 경사면에서의 수직응력과 전단응력이 각도 θ에 따라 변화됨을 알 수 있다. 최대수직응력은 $\theta = 0°$, 즉 횡단면에서 일어나며 다음과 같다.

$$\sigma_{max} = \frac{\sigma_x}{2}(1+\cos 0°) = \sigma_x \tag{3.19}$$

최대전단응력은 식 (3.18b)에서 $\theta = 45°$에서 음($-$)의 최대값 혹은 양($+$)의 최대값을 갖는다. 이러한 최대전단응력들은 같은 크기를 갖는다.

$$\tau_{max} = -\frac{\sigma_x}{2}\sin 2(\pm 45°) = \mp\frac{\sigma_x}{2} \tag{3.20}$$

이때의 수직응력은 $\sigma_\theta = \frac{\sigma_x}{2}[1+\cos(2\times 45°)] = \frac{\sigma_x}{2}$로 경사각 $\theta = 45°$에서는 수직응력과 전단응력이 같게 됨을 알 수 있다. 최소수직응력 σ_{min}과 최소 전단응력 τ_{min}은 각각 $\theta = 90°$일 때와 $\theta = 0°$일 때 일어나며, 그 크기는 $\sigma_{min} = 0$, $\tau_{min} = 0$이 된다.

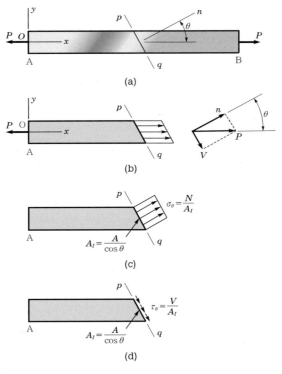

[그림 3.16] 경사면에 작용하는 응력

3.7

단면적 $A = 1,200\text{mm}^2$인 균일단면봉이 축하중 $P = 90\text{kN}$에 의해 압축을 받고 있다.
각 $\theta = 25°$로 봉을 절단한 경사면 pq에 작용하는 응력을 구하시오.

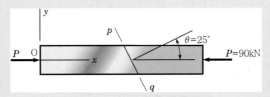

 단면에 작용하는 수직응력은 $\sigma_x = -\dfrac{P}{A} = -\dfrac{90 \times 10^3}{1,200 \times 10^{-6}} = -75\,\text{MPa}$

식 (3.18a)와 (3.18b)에 $\theta = 25°$를 대입하여 수직응력과 전단응력을 구하면

$\sigma_\theta = \sigma_x \cos^2\theta = (-75)(\cos 25°) = -61.6\,\text{MPa}$

$\tau_\theta = -\sigma_x \sin\theta\cos\theta = (75)(\sin 25°)(\cos 25°) = 28.7\,\text{MPa}$

3.8 도심과 관성모멘트

앞으로 설명하게 될 굽힘 하중과 비틀림 하중에 의해 발생하는 굽힘 응력과 비틀림 응력은 재료의 단면 형상과 밀접한 관계가 있다. 따라서 이를 해석하는 데는 도심과 단면 1차모멘트, 단면 2차모멘트 그리고 극관성모멘트 등의 개념이 필요하다. 이들을 평면도형의 성질이라고 한다.

(1) 평면도형의 도심

「그림 3.17」과 같은 임의의 기하학적 도형의 면적은 다음과 같이 정의된다.

$$A = \int dA \tag{3.21}$$

면적 A의 x축과 y축에 관한 1차모멘트(first moment)는 다음과 같이 미소요소의 면적 dA와 그 좌표의 곱으로 나타낸다.

$$Q_x = \int y dA \tag{3.22a}$$

$$Q_y = \int x dA \tag{3.22b}$$

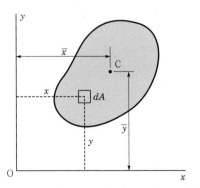

[그림 3.17] 임의 형상의 도형의 면적

도심 C는 1차모멘트를 그 면적으로 나눈 것과 같다.

$$\overline{x} = \frac{Q_y}{A} = \frac{\int x\,dA}{\int dA} \tag{3.23a}$$

$$\overline{y} = \frac{Q_x}{A} = \frac{\int y\,dA}{\int dA} \tag{3.23b}$$

사각형이나 원과 같은 비슷한 기하학적 형상을 갖는 개별 부분으로 구성된 합성단면(composite area)의 도심은 그 구성부분들과 관련된 성질들을 합함으로써 계산할 수 있다. 합성면적이 n개의 부분으로 나누어져 있다고 하면 다음의 식으로 면적과 1차모멘트를 구할 수 있다.

$$A = \sum_{i=1}^{n} A_i \tag{3.24a}$$

$$Q_x = \sum_{i=1}^{n} \overline{y_i} A_i \tag{3.24b}$$

$$Q_y = \sum_{i=1}^{n} \overline{x_i} A_i \tag{3.24c}$$

여기서 $\overline{x_i}$, $\overline{y_i}$는 i번째 부분의 도심의 좌표이다. 따라서 합성면적의 도심좌표는 다음과 같다.

$$\overline{x} = \frac{Q_y}{A} = \frac{\sum_{i=1}^{n} \overline{x_i} A_i}{\sum_{i=1}^{n} A_i} \tag{3.25a}$$

$$\overline{y} = \frac{Q_x}{A} = \frac{\sum_{i=1}^{n} \overline{y_i} A_i}{\sum_{i=1}^{n} A_i} \tag{3.25b}$$

3.8

다음 그림과 같이 한 변의 길이가 a인 정사각형의 1/4이 제거된 도형의 도심의 좌표를 구하시오.

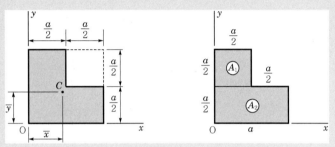

풀이 도형을 그림과 같이 단면 A_1과 A_2로 나눌 수 있다.

A_1의 면적과 도심은

$$A_1 = \frac{a^2}{4}, \quad \overline{y_1} = \frac{3}{4}a$$

A_2의 면적과 도심은

$$A_2 = \frac{a^2}{2}, \quad \overline{y_2} = \frac{1}{4}a$$

전체면적은 $A = \sum A_i = \frac{3}{4}a^2$

단면의 1차모멘트는

$$Q_x = \sum y_i A_i = \frac{3}{4}a\left(\frac{a^2}{4}\right) + \frac{a}{4}\left(\frac{a^2}{2}\right) = \frac{5}{16}a^3$$

따라서 도심은

$$\overline{x} = \overline{y} = \frac{Q_x}{A} = \frac{5a}{12}$$

(2) 평면도형의 관성모멘트

「그림 3.18」과 같이 $x-y$ 평면에 있는 면적 A의 관성모멘트는 다음과 같이 정의된다.

$$I_x = \int y^2 dA \tag{3.26a}$$

$$I_y = \int x^2 dA \tag{3.26b}$$

면적요소 dA는 기준 축으로부터의 거리의 제곱에 의해 곱해지기 때문에 관성모멘트를 면적 2차모멘트라고도 한다.

관성모멘트가 어떻게 구해지는가를 알아보기 위하여 폭 b, 높이 h인 직사각형을 생각해 보자. $x-y$축의 원점을 도심으로 잡고 폭 b와 높이 dy인 면적요소를 이용하면, x축에 관한 관성모멘트 I_x는 다음과 같이 표현할 수 있다.

$$I_x = \int y^2 dA = \int_{-h/2}^{h/2} y^2 b\, dy = \frac{bh^3}{12}$$

유사한 방법으로 $dA = h\,dx$의 면적요소를 이용하여 y축에 관한 관성모멘트를 다음과 같이 구할 수 있다.

$$I_y = \int x^2 dA = \int_{-b/2}^{b/2} x^2 b\, dy = \frac{hb^3}{12}$$

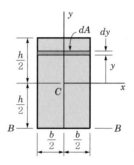

[그림 3.18] 직사각형의 관성모멘트

기준축이 다른 경우에는 관성모멘트의 값도 달라진다. 예를 들어 사각형의 밑변 BB축을 기준축으로 생각해 보자. 그러면 그 축으로부터 면적요소 dA까지의 좌표거리로 y를 정의하여야 하기 때문에 관성모멘트는 다음과 같이 계산된다.

$$I_{BB} = \int y^2 dA = \int_0^h y^2 b\, dy = \frac{bh^3}{3}$$

이와 같이 BB축에 관한 관성모멘트가 도심 C축에 대한 관성모멘트보다 커짐을 알 수 있다. 일반적으로 기준축을 도심축보다 멀리 이동시키면 관성모멘트는 증가한다.

평면의 회전반지름은 역학에서 자주 사용되는 거리로 다음의 식으로 구할 수 있다.

$$r_x = \sqrt{\frac{I_x}{A}} \tag{3.27a}$$

$$r_y = \sqrt{\frac{I_y}{A}} \tag{3.27b}$$

만일 면적의 도심을 통과하는 축에 관한 면적 관성모멘트를 알고 있다면 그 축과 평행한 축에 관한 면적 관성모멘트를 구할 때에는 평행축 정리를 사용하는 것이 편리하다. 「그림 3.19」의 도심이 C인 임의의 면적을 생각해 보자. 도심을 원점으로 하는 $x_C - y_C$축과 임의의 점 O를 원점으로 하는 $x - y$축은 서로 평행하며, 두 축 간의 거리는 각각 d_1과 d_2이다. 관성모멘트의 정의로부터 x축에 대한 관성모멘트는 다음과 같이 쓸 수 있다.

$$I_x = \int (y + d_1)^2 dA = \int y^2 dA + 2d_1 \int y dA + d_1^2 \int dA$$

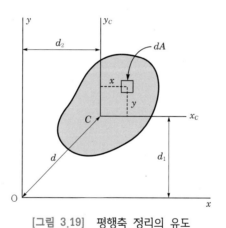

[그림 3.19] 평행축 정리의 유도

우변의 첫 번째 항은 x_C축에 대한 관성모멘트 I_{XC}이다. 두 번째 항은 x_C축에 대한 면적의 1차모멘트로써 축 x_C가 도심을 통과하기 때문에 적분 값은 0이 된다. 세 번째 항은 면적 A 그 자체이다. 따라서 위식은 다음과 같이 간단히 쓸 수 있다.

$$I_x = I_{x_c} + A d_1^2 \tag{3.28a}$$

y축에 대한 관성모멘트도 동일한 방법으로 다음의 결과를 얻을 수 있다.

$$I_y = I_{y_c} + Ad_2^2 \qquad\qquad (3.28b)$$

위의 식 (3.28a,b)를 관성모멘트에 대한 평행축정리라고 한다.

 3.9

그림과 같은 삼각형의 1−1축에 대한 관성모멘트가 $90 \times 10^3 \mathrm{mm}^4$이다. 이 삼각형의 2−2축에 대한 관성모멘트를 계산하시오.

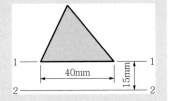

풀이 1−1축에 대한 삼각형의 관성모멘트는

$$I_1 = \frac{bh^3}{12} \text{이므로}$$

삼각형의 높이 h는

$$h = \sqrt[3]{\frac{12 I_1}{b}} = \sqrt[3]{\frac{12 \times 90 \times 10^3}{40}} = 30\,\mathrm{mm}$$

도심에 대한 관성모멘트는

$$I_2 = \frac{bh^3}{36} = \frac{40 \times 30^3}{36} = 30 \times 10^3 \mathrm{mm}^4$$

평행축 정리를 이용하여 2−2축에 대한 관성모멘트를 구하면

$$I_2 = I_C + Ad^2 = 30 \times 10^3 + \left(\frac{40 \times 30}{2}\right)(25)^2 = 405 \times 10^3 \mathrm{mm}^4$$

(3) 극관성모멘트

앞에서 논의된 관성모멘트는 면적 자체의 평면 내에 놓여 있는 축에 대해 정의되었다. 원점 O를 통과하는 평면에 수직인 축에 대한 관성모멘트를 극관성모멘트(polar moment of inertia)라고 하며 다음과 같이 정의된다.

$$I_P = \int \rho^2 dA \qquad\qquad (3.29)$$

여기서 ρ는 「그림 3.20」에서와 같이 점 O에서 미소면적 dA까지의 거리이다. 「그림 3.20」에서 $\rho^2 = x^2 + y^2$이므로 다음과 같이 쓸 수 있다.

$$I_P = \int \rho^2 dA = \int (x^2 + y^2)dA = \int x^2 dA + \int y^2 dA$$

따라서 위 식은 다음의 중요한 관계식을 얻을 수 있다.

$$I_P = I_x + I_y \qquad\qquad (3.30)$$

평면 내의 극관성모멘트도 다음 식과 같이 평행축정리를 쓸 수 있다.

$$(I_P)_O = (I_P)_C + Ad^2 \tag{3.31}$$

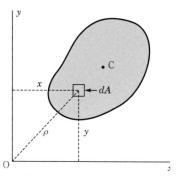

[그림 3.20] 임의 형상을 가진 평면면적

식 (3.31)은 평면 내의 임의의 한 점 O에 대한 면적의 극관성모멘트는 도심 C에 대한 극관성모멘트에 그 면적과 점 O와 C 사이의 거리의 제곱의 곱을 더한 것과 같다로 설명할 수 있다.

「그림 3.21」의 반지름 r인 원에 대한 극관성 모멘트를 구해보자. 면적 미분요소 dA는 $dA = 2\pi\rho d\rho$이므로 중심에 대한 원의 극관성 모멘트는

$$(I_P)_C = \int \rho^2 dA = \int_0^r 2\pi\rho^3 d\rho = \frac{\pi r^4}{2} \tag{3.32}$$

원 둘레에 놓여 있는 점 B에 원의 극관성모멘트는 평행축 정리로부터 다음과 같이 얻을 수 있다.

$$(I_P)_B = (I_P)_C + Ad^2 = \frac{\pi r^4}{2} + \pi r^2 (r^2) = \frac{3\pi r^4}{2} \tag{3.33}$$

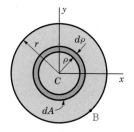

[그림] 3.21 원에 대한 극관성모멘트

3.9 비틀림

비틀림이란 스크루 드라이버를 돌릴 때와 같이 봉의 길이 방향 축에 대하여 회전을 일으키려하는 모멘트 혹은 토크에 의해 봉이 비틀리는 현상을 말한다. 이러한 비틀림의 현상은 「그림 3.22」와 같이 스크류 드라이버, 문의 손잡이 등의 일상생활에서 뿐 아니라 선박이나 항공기 프로펠러의 축, 자동차 엔진의 구동축 등에서 볼 수 있다.

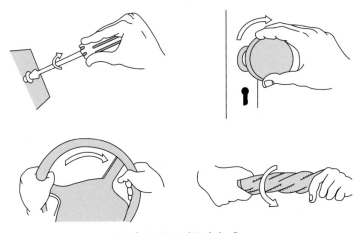

[그림 3.22] 비틀림의 예

「그림 3.23」과 같이 한 쪽 끝이 지지되고 크기가 같고 방향이 반대인 두 쌍의 우력을 받는 봉을 생각해 보자. 그림과 같이 각 쌍의 힘들은 축 방향에 대해 비틀려고 하는 우력(couple)을 일으킨다. 앞 장에서 배운 바와 같이 우력의 모멘트는 힘과 힘들의 작용선 사이의 수직거리를 곱한 것과 같으므로, $T_1 = P_1 d_1$과 $T_2 = P_2 d_2$의 모멘트가 발생한다. T_1, T_2와 같이 봉을 비트는 모멘트를 토크(torque) 또는 비틀림 모멘트(twisting moment)라고 하며, 토크의 작용을 받아 회전을 통해 동력을 전달하는 원형 부재를 축(shaft)이라고 한다.

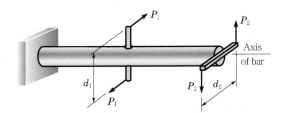

[그림 3.23] 비틀림 모멘트 T_1과 T_2에 의해 비틀림을 받는 봉

「그림 3.24」와 같이 양끝에 작용하는 토크 T(쌍두 화살표 형태의 벡터로 표시)에 의해 비틀리는 원형 단면의 균일봉을 고려해 보자. 그림에서 거리 dx만큼 떨어진 두 개의 미소 요소 $abcd$가 봉이 비틀리는 동안 오른쪽 단면은 왼쪽 단면에 대해 작은 회전각 $d\psi$만큼 회전하며, 점 b와 c는 각각 b'과 c'으로 이동한다. 하지만 요소 $ab'c'd$의 변의 길이는 이러한 작은 회전이 일어나는 동안 변하지 않는다. 따라서 요소는 순수전단(pure shear) 상태에 있으며, 전단변형률 $\gamma_{\max}$의 크기는 점 a에서의 각의 감소량과 같다. 이 각의 감소량은

$$\gamma_{\max} = \frac{bb'}{ab} = \frac{rd\phi}{dx} \tag{3.34}$$

이 $d\phi/dx$를 비틀림 변화율(rate of twist)라 하며 θ로 표시한다. 따라서 표면에서의 전단변형률은 다음 식으로 표현할 수 있다.

$$\gamma_{\max} = \frac{rd\phi}{dx} = r\theta \tag{3.35}$$

순수비틀림의 경우 비틀림 변화율은 전체 비틀림각 θ를 봉의길이 L로 나눈 값과 같으므로 다음과 같이 쓸 수 있다.

$$\gamma_{\max} = r\theta = \frac{r\phi}{L} \tag{3.36}$$

봉 내부에서의 전단변형률은 표면에서의 전단변형률 $\gamma_{\max}$를 구한 것과 마찬가지 방법으로 다음 식으로 구할 수 있다.

$$\gamma = \rho\theta = \frac{\rho}{r}\gamma_{\max} \tag{3.37}$$

위 식은 원형 봉 내의 전단변형률이 중심으로부터 반지름 방향으로의 거리 ρ에 따라 선형적으로 변하며 중심에서는 0이 되고, 표면에서는 최대값에 이르는 것을 나타내 준다.

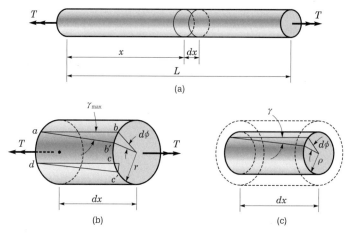

[그림 3.24] 비틀림을 받는 봉

「그림 3.25」의 원형관의 경우는 외부표면의 최대 변형률과 내부표면에서의 최소 변형률 사이에 전단변형률이 다음 식들과 같이 선형으로 변화함을 보여준다.

$$\gamma_{\max} = \frac{r_2 \phi}{L} \tag{3.38a}$$

$$\gamma_{\min} = \frac{r_1}{r_2} \, \gamma_{\max} = \frac{r_1 \phi}{L} \tag{3.38b}$$

여기서, r_1과 r_2는 각각 관의 안지름과 바깥지름을 나타낸다.

선형탄성재료인 경우 전단응력의 크기는 전단에서의 Hooke의 법칙을 사용하여 구할 수 있다.

$$\tau = G\gamma \tag{3.39}$$

여기서 G는 전단탄성계수이고, γ는 라디안으로 표시된 전단변형률이다. 이 식을 식 (3.36) 및 식 (3.37)과 결합하면 다음 식을 얻을 수 있다.

$$\tau_{\max} = Gr\theta \tag{3.40a}$$

$$\tau = G\rho\theta = \frac{\rho}{r}\tau_{\max} \tag{3.40b}$$

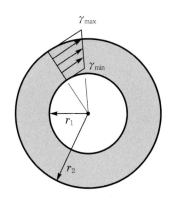

[그림 3.25]   원형관 내의 전단변형률

비틀림을 받는 원형봉의 전단응력은 단면에 걸쳐 지속적으로 작용하기 때문에 모멘트, 즉 봉에 작용하는 토크 T와 같은 모멘트 형태의 합모멘트를 갖는다. 「그림 3.26」의 봉의 축으로부터 반지름 방향으로 거리 ρ만큼 떨어진 곳에 위치한 면적요소 dA에 작용하는 요소모멘트는 다음과 같이 계산할 수 있다.

$$dM = \tau \rho dA = \frac{\tau_{\max}}{r} \rho^2 dA$$

이를 전체 단면적에 걸쳐 적분하면 합모멘트, 혹은 토크 T를 구할 수 있다.

$$T = \int_A dM = \frac{\tau_{\max}}{r} \int_A \rho^2 dA = \frac{\tau_{\max}}{r} I_P \tag{3.41}$$

여기서 I_P는 원형 단면의 극관성모멘트이다.

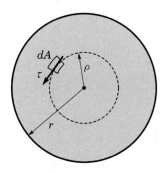

[그림 3.26]   단면에 작용하는 전단응력

식 (3.41)을 최대 전단응력에 대한 식으로 표현하면 다음과 같다.

$$\tau_{\max} = \frac{Tr}{I_P} \tag{3.42}$$

비틀림 공식이라고도 하는 이 식은 최대 전단응력이 작용 토크 T에 비례하고 극관성모멘트 I_P에 반비례함을 보여주고 있다. 식 (3.42)에서 원에 대한 극관성 모멘트 $I_P = \pi d^4/32$을 대입하면 원형 단면 봉에서의 최대 응력은 다음과 같이 계산된다.

$$\tau_{\max} = \frac{16\,T}{\pi d^3} \tag{3.43}$$

한편 봉의 중심으로부터 거리 ρ만큼 떨어진 곳에서의 전단응력은 다음과 같다.

$$\tau = \frac{\rho}{r}\tau_{\max} = \frac{T\rho}{I_P} \tag{3.44}$$

이 식은 전단응력이 보의 중심으로부터 반지름 방향의 거리에 따라 선형으로 변한다는 것을 보여주고 있다.

식 (3.40a)와 식 (3.42)를 결합하면 다음과 같다.

$$\theta = \frac{T}{GI_P} \tag{3.45}$$

식 (3.45)는 비틀림 변화율 θ가 토크 T에 비례하고 비틀림 강도인 GI_P에 반비례함을 보여주고 있다. θ는 단위길이당 라디안의 단위를 갖는다. 순수비틀림을 받는 봉에서, 전 비틀림각 ϕ는 비틀림 변화율과 봉의 길이와의 곱과 같으므로 다음 식과 같이 쓸 수 있다.

$$\phi = \frac{TL}{GI_P} \tag{3.46}$$

 3.10

작은 요트의 프로펠러축이 지름 100mm, 길이 3m의 강철로 제작되었다. 이 강철 축의 허용전단응력은 50MPa이고, 허용비틀림 변화율이 2.0°이라면 축에 가해질 수 있는 최대 토크 $T_{\max}$는 얼마나 되는가? 단, 강철의 전단탄성계수는 $G = 80$GPa이다.

> **풀이** 먼저 허용 전단응력에 의한 최대토크는 $\tau = \dfrac{16\,T}{\pi d^3}$이므로
>
> $$T_1 = \frac{\pi d^3 \tau_w}{16} = \frac{\pi (100)^3 (50)}{16} = 9,820\,\text{N} \cdot \text{m}$$
>
> 허용 비틀림변화율에 의한 최대토크는 $\theta = \dfrac{T}{GI_P}$이고, 비틀림 변화율은
>
> $$\theta = \frac{1}{3}(2°)\left(\frac{\pi}{180}\right) = 0.011636\,\text{rad/m}$$
>
> $$T_2 = GI_P\theta = G\left(\frac{\pi d^4}{32}\right)\theta = (80)\left(\frac{\pi}{32}\right)(100)^4 (0.011636) = 9,140\,\text{N} \cdot \text{m}$$
>
> 따라서 T_1, T_2 중 작은 값인 $T_{\max} = T_2 = 9,140\,\text{N} \cdot \text{m}$

3.10 보의 전단력과 굽힘모멘트

축 방향에 수직 방향의 힘인 횡하중을 받아 굽힘을 받는 구조물의 부재를 보 (beam)라고 한다. 보는 횡방향 하중을 지탱하는 중요한 구조물의 구성요소이다. 이러한 구성요소들은 교량, 지붕의 트러스 및 기중기 등에서 볼 수 있다. 항상 그렇지는 않지만 통상적인 보는 수평하고 힘은 수직으로 작용한다. 횡하중의 작용에 의해 보의 길이 방향을 따라 내부축력과 유사한 개념의 전단력과 굽힘모멘트가 발생하게 된다. 따라서 보의 설계를 위해서는 이러한 변수들이 축에 따라 어떻게 변화하는지와 최대값의 존재를 파악할 필요가 있다. 전단력과 굽힘모멘트를 알게 되면 각 지점에서 보 내부의 응력, 변형률 및 처짐을 구할 수 있게 된다.

(1) 보의 종류, 하중 및 반력의 형태

보의 종류는 보를 지지하는 방법에 의해 분류할 수 있다. 실제의 구조물에서는 보가 지지되는 방법이 매우 다양하고 복잡할 수 있으나 여기에서는 다음의 세 가지로 구분하여 지지방법을 설명하고자 한다. 대부분의 경우는 다음의 세 가지 중 하나에 속한다.

① 핀 지지점(pin support)

이 지지점에서는 수평, 수직 방향으로의 운동이 제약을 받으나 회전운동은 자유롭다. 따라서 이 지지점에서는 수평 및 수직반력이 존재하며 반력모멘트는 일어나지 않는다.

② 롤러 지지점(roller support)

롤러 지지점에서는 수평 방향의 이동은 가능하나 수직 방향은 제약을 받으며, 회전운동은 자유롭다. 따라서 이 지지점에서는 오직 수직 방향의 반력이 발생한다.

③ 고정 지지점(fixed or clamped support)

보의 한쪽 끝을 완전히 고정시킨 지지점으로 수평 및 수직 방향의 이동뿐 아니라 회전에서도 제약을 받는다. 따라서 고려할 수 있는 모든 반력인 수평, 수직반력 및 반력모멘트가 모두 발생한다.

위의 세 가지 지지점 분류에 속하지 않지만 「그림 3.27(b)」의 오른쪽 끝과 같이 아무 지지점도 갖지 않는 경우를 자유단(free end)이라 한다. 자유단에는 직접적인 힘 혹은 모멘트가 외부하중으로 작용하지 않으면 내부 반력은 발생하지 않는다.

「그림 3.27」은 대표적인 보의 형태로서 「그림 3.27(a)」와 같이 핀과 롤러로 지지되고 있는 보를 단순지지보(simple beam)라 한다. 단순지지보는 지지점 사이에 하중이 작용하므로 양단지지보라고도 한다. 「그림 3.27(b)」와 같이 보의 한쪽 끝만을 고정시킨 보를 외팔보(cantilever beam)라 하며, 고정된 단을 고정단, 다른 끝을 자유단이라 한다. 「그림 3.27(c)」는 단순지지보와 마찬가지로 회전지지점과 이동지지점으로 지지되고 있으나 하중이 지지점 바깥으로 작용하는 보를 돌출보(overhanging beam)라고 한다.

보에 작용하는 하중의 형태는 다음과 같이 분류할 수 있다.

① 집중하중(concentrated load)

부재의 한 점 혹은 매우 작은 영역에 집중하여 작용하는 하중

② 분포하중(distributed load)

부재 표면의 어느 영역에 걸쳐서 작용하는 하중으로, 하중의 분포가 일정한 균일분포하중과 하중의 분포가 일정하지 않은 불균일 분포하중이 있다. 균일 분포하중은 단위길이에 대해 일정한 세기 q를 갖는다(「그림 3.27(a)」).

③ 우력(couple)

보의 평면에 수직으로 작용하는 모멘트

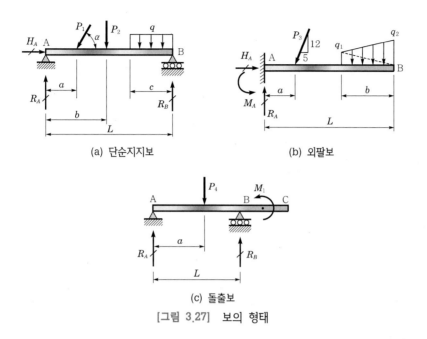

(a) 단순지지보 (b) 외팔보

(c) 돌출보

[그림 3.27] 보의 형태

(2) 전단력과 굽힘모멘트

보가 힘 또는 우력을 받게 되면 보의 내부에는 응력과 변형률이 발생한다. 이러한 응력과 변형률을 구하기 위해서는 보의 각 단면에 작용하는 내부 힘과 내부 우력을 구하여야 한다. 이를 위해 「그림 3.28(a)」와 같이 자유단에 수직력 P가 작용하는 외팔보를 고려하여 보자. 자유단에서 거리 x만큼 떨어진 단면 mn에서 보를 잘라 왼쪽 부분에 대한 자유물체도를 그리면 「그림 3.28(b)」와 같이 된다. 그림에서 자유물체가 평형을 유지하기 위해서는 오른쪽 절단면에 그림과 같이 내부 힘과 내부 우력이 존재함을 알 수 있다. 이와 같이 절단면에 작용하는 힘 V를 전단력(shear force)이라 하며, 우력 M을 굽힘모멘트(bending moment)라고 한다. 전단력과 굽힘모멘트 모두 보의 평면 내에 작용한다. 이 경우에 전단력 V와 굽힘모멘트 M을 구하기 위해서는 다음과 같이 정역학적 평형관계만을 고려하면 된다.

$$\sum F_y = 0 \quad P - V = 0 \ \text{또는} \ V = P$$
$$\sum M = 0 \quad M - Px = 0 \ \text{또는} \ M = Px$$

여기서 x는 보의 자유단으로부터 V와 M을 구하는 단면까지의 거리이다. 보의 오른쪽 분분에는 「그림 3.28(c)」에서와 같은 전단력과 굽힘모멘트가 작용한다.

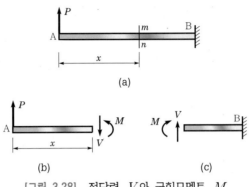

[그림 3.28] 전단력 V와 굽힘모멘트 M

전단력과 굽힘모멘트는 「그림 3.29」에 보인 것과 같이 부호를 정한다. 즉, 양 (+)의 전단력은 재료에 대하여 시계 방향으로 작용하며, 음(−)의 전단력은 반 시계 방향으로 작용한다. 또한 양(+)의 굽힘모멘트는 보의 윗부분을 압축하고, 음(−)의 굽힘모멘트는 보의 아랫부분을 압축한다.

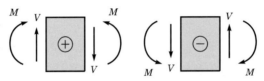

[그림 3.29] 전단력과 굽힘모멘트에 대한 부호규약

 3.11

오른쪽 그림과 같은 단순지지보에 하중 P와 우력 M_0가 작용하고 있을 때 (a) 보의 중앙점 왼쪽에 서와 (b) 보의 중앙점 오른쪽에서의 전단력과 굽 힘모멘트를 각각 구하시오.

풀이 먼저 $\sum M_A = 0$과 $\sum M_B = 0$으로부터 반력을 구하면

$$R_A = \frac{3P}{4} - \frac{M_0}{L}, \quad R_B = \frac{P}{4} + \frac{M_0}{L}$$

(a) 자유물체도 (b)로부터

$$\sum F_y = 0 : R_A - P - V = 0$$

$$\rightarrow V = R_A - P = -\frac{P}{4} - \frac{M_0}{L}$$

$$\sum M = 0 : -R_A\left(\frac{L}{2}\right) + P\left(\frac{L}{4}\right) + M = 0$$

$$\rightarrow M = R_A\left(\frac{L}{2}\right) - P\left(\frac{L}{4}\right) = \frac{PL}{8} - \frac{M_0}{2}$$

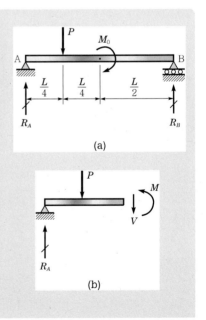

(b) 자유물체도 (c)로부터

$$\sum F_y = 0 : R_A - P - V = 0$$

$$\rightarrow V = R_A - P = -\frac{P}{4} - \frac{M_0}{L}$$

$$\sum M = 0 : -R_A\left(\frac{L}{2}\right) + P\left(\frac{L}{4}\right) + M - M_0 = 0$$

$$\rightarrow M = R_A\left(\frac{L}{2}\right) - P\left(\frac{L}{4}\right) + M_0 = \frac{PL}{8} + \frac{M_0}{2}$$

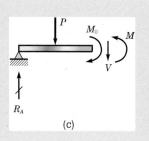

(c)

예제 3.12

그림과 같이 B단에서 고정된 외팔보가 선형적으로 변하는 세기 q의 분포하중을 받고 있다. 하중의 최대 세기는 고정지지점에서 발생하며 크기는 q_0라 하면 자유단으로부터 거리 x인 위치에서의 전단력과 굽힘모멘트를 구하시오.

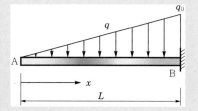

풀이

x점에서의 하중의 크기는 $q = \dfrac{q_0 x}{L}$

자유물체도에서 분포하중의 합력은 삼각형의 면적이므로

$$\frac{1}{2}\left(\frac{q_0 x}{L}\right)(x) = \frac{q_0 x^2}{2L}$$

$$\sum F_y = 0 : \rightarrow V = -\frac{q_0 x^2}{2L}$$

$$\sum M_x = 0 : M + \frac{1}{2}\left(\frac{q_0 x}{L}\right)(x)\left(\frac{x}{3}\right) = 0 \rightarrow M = -\frac{q_0 x^3}{6L}$$

최대 굽힘모멘트는 고정단인 $x = L$에서 발생하고 크기는

$$M_{max} = \frac{q_0 L^2}{6}$$

예제 3.13

그림과 같이 돌출보에 세기 $q = 0.2\text{kN/m}$로 균일하게 분포된 하중이 보 전체에 작용하고, 집중하중 $P = 14\text{kN}$가 지지점 A로부터 9m 떨어진 위치에 작용하고 있다. 보의 길이는 24m, 돌출부의 길이는 6m이다. 지지점 A로부터 15m 떨어진

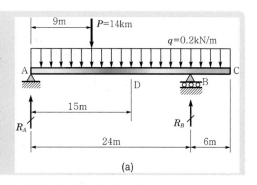

(a)

위치에서의 단면 D에서의 전단력과 굽힘모멘트를 계산하시오.

 그림 (a)로부터 반력을 구하면,

$\sum M_A = 0$, $\sum M_B = 0 \rightarrow R_A = 11\text{kN}$, $R_B = 9\text{kN}$

자유물체도 그림 (b)로부터

$\sum F_y = 0 : 11\text{kN} - 14\text{kN} - (0.2\text{kN/m})(15\text{m}) - V = 0$

$\rightarrow V = -6\text{kN}$

$\sum M_D = 0 : -(11\text{kN})(15\text{m}) + (14\text{kN})(16\text{m})(0.2\text{kN/m})$

$(15\text{m})(7.5\text{m}) + M = 0$

$\rightarrow M = 58.5\text{kN} \cdot \text{m}$

또 다른 자유물체도인 그림 (c)로부터

$\sum F_y = 0 : 1\text{kN} - 14\text{kN} - (0.2\text{kN/m})(15\text{m}) - V = 0$

$\rightarrow V = -6\text{kN}$

$\sum M_D = 0 : -M + (9\text{kN})(9\text{m})$

$-(0.2\text{kN/m})(15\text{m})(7.5\text{m}) = 0$

$\rightarrow M = 58.5\text{kN} \cdot \text{m}$

이는 앞에서 구한 값들과 같다. 이로부터 해석하기에 편리한 자유물체도를 선택하여 사용하여도 동일한 결과를 얻을 수 있음을 알 수 있다.

(3) 전단력 선도와 굽힘모멘트 선도

보의 각 단면에 작용하는 전단력과 굽힘모멘트는 단면의 위치에 따라 다른 값을 갖는다. 따라서 보의 설계에 있어서 가장 큰 관심사항은 전단력과 굽힘모멘트가 어느 지점에서 최대값을 갖는가를 알아내는 일이다. 이는 보의 길이 방향의 임의의 점에서 굽힘모멘트의 값이 그 부분이 받는 응력에 비례하기 때문이다. 아울러 보의 임의의 지점에서의 굽힘모멘트를 결정하는 일은 구조물이 위험한 지 또는 안전한 지를 입증하는 처짐과 응력을 계산하는 첫 번째 단계이다. 따라서 전단력과 굽힘모멘트의 크기와 방향이 보의 길이에 걸쳐서 어떻게 변하는가를 알아야 한다. 이러한 정보는 통상적으로 전단력과 굽힘모멘트는 세로축에 그리고 보의 축에 따라 측정되는 거리 x를 가로축에 그린 그래프에 의해 얻을 수 있는데 이러한 그래프를 전단력 선도(shear force diagram ; SFD)와 굽힘모멘트 선도(bending moment diagram ; BMD)라고 한다.

일반적으로 전단력 선도와 굽힘모멘트 선도를 함께 그리는데, 이는 두 선도가 같이 보에서의 하중의 효과를 전체적으로 보여주기 때문이다. 실제로는 흔히 최대 굽힘모멘트와 그 위치만을 결정하는 해석을 수행하는 경우가 많은데, 이는 이들로부터 최대 응력을 계산할 수 있기 때문이다. 앞으로 설명하게 되겠지만 전단력선이 수평축을 통과하는 점이 항상 최대 굽힘모멘트의 위치가 되므로, 특히 전단력 선도는 최대 굽힘모멘트의 위치를 나타내는데 유용하게 쓰인다. 다음에 제시되는 예제들을 통해서 집중하중, 등분포하중이 작용하는 단순보에 대해 전단력 선도와 굽힘모멘트 선도를 구하는 과정을 자세하게 설명하고자 한다. 이 외의 보의 형태, 하중조건 및 지지조건에 대한 유사한 문제들은 연습문제를 통해서 직접 풀어봄으로써 이러한 선도에 더욱 익숙해 질 수 있을 것이다.

 3.14

한 개의 집중하중을 받는 단순보에 대해 전단력 선도와 굽힘모멘트 선도를 그리고 V_{max}와 M_{max}를 구하시오.

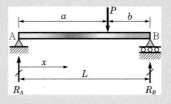

풀이 (a) 전체 보의 자유물체도로부터 각 지지점에서의 반력을 구하면

$$R_A = \frac{Pb}{L} \qquad R_B = \frac{Pa}{L}$$

(b) 전단력과 굽힘모멘트

(i) 구간 $0 \le x \le a$

$$V = R_A = \frac{Pb}{L} \quad \cdots\cdots\cdots\cdots \text{(2a)}$$

$$M = R_A x = \frac{Pbx}{L} \quad \cdots\cdots\cdots \text{(2b)}$$

(ii) 구간 $a \le x \le L$

$$V = R_A - P = \frac{Pb}{L} - P = -\frac{Pa}{L} \quad \cdots\cdots\cdots \text{(3a)}$$

$$M = R_A x - P(x-a)$$

$$= \frac{Pbx}{L} - P(x-a) = Pa(L-x) \quad \cdots \text{(3b)}$$

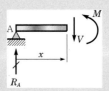

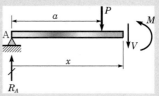

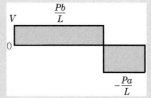

(c) 최대 전단력과 최대 굽힘모멘트

전단력 선도와 굽힘모멘트 선도의 궁극적 목적은 최대 전단력과 최대 굽힘모멘트가 발생하는 위치와 크기를 확인하는 일이다.

최대 전단력은

$$V_{max} = \frac{Pa}{L} \, (a \le x \le L, \; a \ge b)$$

최대 굽힘모멘트는 $M_{max} = \dfrac{Pab}{L} \, (x = a)$

예제로부터 최대 굽힘모멘트는 집중하중 작용점에서 발생함을 알 수 있다.

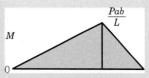

3.15

일정한 세기 q의 등분포 하중을 갖는 단순보에 대한 전단력 선도와 굽힘모멘트 선도를 그리고 최대 전단력과 최대 굽힘모멘트를 구하시오.

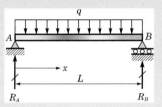

풀이 (a) 반력계산

$$R_A = R_B = \frac{qL}{2}$$

(b) 전단력과 굽힘모멘트

$$V = R_A - qx = \frac{qL}{2} - qx$$

$$M = R_A x - qx\left(\frac{x}{2}\right) = \frac{qLx}{2} - \frac{qx^2}{2}$$

(c) 최대 전단력과 최대 굽힘모멘트

$$V_{\max} = \frac{qL}{2} \quad (x=0)$$

$$M_{\max} = \frac{qL^2}{8} \quad (x=L/2)$$

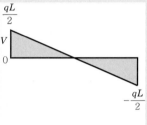

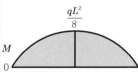

 3.16

그림과 같이 스팬의 일부분에 세기 q의 균일하중을 받는 단순지지보에 대하여 전단력 선도와 굽힘모멘트 선도를 그리고 굽힘모멘트의 최대치와 그 위치를 구하시오.

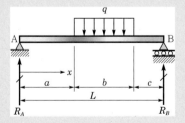

풀이 (a) 반력계산

$$R_A = \frac{qb(b+2c)}{2L}, \quad R_B = \frac{qb(b+2a)}{2L}$$

(b) 전단력과 굽힘모멘트 선도

　(i) 첫 번째 구간 : $0 \leq x \leq a$

$$V = R_A, \quad M = R_A x$$

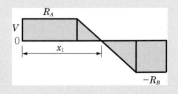

(ii) 두 번째 구간 : $a \leq x \leq a+b$

$$V = R_A - q(x-a)$$

$$M = R_A x - \frac{q(x-a)^2}{2}$$

(iii) 세 번째 구간 : $a+b \leq x \leq L$

$$V = -R_B, \quad M = R_B(L-x)$$

(c) 최대 전단력과 최대 굽힘모멘트

최대 굽힘모멘트 $M_{\max}$의 위치는 $dM(x)/dx = V = 0$에서 구할 수 있다.

$$x_1 = a + \frac{b}{2L}(b+2c)$$

$$M_{\max} = M(x_1) = \frac{qb}{8L^2}(b+2c)(4aL+2bc+b^2)$$

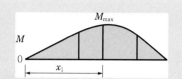

전단력 선도는 하중이 작용하지 않는 부분에서는 수평선이며, 하중이 작용하는 부분에서는 음$(-)$의 기울기를 갖는다. 굽힘모멘트 선도는 하중이 작용하지 않는 부분에서는 경사를 갖는 직선이며, 하중이 작용하는 부분에서는 포물선 형태를 갖는다.

 3.17

두 개의 집중 하중을 받는 외팔보에 대하여 전단력 선도와 굽힘모멘트 선도를 그리시오.

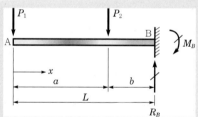

(a) 반력계산 : 전체 보의 자유물체도로부터 수직반력 R_B와 반응모멘트 M_B를 구하면

$$R_B = P_1 + P_2$$

$$M_B = P_1 L + P_2 b$$

(b) 전단력과 굽힘모멘트

(i) 첫 번째 구간 : $0 \leq x \leq a$

$$V = -P_1, \quad M = -P_1 x$$

(ii) 두 번째 구간 : $a \leq x \leq L$

$$V = -P_1 - P_2$$

$$M = -P_1 x - P_2(x-a)$$

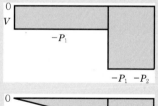

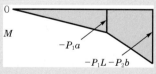

전단력은 하중 사이에서 일정하며, 지지점에서 최대값에 도달하여 그 크기가 수직반력인 R_B와 동일하다. 굽힘모멘트는 두 개의 경사 직선으로 구성된다. 각각의 직선은 해당되는 보의 구간의 전단력과 같은 기울기를 갖는다. 최대 굽힘모멘트는 지지점에서 발생하며 그 크기는 반응모멘트 M_B와 동일한 크기를 갖는데 이 값은 전체 전단력 선도의 면적과 동일하다.

● 연습문제 ●

3.1 직경 0.7mm인 두 개의 강선 AB, BC에 의해 10kg의 전등이 그림과 같이 매달려 있다. 그림에서 각 α와 β는 각각 34°와 48°이라면 각각의 강선에 걸리는 인장응력은 얼마인가?

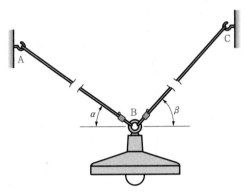

정답 $\sigma_{AB} = 176$MPa, $\sigma_{BC} = 214$MPa

3.2 그림과 같이 직경이 각각 25mm와 18mm인 봉 AB, BC가 링 B에 의해 연결되어 있다. 링 B에 6kN의 부하가 가해진다면 $\theta = 60°$일 때 각각의 봉에서의 평균 수직응력은 각각 얼마인가?

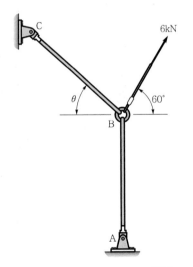

정답 $\sigma_{AB} = 16.7$MPa, $\sigma_{BC} = 8.64$MPa

3.3 단면 6cm×8cm의 짧은 각주가 38,400N의 압축하중을 받았을 때 발생되는 압축응력은 얼마인가?

정답 $\sigma = 8$N/mm^2

3.4 알루미늄 원형관으로 된 짧은 기둥이 115kN의 압축하중을 받고 있다. 관의 내경은 $d_1 = 10\text{cm}$, 외경은 $d_2 = 11.4\text{cm}$이다. 하중으로 인하여 기둥이 줄어든 길이가 $\delta = 0.03\text{cm}$로 측정되었다. 기둥의 압축응력과 압축변형률을 구하시오. 기둥 자체의 무게는 무시한다.

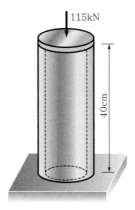

정답 $\sigma = 48.87\text{MPa}$, $\varepsilon = 0.00075$

3.5 길이 150mm, 외경 15mm, 내경 12mm인 구리로 만든 원형관이 있다. 이 원형관에 20kN의 인장하중이 작용한다면 몇 mm가 늘어나겠는가? 단, 구리의 탄성계수 $E = 12.2\text{MN/cm}^2$이다.

정답 $\delta = 0.387\text{mm}$

3.6 그림과 같이 세 개의 강철판이 서로 용접되어 연결되어 있다. 이 강철판에 그림과 같이 하중이 가해진다면 전체 길이는 얼마나 늘어나겠는가? 강철판의 두께는 모두 6mm이며, 탄성계수는 $E_{\text{steel}} = 200\text{GPa}$이다.

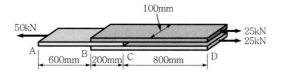

정답 $\delta_{AD} = 0.444\text{mm}$

3.7 길이 125mm, 단면적 450mm^2의 봉에 인장력 40kN이 가해졌다. 봉이 0.05mm 신장되었다면 이 봉의 탄성계수는 얼마인가?

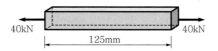

정답 $E = 2.22 \times 10^5 \text{N/mm}^2$

3.8 그림과 같이 길이 8m의 강철 프로펠러축으로 선박을 추진하고 있다. 축은 두께가 50mm이고 외경이 400mm인 중공축이다. 프로펠러축이 5kN의 추진력을 발생한다면 축의 길이는 얼마나 줄어들겠는가? 강철의 탄성계수는 $E_{steel} = 200\text{GPa}$이다.

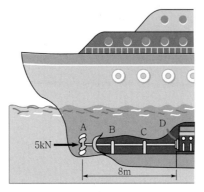

정답 $\delta_A = 3.64 \times 10^{-3}\text{mm}$

3.9 직경 10mm, 게이지 길이 50mm인 황동 시편으로 인장시험을 시행하였다. 인장 하중이 20kN에 달했을 때, 게이지 길이가 0.122mm 늘어났다. 다음을 구하시오.

(a) 황동의 탄성계수 E는 얼마인가?

(b) 만일 직경이 0.00830mm 줄어들었다면 Poisson의 비는 얼마인가?

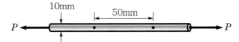

정답 (a) $E = 104\text{GPa}$, (b) $\nu = 0.34$

3.10 외경이 11.4cm, 내경이 10cm인 강으로 된 원통이 압축하중을 받고 있다. 압축하중을 0에서 180kN로 증가시켰을 때 원통의 외경이 0.0012cm 증가하였다면 (a) 내경의 증가량, (b) 원통 두께의 증가량 그리고 (c) 강의 Poisson의 비를 구하시오. 단, 강의 탄성계수는 $E = 206\text{GPa}$이다.

정답 (a) $\Delta d = 0.00102\text{cm}$, (b) $\Delta t = 0.0000714\text{cm}$, (c) $\nu = 0.28$

3.11 길이 50cm, 지름 2cm인 연강봉에 2,000N의 인장력을 가했더니 길이가 0.018cm 늘어났다. 이 재료에 발생된 인장응력을 구하시오.

정답 $\sigma = 636.62\text{N/cm}^2$

3.12 그림과 같은 직사각형 단면의 알루미늄 블록에 40kN의 압축력이 가해졌다. 만일 옆면의 40mm인 변의 길이가 40.00352mm로 변화되었다면 이 블록의 Poisson의 비는 얼마인가? 또한 50mm 변의 길이는 어떻게 변화되겠는가? 알루미늄의 탄성계수는 $E_{\text{Al}} = 70\text{GPa}$이다.

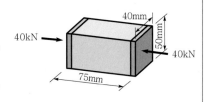

정답 $\nu = 0.154$, $h' = 50.0044\text{mm}$

3.13 각각 16mm 두께의 강철판이 지름 20mm의 두개의 리벳으로 연결되어 있다.

(a) 그림과 같이 50kN의 하중이 가해진다면 리벳에서의 최대 지압응력은 얼마인가?

(b) 리벳의 극한 전단응력 180MPa이라면, 리벳이 파손될 수 있는 하중은 얼마인가?

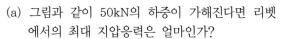

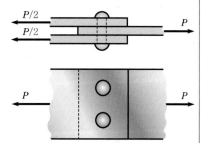

정답 (a) $\sigma_b = 78.1\text{MPa}$, (b) $P = 226\text{kN}$

3.14 그림과 같은 프레임 7kN의 부하가 가해져 있다. 프레임 부재의 허용전단응력이 $\tau_w = 40\text{MPa}$이라면 A와 B에서의 핀의 요구직경은 얼마인가? 핀 A는 이중전단을 받고 있으며, 핀 B는 단일전단을 받고 있다.

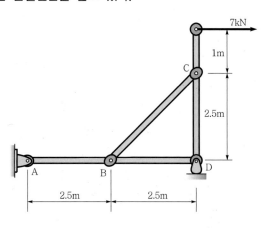

정답 $d_A = 11.66\text{mm}$, $d_B = 21.00\text{mm}$

3.15 그림과 같은 알루미늄 튜브가 소형 항공기 동체 내의 압력 조임쇠로 사용되고 있다. 튜브의 외경은 $d=25\text{mm}$이고, 두께는 $t=2.5\text{mm}$이다. 알루미늄의 항복응력은 $\sigma_Y=270\text{MPa}$이며, 극한응력은 $\sigma_U=310\text{MPa}$다. 항복응력과 극한응력에 대한 안전계수가 각각 4와 5라고 하면 허용압축응력은 얼마인가?

정답 $\sigma_w=11.0\text{kN}$

3.16 그림과 같이 직경 20mm인 4개의 볼트에 의해 플랜지로 연결된 두 개의 축이 T_0의 토크를 전달하고 있다. 볼트의 직경은 $d=150\text{mm}$이다. 볼트의 허용전단응력이 90MPa이라면 최대 허용토크는 얼마인가?

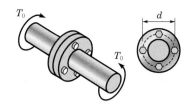

정답 $T_w=8.48\text{kN}\cdot\text{m}$

3.17 금속판 사이를 그림과 같이 두께 $t=9\text{mm}$인 유연한 고무 패드가 삽입되어 있다. 고무 패드의 크기는 길이가 160mm이고 폭이 80mm이다.

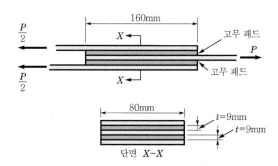

(a) 하중 $P=16\text{kN}$이 가해진다면 평균 전단변형률 γ_{aver}은 얼마인가? 고무의 전단 탄성계수는 $G=1,250\text{kPa}$이다.

(b) 내부쪽 판과 외부쪽 판 사이의 상대적 변이 δ는 얼마인가?

정답 $\gamma_{\text{aver}}=0.50$, $\delta=4.50\text{mm}$

3.18 지름 $d=2$mm, 길이 $L=3.8$m인 알루미늄 와이어가 인장하중 P를 받고 있다. 알루미늄의 탄성계수 $E=75$GPa이다. 이 와이어의 허용 신장량은 3.0mm이고 허용인장응력이 60MPa이라면 최대 허용하중 P_{max}는 얼마인가?

정답 $P_{max}=186$N

3.19 그림의 강철봉 AD의 단면 면적은 2.58cm^{2}이며, $P_1=12$kN, $P_2=8$kN, $P_3=5.78$kN의 하중을 받고 있다. 봉의 각 부분의 길이는 $a=150$cm, $b=60$cm, $c=90$cm이다. 강철의 탄성계수 $E=206$GPa이라면, 이 봉의 길이변화 δ는 얼마인가? 늘어나는가? 혹은 줄어드는가?

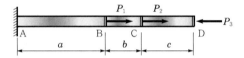

정답 $\delta=0.033$cm(늘어남)

3.20 길이 1.2m인 강철봉의 반은 직경 $d_1=2$cm이고, 나머지 반은 직경 $d_2=1.3$cm이다. 강철의 탄성계수는 $E=206$GPa이다.

(a) 이 봉에 $P=22$kN의 인장하중이 가해진다면 봉은 얼마나 늘어나겠는가?
(b) 만일 동일한 체적으로 직경이 일정한 길이 1.2m의 봉이라면 같은 하중 하에서 얼마나 늘어나겠는가?

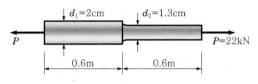

정답 (a) $\delta=0.000685$m, (b) $\delta=0.000575$m

3.21 3.8cm$\times5.0$cm의 직사각형 단면의 강철봉에 P의 인장하중이 가해지고 있다. 인장허용응력과 전단허용응력이 각각 103.4MPa, 48.26MPa이라면 최대 허용하중 P_{max}는 얼마인가?

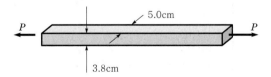

정답 $P_{max}=183.4$kN

3.22 직경 $d=12\text{mm}$인 강철봉에 인장하중 $P=9.5\text{kN}$가 가해져 있다. 다음을 각각 구하시오.

(a) 봉에 작용하는 최대 수직응력 $\sigma_{\max}$

(b) 최대 전단응력 $\tau_{\max}$

(c) 축의 45° 경사면에 작용하는 인장응력과 전단응력

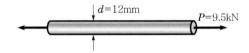

정답 (a) $\sigma_{\max}=84.0\text{MPa}$, (b) $\tau_{\max}=42.0\text{MPa}$
(c) $\sigma_\theta=42.0\text{MPa}$, $\tau_\theta=42.0\text{MPa}$

3.23 황동으로 된 두 개의 원통 봉이 그림과 같이 단면 pq에서 $a=36°$ 각도로 서로 용접되어 있다. 황동의 허용인장응력은 13,500psi, 허용전단응력은 6,500psi이다. 용접면에서의 허용응력은 인장과 전단응력 모두 6,000psi로 알려져 있다. 만일 봉이 인장하중 $P=6,000\text{lb}$를 견딜 수 있어야 한다면, 봉의 최소요구직경 $d_{\min}$은 얼마인가?

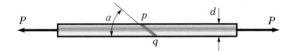

정답 $d_{\min}=1.10\text{in}$

3.24 직경 $d=50\text{mm}$인 플라스틱 봉이 토크 T에 의해 봉 양 끝단 간의 회전각이 5.0°가 될 때까지 비틀림 하중을 받고 있다. 이 봉의 허용전단 변형률이 0.012rad이라면 이 봉의 최소 허용길이는?

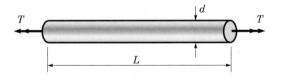

정답 $d_{\min}=182\text{mm}$

3.25 직경 $d=15\text{mm}$인 강철 축의 허용전단응력 $\tau_{\text{allow}}=120\text{N/mm}^2$이다.

(a) 이 축이 전달할 수 있는 최대 토크 T는 얼마인가?

(b) 만일 이 축을 내경이 10mm인 구멍을 내어 중공축으로 만든다면 최대 토크 T'은 얼마인가?

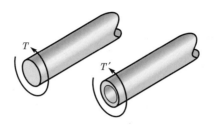

정답 (a) $T=79.52$kN·mm, (b) $T'=63.81$kN·mm

3.26 길이 $L=0.90$m인 원형의 강관이 그림과 같이 토크 T에 의한 비틀림 부하를 받고 있다.

(a) 강관의 내경이 $r_1=40$mm이고, 양 끝단 간의 회전각이 $0.5°$로 측정되었다면 강관 내측면에서의 전단변형률 γ_1은 얼마인가?

(b) 강관의 최대 허용전단 변형률이 0.0005rad이고, 토크 T를 조정하여 비틀림각을 $0.5°$로 유지시킨다면 허용할 수 있는 최대 외경 $(r_2)_{max}$는?

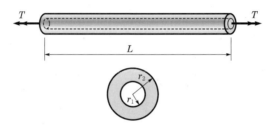

정답 (a) $\gamma_1=388\times10^{-6}$rad, (b) $(r_2)_{max}=51.6$mm

3.27 그림과 같은 강철축의 소켓 렌치의 직경이 8.0mm, 길이 200mm이다.

(a) 이 소켓 렌치 축의 허용 전단응력이 60MPa이라면 렌치에 가할 수 있는 최대 허용토크 T_{max}는 얼마인가?

(b) 최대 허용토크가 가해졌을 때 축의 회전각은 얼마가 되겠는가? 단, $G=78$GPa이며, 축의 굽힘은 고려하지 않는다.

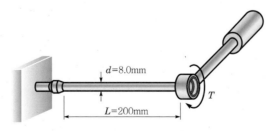

정답 (a) $T_{max}=6.03$N·m, (b) $\phi=2.20°$

3.28 직경 $d = 50\text{mm}$인 원형봉을 시험기에 토크 $T = 500\text{N}\cdot\text{m}$를 가하여 비틀림 시험을 하고 있다. 가해진 토크에서 봉의 축에 $45°$ 방향에 부착된 변형률 게이지로부터 변형률 $\varepsilon = 339 \times 10^{-6}$을 읽었다. 이 시험편 재료의 전단탄성계수 G는 얼마인가?

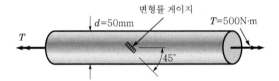

정답 $G = 30.0\text{GPa}$

3.29 그림과 같은 플라스틱 블록에 600N의 압축력이 작용하고 있다. 그림의 $a-a$ 경사면에 작용하는 수직응력과 전단응력을 각각 구하시오.

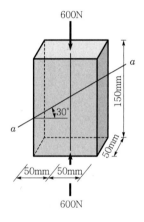

정답 $\sigma_\theta = 90.0\text{kPa}$, $\tau_\theta = 52.0\text{kPa}$

3.30 그림과 같은 L형 단면의 도심 $\bar{x}$와 $\bar{y}$의 좌표를 구하시오.

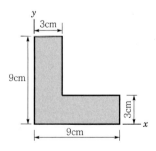

정답 $\bar{x} = \bar{y} = 3.30\text{cm}$

3.31 그림과 같은 도형의 도심 $\bar{x}$ 와 $\bar{y}$ 의 좌표를 구하시오.

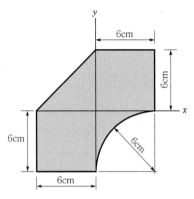

정답 $\bar{x} = -0.262\text{cm}, \ \bar{y} = 0.262\text{cm}$

3.32 그림과 같이 밑변 a, 윗변 b, 높이 h인 사다리꼴 단면에 대해 BB축에 대한 관성모멘트 I_{BB}를 구하시오.

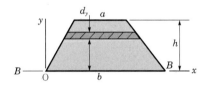

정답 $I_{BB} = \dfrac{h^3(3a+b)}{12}$

3.33 그림과 같은 삼각형의 도심 C를 지나는 축 x', y'에 대한 관성모멘트를 구하시오.

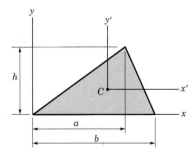

정답 $I_{x'} = \dfrac{bh^3}{36}, \ I_{y'} = \dfrac{hb}{36}(b^2 - ab + a^2)$

3.34 그림과 같이 높이 250mm이고 두께가 15mm로 일정한 I형 보가 있다. 보의 도심에 대한 관성모멘트 I_x와 I_y의 비가 3 : 1이 되기 위한 플랜지의 길이 b를 구하시오.

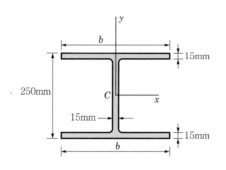

정답 $b = 250\text{mm}$

3.35 그림과 같은 보의 점 C에서의 전단력 V와 굽힘모멘트 M을 구하시오.

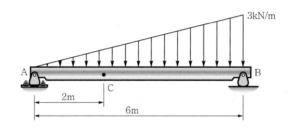

정답 $V_C = 2\text{kN}, \ M_C = 5.33\text{kN} \cdot \text{m}$

3.36 그림과 같은 단순지지보의 중앙지점 C에서의 전단력 V와 굽힘모멘트 M을 구하시오.

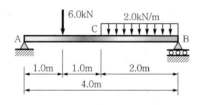

정답 $V_C = -0.5\text{kN}, \ M_C = 5.0\text{kN} \cdot \text{m}$

3.37 그림과 같은 돌출보의 C점과 D점에 작용하는 전단력 V와 굽힘모멘트 M을 구하시오.

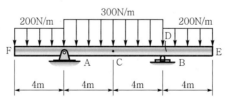

정답 $V_C = 0\text{N}, \ M_C = 800\text{N} \cdot \text{m}, \ V_D = 800\text{N}, \ M_D = -1.6\text{kN} \cdot \text{m}$

3.38 그림과 같은 외팔보 AB의 고정 지지점으로부터 0.5m 떨어진 곳에서의 전단력 V와 굽힘모멘트 M을 구하시오.

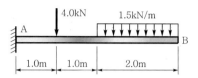

정답 $V=7.0\text{kN}$, $M=-9.5\text{kN}\cdot\text{m}$

3.39 보 ABC가 A와 B에서 단순 지지되어 있고, B에서 C로 돌출되어 있다. 수평 방향의 힘 $P_1=4.0\text{kN}$이 보 왼쪽 끝의 수직 팔에 작용하고 있고, 오른쪽 끝에는 $P_2=8.0\text{kN}$의 수직력이 작용하고 있다. 보의 왼쪽 지지점으로부터 3.0m에 위치한 지점에서의 전단력 V와 굽힘모멘트 M을 구하시오.

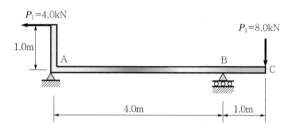

정답 $V=1.0\text{kN}$, $M=-7.0\text{kN}\cdot\text{m}$

3.40 단순보 AC에 작용하는 전단력 선도와 굽힘모멘트 선도를 그리시오.

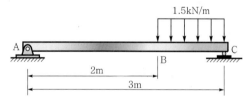

3.41 단순보 AB에 그림과 같이 집중하중 P와 시계 방향의 우력 $M_1=PL/4$이 작용하고 있다. 이 보에 대한 전단력 선도와 굽힘모멘트 선도를 그리시오.

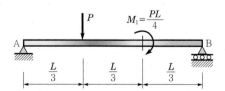

3.42 그림과 같은 돌출보에서의 전단력 선도와 굽힘모멘트 선도를 그리시오.

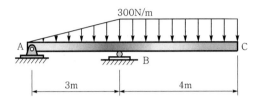

3.43 그림과 같이 두 개의 집중하중이 작용하는 단순보에 대한 전단력 선도와 굽힘모멘트 선도를 그리시오.

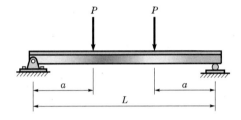

3.44 선형적으로 변화하는 분포하중이 작용하는 외팔보 AB에 대한 전단력 선도와 굽힘모멘트 선도를 그리시오.

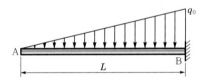

MEMO

Chapter

04

열 역 학

04 열역학

Chapter >>>

　자연계의 모든 활동은 에너지와 물질 사이의 상호 작용을 수반한다. 열역학(thermodynamics)은 에너지를 다루는 과학으로 정의할 수 있다. 일반적으로 에너지에 대해 개념적으로 이해는 가능하지만 엄밀한 정의를 하는 것은 쉽지 않다. 결론적으로 말하면 에너지는 '변화를 일으키는 능력'이라고 할 수 있다. 열역학에 관련된 문제는 가정의 난방을 위해 사용하는 보일러에서부터 자동차를 움직이게 하는 엔진, 함정을 움직이게 하는 기관에 이르기까지 공학이나 일상생활에서 흔히 접할 수 있고 다양하게 응용되고 있다.

　열역학의 영문 thermodynamics는 그리스어의 열을 의미하는 'therme'와 동력을 의미하는 'dynamics'로부터 유래된 것으로 열을 동력으로 변환시키고자 한 초창기의 노력을 가장 적절하게 표현한 말이다. 오늘날 열역학은 광범위하게 동력 발생에서부터 냉동, 더 나아가 물질의 상태량 사이의 관계 등을 포함한 모든 형태의 에너지와 에너지 변화를 포함하는 것으로 이해되고 있다. 이는 어떤 방식으로든 열역학과 관계되지 않은 분야는 없다고 할 수 있다. 그러므로 공학 교육 중에서 열역학 기본 원리를 잘 이해하도록 하는 교육은 필수적인 부분이 되었다.

　열역학과 관계되는 여러 법칙들은 실험과 관찰을 통하여 발견하였으며 이것을 열역학 제1법칙, 제2법칙 및 제3법칙이라고 한다. 그러나 이 세 가지 법칙 외에 논리적인 전개 측면에서 제1법칙보다 앞서는 열역학 제0법칙을 설정하였다.

　가장 기본적인 자연법칙 중의 하나는 에너지 보존법칙(conservation of energy principle)이다. 이 법칙은 반응이 일어나는 상호작용 중에 에너지는 한 형태에서 다른 형태로 변화할 수 있으나 에너지의 총량은 일정하다는 것을 의미한다. 즉, 에너지는 새롭게 생성되거나 소멸될 수 없다는 것이다. 이러한 에너지 보존법칙에 대한 표현이 열역학 제1법칙이다.

　열역학 제2법칙은 에너지의 양(quantity)뿐만 아니라 질(quality)의 의미를 고려한다. 이는 열역학 반응은 에너지의 질을 저하시키는 방향, 즉 유용한 형태의 에너지에서 덜 유용한 형태로 진행한다는 것을 나타낸다. 이를 엔트로피라는 용어를 이용하여 그 정도를 표현하게 된다.

　위에서 간략히 설명한 내용을 이용하여 다시 열역학을 정의하면 '열역학은 열과 일, 상태와 에너지의 변환, 그리고 엔트로피에 관한 학문이다.'라고 정의할 수 있다. 이 단원에서는 열역학 정의처럼 열과 일, 상태와 에너지의 변화에 대해 자세히 살펴보기로 한다.

4.1 열역학의 기초

(1) 열과 온도와의 관계

열은 주어진 계와 주위 환경 사이의 온도차로 인해 계의 경계를 넘어가는 에너지의 전달이다. 가열이란 주어진 계를 더 높은 주변 온도에 접촉함으로써 에너지를 전달하는 것이다. 예를 들면 차가운 물이 들어있는 주전자를 난로 위에 올려 놓으면, 난로가 주전자에 들어있는 물보다 온도가 더 높아 에너지가 물로 전달되어 가열된다. 여기서 열이라는 용어는 이러한 방법에 의해 전달되는 에너지를 표현한다. 열은 공간적 운동에 의해 생기는 물체의 운동에너지를 포함하지 않은 한편, 분자들의 무질서한 병진, 회전 그리고 진동에 의한 운동에너지, 분자 내의 위치에너지, 분자 간의 위치에너지 등을 모두 포함한다.

어떤 물체를 만질 때 느끼게 되는 뜨겁고 차가운 정도를 온도의 개념과 연관시킨다. 이렇게 뜨겁고 차가운 정도를 나타내는 우리의 감각은 개략적인 온도만을 알려준다. 예를 들어 냉동실에서 금속으로 된 쟁반과 종이 상자를 꺼낼 때, 두 물체의 온도가 같음에도 불구하고 금속의 열전도도가 종이의 열전도도보다 크기 때문에 금속 쟁반이 종이 상자보다 더 차다고 느낀다. 따라서 물체가 상대적으로 뜨겁고 찬 정도를 나타낼 수 있는 신뢰성이 있고 반복성이 좋은 온도 측정 방법 및 기준이 필요하고 이것이 바로 온도 측정의 근거가 되고 있다.

(2) 경계 및 검사체적

열역학 시스템(thermodynamic system)은 연구 대상인 일정량의 물질을 포함하는 장치 또는 이러한 장치들의 조합이다. 열역학 시스템을 연구하는 사람은 이러한 시스템에 들어오고 나가는 일과 에너지의 양, 열역학적 상태량의 변화에 관심을 갖는다. 이러한 관심 있는 부분을 계(system)로 정의하여 계산하여야 한다. 계는 관심 있는 부분을 검사하기 위해 선택된 물질의 양이나 공간 내의 영역이다. 또한 이렇게 선정하는 계의 체적을 검사체적(control volume)이라 하며 검사면(control surface)을 통해서 일과 에너지 및 물질이 통과할 수 있다.

계의 밖에 있는 질량이나 영역을 주위(surroundings)라고 하며, 계와 주위를 분리하는 실제 표면 또는 가상 표면을 경계(boundary)라고 한다. 즉, 경계는 계와 주위 양쪽이 공유하는 접촉면이다. 물론 이러한 계의 경계는 고정될 수도 있고 움직일 수도 있으며 이를 이용하면 고정되어 있는 열역학 시스템뿐 아니라 이동하는 열역학 시스템도 연구할 수 있다.

(3) 계(System)의 종류 및 정의

공학 문제를 해결하는데 있어 계(system)의 설정은 매우 중요하다. 계의 설정은 단순하고 명확해야 하며 적절한 조정을 통해 문제를 해석할 때 단순화하도록 하여야 한다.

계는 조사의 대상이 고정 질량인지 아니면 고정 체적인지의 여부에 따라 밀폐되어 있거나 개방되어 있는 것으로 볼 수 있다. 계는 크게 밀폐계(closed system), 개방계(open system) 그리고 고립계(isolated system) 등 세 가지로 분류할 수 있으며 각각의 특징은 다음과 같다.

① 밀폐계는 물질(질량)이 계의 경계를 통과할 수 없으므로 정해진 양의 질량으로 구성된다. 그러나 에너지는 열이나 일의 형태로 경계를 통과할 수 있다 (「그림 4.1(a)」).

② 개방계는 물질(질량)이 경계를 통과할 수 있을 뿐 아니라, 열이나 일의 형태를 통한 에너지의 이동도 계의 경계를 통하여 모두 일어난다(「그림 4.1(b)」).

③ 고립계는 물질(질량)뿐 아니라 에너지의 이동 모두 경계를 통과할 수 없다 (「그림 4.1(c)」).

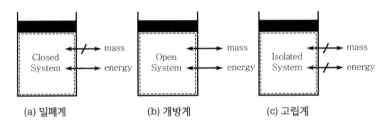

[그림 4.1] 계의 종류와 특징

(4) 상태 및 상태량

얼음을 냄비에 넣고 가열하면 얼음은 녹아서 물이 되고, 물을 가열하면 수증기로 변한다. 물의 온도가 낮으면 얼음, 온도가 높으면 수증기로 존재하는 것처럼 물질은 온도에 따라 다양한 상(phase)으로 존재할 수 있다. 상(phase)은 '공간적으로 균일한 다량의 물질' 또는 '전체적으로 화학 성분, 분자 배열 구조 등이 균일한 물질'이라고 정의한다. 두 개 이상의 상이 함께 존재할 경우, 상경계 (phase boundary)에 의해 각 상이 서로 구분된다.

[그림 4.2] 상의 변화 (얼음·물)

각 상에서 물질은 여러 압력과 온도로 존재할 수 있는데, 열역학 용어로 여러 상태(state)로 존재할 수 있다고 한다. 즉, 상태는 시스템의 상태량(property 혹은 성질)으로 정의할 수 있는 것이다. 익숙한 상태량으로는 압력 P, 온도 T, 체적 V, 그리고 질량 m 등이 있으며 이외에도 비열, 열전도율, 열팽창계수 등 다양하다.

상태량은 크게 강성적 상태량(intensive property)과 종량적 상태량(extensive property)로 구분할 수 있다.

강성적 상태량은 계의 크기에 무관한 상태량으로 온도, 압력 및 밀도가 대표적인 예이다. 예를 들어 10kg의 30℃의 물과 20kg의 30℃ 물을 합치면 30kg의 30℃ 물로 된다. 즉, 질량이 늘어나더라도 물의 온도는 일정하게 유지된다. 이와 같이 질량과 같은 계의 크기에 따라 변화하지 않는 상태량을 강성적 상태량이라 하며 보통 소문자(단, 압력 P 및 온도 T는 예외)를 이용하여 나타낸다.

종량적 상태량은 계의 크기에 비례하는 상태량으로서 질량 m, 체적 V가 대표적인 예이다. 30kg의 물을 둘로 나누면 질량은 각 15kg으로, 부피도 반으로 나뉘게 된다. 이와 같이 질량과 같은 계의 크기에 따라 변화하는 상태량은 종량적 상태량이다. 일반적으로 종량적 상태량은 대문자를 이용하여 나타낸다.

(5) 상태의 평형

대부분의 열역학 문제는 평형 조건에서 해결하게 된다. 평형(equilibrium)이란 균형을 이루고 있는 상태를 말한다. 평형상태는 계의 내부에 균형을 이루지 못한 잠재 구동력이 없는 상태이다. 만약 고립계에서 평형 상태에 있을 경우 아무런 변화를 겪지 않게 된다. 전체 계에서 온도차가 존재하지 않아 열 흐름이 존재하지 않는 상태를 열적 평형(thermal equilibrium) 상태에 이르렀다고 한다.

또한 압력과 관계되어 있는 역학적 평형(mechanical equilibrium)도 생각할 수 있다. 이러한 역학적 평형 상태에서는 시스템이 주위와 고립되어 있는 한, 시스템 안의 어떠한 위치에서도 압력이 시간에 따라 변화하지 않는다. 만약 중력의 영향을 생각할 경우 압력은 높이에 따라 변화할 수 있으므로 이에 대해 고려해야 한다.

계의 화학적 조성이 시간에 따라 변하지 않는, 즉 화학반응이 일어나지 않는 경우를 화학적 평형(chemical equilibrium)이라 한다. 만약 계가 여러 개의 상(phase)을 포함하고 있고 각 상의 질량이 일정하게 평형을 유지하고 있을 경우 상평형(phase equilibrium)에 있다고 한다.

이와 같이 여러 가지 형태의 평형 상태를 만족할 때 계는 열역학적 평형(thermodynamic equilibrium) 상태에 있다고 한다. 하지만 많은 열역학 문제에서는 높이에 따른 압력의 변화는 작아 역학적 평형을 무시하는 경우가 많으며, 단상(single phase)의 화학평형(균일평형, homogeneous equilibrium)으로 간주하여 화학적 평형도 무시하는 경우가 많다.

(6) 과정 및 사이클

어떠한 계에서 시스템을 구성하고 있는 시스템 상태량이 변화하게 되면 상태가 변화하였다 한다. 이처럼 계가 한 평형 상태로부터 다른 평형 상태의 중간에 겪는 변화를 과정(process)이라 하며, 한 과정 동안에 계가 통과하는 상태의 연속의 과정을 경로(path)라고 한다.

과정 동안 특정한 상태량이 일정하게 유지되는 과정들이 있다. 온도가 일정한 등온과정(isothermal process), 압력이 일정한 정압과정(isobaric process), 부피가 일정한 정적과정(isochoric process) 등이 대표적인 예이다. 이와 같은 과정이 일정하다는 뜻을 나타내기 위하여 두문자에 '정' 또는 '등'을 붙이며, 영문자로는 '같은(same)'의 의미를 지닌 'iso-'를 붙여서 표기한다. 각 과정은 특징적인 경향을 나타내며 이에 대해서는 뒤에서 자세히 공부하게 된다.

사이클(cycle)이란 「그림 4.3」과 같이 어떤 과정이 처음 상태에서 변화하여 다시 원래의 상태로 되돌아오는 것을 말한다. 즉, 과정이 진행되면서 상태 변화 또는 과정을 거쳐서 초기 상태로 돌아오게 되어 처음 시작 상태와 종결 상태가 같은 경우이다. 변화를 겪어도 같은 과정을 반복하므로 순환과정이라고도 한다.

열적 사이클(thermal cycle)이란 유체가 어떤 상태에서 출발하여 연속적으로 변화한 후 다시 원래의 상태로 되돌아가는 일련의 변화를 말한다. 열기관은 팽창·압축 과정, 단열과정 등을 거치면서 순환적으로 계속 변화하는 열적 사이클 과정을 통해 열로부터 일을 얻는 원동기이다. 열기관과 이에 관련된 사이클은 뒤에서 자세하게 공부하게 된다.

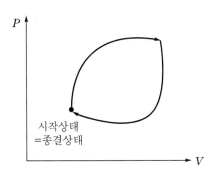

[그림 4.3] 사이클(cycle)의 개략도

4.2 온도 측정 및 열역학 제0법칙

물질의 여러 상태량은 온도에 따라 반복성이 있고 예측 가능한 형태로 변화한다. 이는 정확한 온도 측정에 대한 근거를 만들어 준다. 만약 티스푼을 커피에 담가 놓은 상태로 일정 시간이 지나면, 뜨거운 커피로부터 티스푼에 열이 전달되어 티스푼의 온도는 상승하고, 커피 온도는 내려간다. 결국 티스푼의 온도와 커피의 온도가 같아지게 되어 열전달이 멈추게 되는 열적 평형 상태에 도달한다. 온도가 다른 두 물체가 접촉하면 양쪽 물체의 온도가 동일하게 될 때까지 온도가 높은 물체로부터 온도가 낮은 물체로 열이 전달된다. 열교류가 가능하도록 접촉된 두 물체에서 상태량에 변화가 없을 때 두 물체의 온도는 같아지게 되는 것이다.

(1) 열역학 제0법칙

열역학 제0법칙(the zero[th] law of thermodynamics)란 1931년 R. H. Fowler에 의해 최초로 공식화되고 이름 붙여졌다. 두 물체가 제3의 물체와 열적 평형 상태에 있다면, 이 두 물체는 서로 열적 평형상태에 있다는 것이다. 예를 들어 물체 A와 B가 다른 물체 C와 각각 열평형을 이루었다면 A와 B도 열평형을 이룬다. 즉, 한 물체 C와 각각 열평형 상태에 있는 두 물체 A와 B는 서로 열평형 상태에 있다. 「그림 4.4」와 같이 A와 C를 접촉해서 온도계 C가 A의 온도를 $T℃$라고 측정하고, 다음으로 B와 C를 접촉해서 온도계 C가 B의 온도를 $T℃$라고 측정했다면 A와 B는 서로 열적 평형상태에 있는 것이다. 따라서 A, B 그리고 C는 모두 열적 평형상태를 이루고 있는 것이다.

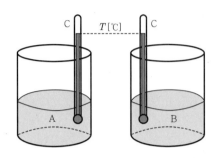

[그림 4.4] 열역학 제0법칙(온도측정의 근거)

열역학 제0법칙은 다른 열역학 법칙으로 결론지을 수 없으며, 온도 측정의 타당성에 대한 근거가 된다. 그 이름이 암시하는 것처럼 기초적인 물리적 법칙으로서의 가치는 열역학 제1법칙과 제2법칙이 공식화된지 반세기 이상이 지나서야 인정되었다. 이러한 열역학 제0법칙은 제1법칙과 제2법칙보다 먼저 나와야 논리적 흐름에 부합되므로 열역학 제0법칙으로 명명되었다.

(2) 온도 측정

온도 눈금은 온도 측정에 공통된 기준으로 사용할 수 있다. 일반적으로 물의 어는점(빙점, ice point)과 끓는점(비등점, steam point)과 같이 쉽게 재생할 수 있는 상태를 기준으로 삼게 된다. 1기압하에서 증기로 포화된 공기와 함께 평형에 있는 얼음과 물의 혼합물은 빙점에 있다고 하며, 액체의 물과 수증기의 혼합물이 평형에 있을 때 비등점에 있다고 말한다.

온도를 나타내는 기준은 일상생활에서 가장 많이 쓰이는 섭씨 눈금(℃)에서부터 미국에서 많이 사용하고 있는 화씨 눈금(℉), 그리고 국제단위계에서의 열역학적 온도 눈금인 켈빈 눈금(K)이 있다.

섭씨 눈금(℃)은 1기압하에서 물의 어는점을 0℃, 비등점을 100℃로 지정하고 그 사이의 눈금을 100등분하여 간격을 1℃로 정한 온도이다.

화씨 눈금(℉)은 1기압하에서 물의 어는점을 32℉, 비등점을 212℉로 지정하고 그 사이의 눈금을 180등분하여 간격을 1℉로 정한 온도이다.

켈빈 눈금(K)은 기체의 평균 운동에너지가 0으로 측정되는 온도(-273℃)를 0K으로 정한 온도이다. 그러나 현재까지의 냉동기술로 0K에 가까운 0.000000002K에 도달한 것이 한계였다.

이와 같은 세 가지 온도 눈금 간의 관계를 알아보면 다음과 같다(「그림 4.5」).

$$T_C = \frac{5}{9}(T_F - 32)[℃] \tag{4.1}$$

$$T_F = \frac{9}{5}T_C + 32[°\text{F}] \tag{4.2}$$

$$T = T_C + 273.15[\text{K}] \tag{4.3}$$

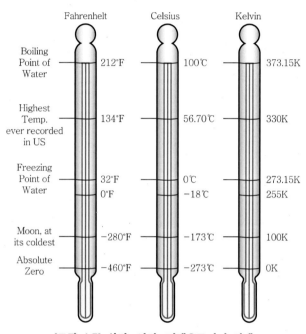

[그림 4.5] 화씨, 섭씨, 절대온도와의 관계

 4.1

냄비의 물이 25℃에서 80℃로 가열되었다. 온도 변화는 몇 K이고, 몇 °F인가?

풀이 절대온도의 변화는 섭씨온도의 변화와 같다($\Delta T = \Delta T_C$).
그러므로 절대온도의 변화는

$$\Delta T = \Delta T_C = 80℃ - 25℃ = 55℃ = 55\text{K}$$

화씨온도의 경우 식 (4.2) $T_F = \frac{9}{5}T_C + 32[°\text{F}]$의 식을 이용하면, 온도 변화는

$$\Delta T_F = \frac{9}{5}\Delta T_C = \frac{9}{5} \times 55℃ = 99°\text{F}$$

4.3 일과 에너지

에너지는 열에너지, 역학에너지, 전기에너지, 화학에너지 및 핵에너지 등의 다양한 형태로 존재한다. 에너지는 일과 열이라는 두 가지의 다른 방법으로 표현될 수 있다. 일정한 질량은 계를 통해 전달될 수 있고, 이에 의해서 에너지가 전달될 수도 있다. 열로 전달된 경우는 밀폐계로의 또는 밀폐계로부터의 에너지 전달이 계와 주위의 온도 차이에 의해 일어난 경우이며, 이와 같은 경우를 제외한 나머지가 일로 전달된 경우이다.

일과 열은 한 시스템에서 다른 시스템으로 전달되는 에너지의 한 형태로서 열역학 시스템을 해석하고 설계하는데 중요한 인자이다. 그러므로 열역학 시스템을 해석하기 위해서는 일과 열을 상태량으로 표현하여 시스템에서의 에너지 변화 및 전달을 해석하여야 한다. 이처럼 일과 열에 대한 모델을 설정하고 해석하는 데 열역학 제1법칙은 가장 기본이 되므로 반드시 숙지하고 있어야 한다.

(1) 일의 정의 및 특성

일반적으로 역학적 형태에서 일은 힘(F)이 작용하여 힘의 방향으로 변위(x)가 일어났을 때 '일을 하였다'고 한다. 이를 식으로 나타내면 다음과 같다.

$$W = Fx \, [\text{J}] \tag{4.4}$$

그러나 힘이 일정하지 않을 경우 행해진 일은 미소일을 합하여 적분식으로 구한다.

$$W = \int_{1}^{2} F dx \, [\text{J}] \tag{4.5}$$

일은 에너지의 한 형태이므로 J과 같은 에너지의 단위를 갖는다. 그렇다면 이동 경계에 의한 일에 대해 생각해 보기로 한다. 「그림 4.6」과 같이 실린더와 피스톤 내부에 들어 있는 기체를 시스템으로 간주하자. 피스톤 위에 있는 조그만 추를 제거하면 피스톤이 거리 dL만큼 위로 이동한다. 추가 매우 작다고 가정하면 매우 작은 거리만큼 피스톤이 움직이게 될 것이고 새로운 평형에 도달할 수 있기 때문에 평형에 가까운 준평형 과정(quasi-equilibrium process)으로 간주할 수 있다. 이 과정 동안 시스템이 한 일(W)을 계산해보자.

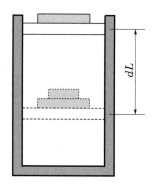

[그림 4.6] 준평형 과정 동안 시스템의 경계에서 하는 일

압력과 힘과의 관계식($P = F/A$)에서 피스톤에 작용하는 힘을 $F = PA$로 구할 수 있다(P는 기체의 압력, A는 피스톤의 면적). 식 (4.4)로부터 단순 압축성 시스템의 경계 이동에 의한 일의 양을 구하면 다음과 같다.

$$W = Fx$$
$$\delta W = (PA)dL$$
$$\delta W = P(AdL) = PdV \;\; (\because AdL = dV)[\text{J}] \tag{4.6}$$

만약 준평형 과정 동안 시스템의 이동 경계에서 하는 일을 나타내는 압력-체적 선도가 「그림 4.7」과 같다고 가정하자. 처음으로 실린더가 압력이 낮은 위치 1에서 위치 2로 변화하는, 실린더 내의 공기를 압축할 때 한 일을 구해보자. 이 과정 동안 시스템은 $P-V$선도 상에서 1과 2를 연결하는 선으로 표시된 상태를 지나간다. 이 과정도 시스템이 평형에서 벗어나는 정도가 극히 작은 준평형 과정이라고 가정하자. 이 과정 동안 공기에 가한 일은 다음과 같이 구할 수 있다.

$$_1W_2 = \int_1^2 \delta W = \int_1^2 PdV \; [\text{J}] \tag{4.7}$$

기호 $_1W_2$는 상태 1에서부터 상태 2까지 변화 동안 시스템에 한 일을 의미한다. 식 (4.7)의 기하학적 의미를 생각하면 그래프의 면적 $a-1-2-b-a$와 같다는 것을 알 수 있다.

만약 상태 2에서 상태 1로의 변화, 즉 부피가 늘어나는 경우 시스템이 한 일도 면적 $a-1-2-b-a$로 나타낼 수 있다.

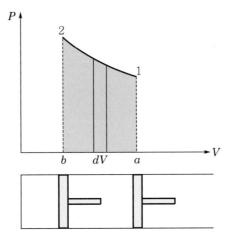

[그림 4.7] 시스템의 이동 경계에서 하는 일을 나타내는 압력-체적 선도

그러나 일의 방향을 정할 때 주의하여야 한다. 열역학을 공부하면서 방향을 결정하고 그에 따른 부호의 정의와 일관된 사용은 매우 중요하다. 만약 부호를 일관되게 사용하지 않을 경우 결과값이 다르게 나타날 뿐 아니라 일과 열의 이동방향이 반대가 되므로 각별히 주의해서 사용해야 한다. 본 교재에서는 시스템이 주위로 일을 할 때 그 일의 부호를 양(+)으로 표시하고, 이와 반대로 시스템에 일이 가해지면 그 일의 부호를 음(−)으로 표시하기로 정한다.

이러한 일은 특징적인 특성을 지니고 있다. 「그림 4.8」의 $P - V$ 선도를 통해 일의 대표적인 특징을 이해할 수 있다. 처음 상태 i에서 나중 상태 f로 진행되는 과정은 「그림 4.8(a), (b), (c)」와 같이 다양하게 존재한다. $P - V$ 선도의 아래 면적은 시스템이 주위에 한 일의 양이 되는데 경로에 따라 다른 면적을 보인다. 즉, 일의 양은 처음과 나중 상태에 의해서만 결정되는 것이 아니라 경로에 따라 다르다는 것을 알 수 있다.

이것이 바로 일의 대표적인 특징이다. 일은 경로에 의존하는 '경로함수(path function)'이며 수학적으로는 δW와 같이 '불완전미분(inexact differential)'으로 표현할 수 있다(여기에서 δ는 불완전미분을 나타낸다). 참고적으로 부피 변화와 같이 경로에 관계없이 처음과 나중 상태에 의해서만 결정되는 함수를 상태함수(state function)라고 하며 수학적으로 완전미분(exact function) 또는 점함수(point function)로 표현할 수 있다. 이는 dV와 같이 기호 d를 사용하여 불완전미분(δ)과 구별한다.

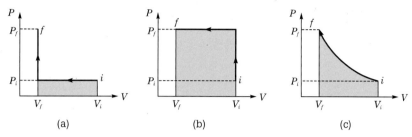

[그림 4.8] 일이 경로함수임을 보여주는 여러 준평형 과정

 4.2

실린더 내부의 기체를 시스템이라고 가정한다. 이 시스템의 초기 압력은 200kPa이고 초기 체적은 0.04m^3이다. 압력을 일정하게 유지하면서 기체의 체적이 0.2m^3가 될 때까지 시스템을 가열할 경우 이 과정 동안 시스템이 한 일을 계산하시오.

풀이 팽창 과정 동안 한 일의 양을 구해야 하므로

$$_1W_2 = \int_1^2 PdV = P\int_1^2 dV = P(V_2 - V_1) = 200\text{kPa} \times (0.2 - 0.04)\text{m}^3 = 32.0\text{kJ}$$

시스템의 부피가 증가하는 과정이므로 시스템이 한 일의 부호는 양(+)이다.

(2) 열의 정의 및 특성

어떤 물체가 온도가 다른 매질 속에 놓여있을 때 물체의 온도가 동일한 열적 평형 상태가 될 때까지 물체와 주위의 매질 사이에는 에너지 전달이 일어난다. 에너지는 항상 높은 온도의 물체로부터 낮은 온도의 물체로 전달된다. 이를 이용하여 열(heat)의 정의를 유도할 수 있다. 열(heat)은 온도 차에 의해 두 개의 계(또는 계와 주위) 사이에서 전달되는 '에너지의 형태'이다. 만약 온도 차가 없다면 전달되는 에너지가 없는 것이고, 이는 열 전달이 없는 것이다.

열은 보통 Q라고 표시하며, 시스템으로 전달되는 열의 부호를 양(+)으로, 시스템에서 열이 빠져 나갈 경우 음(−)으로 표시한다.

열도 일과 마찬가지로 시스템이 진행하는 경로에 따라 다르게 나타나는 경로 함수(path function)이며, 수학적으로는 불완전미분(inexact differential)으로 표현할 수 있다.

상태 1과 상태 2 사이에 주어진 과정 동안 전달된 열량($_1Q_2$)은

$$_1Q_2 = \int_1^2 \delta Q[\text{J}] \tag{4.8}$$

이며, 단위 시간당 전달된 열량(열전달률)은 $\dot{Q}$로 표시하고 다음과 같다.

$$\dot{Q} = \frac{\delta Q}{dt}[\text{W}] \tag{4.9a}$$

$$Q = \dot{Q}\Delta t[\text{J}] \tag{4.9b}$$

여기서 Δt는 과정이 일어나는 동안의 시간 간격이다.

단위 질량당 전달된 열량은 비열전달(specific heat transfer)이라고 하며 소문자 q로 표시하고

$$q = \frac{Q}{m}[\text{J/kg}] \tag{4.10}$$

와 같이 정의할 수 있다.

열은 에너지의 한 형태이므로 열의 단위는 에너지의 단위와 같은 J을 이용한다.

(3) 열의 일당량

열적 과정에 관련된 에너지는 칼로리(cal)라는 단위도 많이 사용된다. 칼로리는 '1g의 물을 14.5℃에서 15.5℃로 올리는 데 필요한 열량'으로 정의한다. 같은 에너지의 단위인 칼로리(cal)와 줄(Joule, J)의 관계를 '열의 일당량(the mechanical equivalent of heat)'이라고 한다.

열의 일당량은 줄의 실험으로 알려져 있다. 「그림 4.9」는 줄(J)의 실험 장치의 개략도와 실제 실험장치를 보여준다. 여러 개의 회전 날개가 단열된 용기 속에 채워진 물 속에 잠겨 있고 추가 일정한 속력으로 낙하하면 날개가 회전하면서 물에 대하여 일을 한다. 이 때 날개와 물 사이의 마찰로 인하여 물의 온도가 상승하게 된다(단, 베어링과 벽을 통한 에너지의 손실은 무시된다고 가정한다). 즉, 두 개의 추가 거리 h만큼 낙하하여 발생하는 위치에너지 감소($2mgh$)는 모두 물을 가열하는 데 사용된다.

줄은 실험 조건을 변화시키며 실험을 계속한 결과 역학적 에너지의 감소 $2mgh$는 물의 온도 상승 ΔT에 비례함을 알아냈고, 이때 비례 상수가 약 4.18J/g·℃라고 밝혀졌다. 이를 열의 일당량이라 하며 이를 이용하여 자유롭게 칼로리(cal)와 줄(J)의 상호변환이 가능하다.

열의 일당량 : 1cal＝4.186J   (4.11)

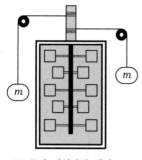 

(a) 줄의 실험장치 계략도   (b) 줄의 실험장치

[그림 4.9] 줄의 실험장치

(4) 비열 및 열용량

일정한 계의 운동에너지, 위치에너지 변화가 없을 경우 에너지를 가해주면 계의 온도가 올라간다. 일반적으로 일정량의 물질을 일정 온도만큼 올리는 데 필요한 열에너지의 양은 물질에 따라 다르다. 이를 정의할 수 있는 특성 변수가 비열 또는 열용량이다.

먼저 열용량(heat capacity, C)은 어떤 물질의 온도를 단위온도 1℃만큼 올리는데 필요한 열에너지의 양이다. 만약 $\triangle T$만큼 온도를 올리는 데 가한 열량 Q는 다음과 같다.

$$Q = C\triangle T [\mathrm{J}] \tag{4.12}$$

열용량은 질량에 비례하여 다른 값을 가지게 되며 질량이 클수록 더 큰 열용량을 갖게 된다.

단위질량당 열용량을 비열(specific heat, c)이라고 하며, 단위질량의 물질을 단위온도 1℃만큼 올리는 데 필요한 열에너지의 양으로 정의한다. 질량 m인 물질에 열량 Q가 전달되었을 때 온도 $\triangle T$만큼 변화하였을 경우 물질의 비열은 다음과 같이 계산할 수 있다.

$$c = \frac{Q}{m \times \triangle T} [\mathrm{J/kg \cdot ℃}] \tag{4.13}$$

비열은 물리적으로 에너지 증가에 대해 물질의 열적으로 무감각한 정도를 의미한다. 비열이 큰 물질일수록 온도 변화를 일으키기 위해서는 더 많은 에너지가 필요한 것이다. 식 (4.13)으로부터 전달된 열량 Q는 다음과 같이 쓸 수 있다.

$$Q = cm\triangle T [\mathrm{J}] \tag{4.14}$$

대기압 25℃하에서의 다양한 물질들의 비열은 「표 4.1」과 같다.

[표 4.1] 대기압 25℃하에서의 여러 물질의 비열

물질	비열 c	
	J/kg · ℃	cal/g · ℃
단원자 고체		
알루미늄	900	0.215
베릴륨	1,830	0.436
카드뮴	230	0.055
구리	387	0.0924
게르마늄	322	0.077
금	129	0.0308
철	448	0.107
납	128	0.0305
규소	703	0.168
은	234	0.056
다른 고체		
황동	380	0.092
유리	837	0.200
얼음(-5℃)	2,090	0.50
대리석	860	0.21
나무	1,700	0.41
액체		
에틸알코올	2,400	0.58
수은	140	0.033
물(15℃)	4,186	1.00
기체		
수증기(100℃)	2,010	0.48

비열은 정적비열(specific heat at constant volume, c_v)과 정압비열(specific heat at constant pressure, c_p)로 크게 분류할 수 있다. 이 정적비열과 정압비열에 관한 자세한 내용은 열역학 제1법칙과 열역학 제2법칙 등을 공부하면서 자세히 고찰해 보기로 하자.

예제 4.3

경찰관이 범인을 쫓다가 총을 발사하였다. 이때 발사된 구리 총알이 나무 상자에 박히게 되었다. 충격에 의해 생기는 내부에너지가 모두 총알에 남아있다고 한다면 총알의 온도변화는? (단, 구리의 비열은 387J/kg·℃이다.)

풀이 총알의 운동에너지는 $KE = \frac{1}{2}mv^2$ 이다.

총알이 나무 상자에 박힐 때 총알의 운동에너지는 모두 총알의 온도 변화에 사용된다. 온도 변화는 나무 상자로부터 총알에 $Q = KE$만큼 에너지가 전달된 것과 같다. $Q = cm\Delta T$를 이용하여 온도 변화를 구하면 다음과 같다.

$$\Delta T = \frac{Q}{mc} = \frac{KE}{mc} = \frac{\frac{1}{2} \times m \times (200\text{m/s})^2}{m \times (387\text{J/kg} \cdot ℃)} = 51.7℃$$

(위의 식으로부터 온도변화는 총알의 질량에 무관하다는 것을 알 수 있다.)

(5) 열의 전달 방법

열 전달은 에너지 이동의 한 방식으로 두 개의 계 또는 계와 주위 사이의 온도 차에 의해 이루어진다. 이러한 열 전달은 전도, 대류, 복사의 세 가지 방법으로 전달된다.

전도(conduction)는 입자간 상호 작용의 결과로서 활동적인 물질의 입자로부터 활동이 적은 입자로의 에너지 전달 방식이다. 전도는 매질이 존재할 때 발생하기 때문에 고체, 액체, 기체 내에서 모두 가능하다. 고체에서는 격자 내의 분자 진동과 자유 전자에 의한 에너지 수송에 의해, 액체와 기체는 분자들의 무작위 운동에 의한 분자들의 충돌에 의해 발생한다. 일정한 두께($\triangle x$)를 가진 고체벽을 통해 열전도가 일어날 때의 열전도율($\dot{Q}$)은 고체벽의 온도차($\triangle T$), 열 전달 방향에 수직인 면적(A)에는 비례하고, 벽의 두께($\triangle x$)에는 반비례한다. 재료의 열전도 능력을 나타내는 열전도계수(thermal conductivity)를 k라고 하면 열전도율은 다음 식으로 표현할 수 있다.

$$\dot{Q}_{\text{cond}} \propto A\frac{\triangle T}{\triangle x} \text{ [W]} \tag{4.15}$$

Fourier 법칙(Fourier's law)은 열전도를 나타내는 대표적인 식으로서 위의 식에서 $\triangle x \rightarrow 0$일 때를 나타낸다.

$$\dot{Q}_{\text{cond}} = -kA\frac{dT}{dx} \text{ [W]} \tag{4.16}$$

식 (4.16)은 열전도율($\dot{Q}$)이 열전도 방향으로의 온도 구배(dT/dx)에 비례한다는 것을 나타내며 음의 부호(−)는 열이 고온에서 저온 방향으로 전도되어 온도가 감소하는 방향으로 열이 흐르기 때문에 온도 구배항은 음수가 된다.

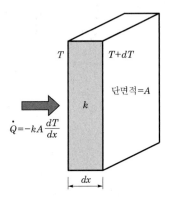

[그림 4.10] 전도에 의한 열전달

대류(convection)는 고체 표면과 표면 근처의 운동 중인 유체 사이의 에너지 전달이다. 즉, 전도와 주변 유동의 조합된 결과이다. 주변의 유동이 빠를수록 대류에 의한 열 전달은 크다. 유동이 없는 경우는 고체 표면과 주위 유체 사이의 열 전달은 순수한 전도이고, 유체 내의 온도 변화로 인한 밀도 차에 의해서 생긴 부력에 의하여 유체 운동이 일어난 경우가 자연대류(natural or free convection)이다. 송풍기, 펌프 또는 바람과 같은 외부 수단에 의해 유체가 관 내나 표면 위에서 강제로 유동하는 경우를 강제대류(forced convection)라 한다. 이렇듯 고체 표면과 유체 사이의 유동이 있을 때가 유동이 없는 경우보다 열 전달을 증진시킨다. 대류는 유체의 운동 속도가 빠를수록 강도가 커지며, 온도 차가 같을 경우 강제대류가 자연대류보다 냉각 효과가 뛰어나다. 대류열전달계수가 h이고 고체 표면의 온도가 T_s, 표면으로부터 떨어진 유체의 온도가 T_f라고 할 때 뉴턴의 냉각 법칙(Newton's cooling law)으로부터 내류 열전달률은 다음과 같이 서술할 수 있다.

$$\dot{Q}_{\text{conv}} = hA(T_s - T_f) \, [\text{W}] \tag{4.17}$$

여기서 대류열전달계수 h는 유체의 상태량이 아니라 표면의 기하학적인 형상, 유체 운동의 성질, 유체의 상태량 및 유체 속도와 같은 변수에 따라 달라지며 실험으로 구한 계수이다.

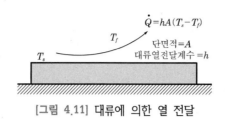

[그림 4.11] 대류에 의한 열 전달

복사(radiation)는 원자나 분자의 전자 배열 변화로 인해 전자기파나 광양자의 방출에 따른 에너지 전달로, 전도, 대류와는 달리 열 전달 매체가 불필요한 열 전달 방식이다. 복사에너지는 광속으로 전달되고 진공을 통과할 때는 에너지가 감소되지 않는다. 복사는 체적현상이며 모든 고체, 액체, 기체는 정도는 다르지만 복사열을 흡수, 방출, 전파한다. 물체 표면에서 방사되는 복사에너지에 대한 스테판-볼츠만의 법칙(Stefan–Boltzmann law)은 표면에서의 절대온도가 T_s, 주위의 온도가 T_{surr}, 표면적이 A, 방사율을 ε이라고 할 때 다음과 같이 쓸 수 있다.

$$\dot{Q}_{\mathrm{rad}} = \varepsilon \sigma A \left(T_s^{\,4} - T_{\mathrm{surr}}^{\,4} \right) [\mathrm{W}] \tag{4.18}$$

여기서 σ는 스테판-볼츠만 상수로 $\sigma = 5.67 \times 10^{-8} [\mathrm{W/m^2 \cdot K^4}]$이다. 위 식으로부터 방사율($\varepsilon$)은 물질의 상태량으로 $0 \leq \varepsilon \leq 1$의 범위값이며 방사율($\varepsilon$)이 1에 가까울수록 흑체에 가까운 것이다. 이렇듯 최대 방사율로 복사하는 이상화된 표면을 흑체(black body)라고 한다. 이러한 흑체에서 방사된 복사를 흑체복사라고 한다.

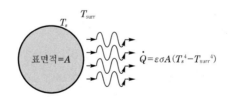

[그림 4.12] 복사에 의한 열 전달

(6) 일과 열의 공통된 특징

어떠한 작용이 일어나는 동안 계로 또는 계로부터 전달되는 일과 열의 양은 계의 상태 이외의 다른 인자들에 의해서도 달라진다(일과 열이 상태량이 아니라는 점에 유의하여야 한다). 이처럼 열과 일은 계와 주위 사이의 에너지 전달 메커니즘이라는 것 이외에도 다음과 같은 유사점이 있다.

① 경계현상(boundary phenomena)

계의 경계를 통과할 때 계의 경계에서 확인된다.

② 과도현상(transient phenomena)

㉠ 계는 에너지를 가질 수 있으나 일과 열을 가질 수 없다.

㉡ 시스템의 상태가 변화할 때 이 중 하나 혹은 모두가 시스템의 경계를 통과한다.

③ 과정과 관계됨

상태량들과는 달리 열과 일은 한쪽 상태에서는 의미가 없다.

④ 경로함수(path function)

㉠ 그 크기는 양끝 상태들뿐만 아니라 과정 동안의 경로에 따라 달라진다.

㉡ 수학적으로 불완전미분(inexact differential)으로 표시할 수 있다.

4.4 이상기체 방정식

(1) 이상기체(Ideal gas)의 정의 및 특징

실제기체와 상대적으로 이상기체는 말 그대로 '이상적인' 기체이다. 이상기체는 이상기체 방정식을 따르며 구성 분자들이 모두 동일하며, 분자의 부피가 0이고, 분자 간 상호작용이 없는 가상의 기체이다. 이상기체는 임의의 온도와 압력 하에서 다음과 같은 특징을 지니고 있다.

① 어떤 한 기체는 많은 동일한 분자들로 구성된다.

('많다'는 표현은 개개의 분자들의 경로를 추적할 수 없다는 것을 의미함)

② 분자들은 뉴턴의 운동법칙을 따른다.

③ 분자 자체의 총 부피는 기체 전체가 차지하는 부피 중에서 무시할 수 있을 만큼 작은 부분이다.

(분자의 부피는 무시할 수 있음)

④ 모든 분자들의 운동은 무작위적이다.

(각각의 분자들은 각각의 운동 방향과 속력을 가지고 운동함)

⑤ 분자들은 서로 상호작용을 하지 않으며, 분자와 용기 벽면의 충돌은 완전탄성충돌이라 가정한다.

실제기체를 위와 같이 이상기체로 간주하며 기체의 상태 변화를 기술하는 것은 간단하며, 실제기체를 이상기체로 가정하여 계산하는 경우가 많다. 실제기체는 구성 분자의 부피가 0이 아니고, 분자 간 상호작용을 하므로 이상기체와 다른 경향을 보이지만, 압력을 충분히 낮추고 온도를 높일 경우 이상기체와 비슷한 경향을 보인다. 이 경우에 실제기체를 이상기체로 간주하여 계산할 수 있다. 실제적으로 공기, 질소, 산소, 수소 등과 같은 보통의 기체는 이상기체로 취급할 수 있으며, 그 오차는 1% 이하로 무시할 수 있다.

(2) 이상기체 방정식

상태방정식(equation of state)은 압력, 온도 및 비체적 사이의 관계를 표현하거나 또는 평형 상태에서 어떤 물질의 다른 상태들을 포함하는 상태량 관계식이다. 상태방정식은 다양한 형태로 존재하는데, 이상기체 상태방정식은 기체상의 물질에 대한 가장 간단한 상태방정식으로서 적절하게 선택된 영역 안에서는 기체의 $P-v-T$ 거동을 비교적 정확히 예측한다.

이는 보일의 법칙(Boyle's law), 샤를의 법칙(Charles's law) 그리고 보일-샤를의 법칙(Boyle-Charles's law)에 의해 유도할 수 있다.

1962년 영국의 Robert Boyle은 온도가 일정할 때 일정량의 기체를 압축하면 압력이 높아지고 기체를 팽창시키면 압력이 낮아지는, 기체의 압력이 체적에 반비례한다는 사실을 발견했다. 기체의 체적과 압력의 관계식은 다음과 같다.

$$PV = \text{const} \tag{4.19}$$

1802년 프랑스의 J. Charles와 J. Gay-Lussac은 낮은 압력에서 기체의 체적은 온도에 비례한다는 것을 실험적으로 증명하였다. 모든 기체는 압력이 일정할 때, 온도가 1K 증가함에 따라 그 기체가 273K(0℃)일 때 부피의 1/273씩 부피가 팽창한다는 것이다. 이는 기체의 종류에 상관없이 부피 팽창계수는 1/273이라는 것으로 273K(0℃)일 때 부피를 V_0, T'[℃]일 때 부피를 V라 하면 다음과 같이 쓸 수 있다.

$$V = V_0\left(1 + \frac{1}{273}T'\right) = V_0\left(\frac{T}{T_0}\right) \tag{4.20}$$

식 (4.20)을 변형하면

$$\frac{V}{T} = \frac{V_0}{T_0} = \text{const} \tag{4.21}$$

로 나타낼 수 있으며 이는 절대온도와 체적은 서로 비례관계라는 것이다.

위의 식 (4.19)의 보일의 법칙과 식 (4.21)의 샤를의 법칙을 종합하면 기체의 체적(V)은 절대온도(T)에 비례하고 압력(P)에는 반비례하는 보일-샤를의 법칙으로 표현할 수 있다.

$$V = k\frac{T}{P} \tag{4.22}$$

$$\frac{V_0 P_0}{T_0} = \frac{VP}{T} = \text{const} \tag{4.23}$$

만약 0℃, 1기압 하에서 22.4L의 부피(모든 기체의 1몰의 부피)를 갖는 기체분자에 대해 위의 식에서 정의한 상수(const)를 구하면 그 값은 8.3145kN·m/kmol·K =8.3145kJ/kmol·K이다. 이를 '일반 기체상수(universal gas constant)'라 하며 $\overline{R}$로 표시하고 모든 기체에서 같은 값을 가진다.

$$\overline{R} = 8.3145\frac{\text{kN·m}}{\text{kmol·K}} = 8.3145\frac{\text{kJ}}{\text{kmol·K}} \tag{4.24}$$

만약 M이 분자량이고, m이 질량일 때 기체의 몰수 n은

$$n = \frac{m}{M}\left[\frac{\text{kg}}{\text{kg/kmol}}\right] \tag{4.25}$$

이고 식 (4.23)과 식 (4.24)를 조합하면 이상기체의 상태방정식을 유도할 수 있다.

$$\frac{PV}{T} = n\overline{R}$$

$$PV = n\overline{R}T \tag{4.26}$$

$$P\overline{v} = \overline{R}T \tag{4.27}$$

식 (4.25)와 식 (4.26)를 이용하면 이상기체 상태방정식은

$$PV = mRT \tag{4.28}$$

$$Pv = RT \tag{4.29}$$

와 같이 변형이 가능하다. 여기서 이를 R은 '특정 기체상수'라고 하며 일반기체상수($\overline{R}$)를 분자량(M)으로 나눈 값이다.

$$R = \frac{\overline{R}}{M} \ [\text{kJ/kg} \cdot \text{K}] \qquad\qquad (4.30)$$

특정 기체상수는 기체의 종류에 따라 분자량이 다르므로 서로 다른 기체상수를 나타낸다. 공기의 특정 기체상수는 $R = 0.287\,\text{kJ/kg} \cdot \text{K}$이며 공기의 기체상수는 많은 문제에서 사용되므로 숙지하도록 한다.

이상기체 방정식은 열역학 과목에서 많이 사용되는 방정식 중의 하나이며, 여러 형태로 변형이 가능하다. 그러므로 반드시 응용할 수 있는 능력을 배양해야 한다.

예제 4.4

체적이 0.8m^3인 용기 안에 분자량이 30인 이상기체 20kg이 들어 있다. 온도가 23℃일 때 압력을 구하시오.

풀이 우선 기체상수를 다음과 같이 구한다.

$$R = \frac{\overline{R}}{M} = \frac{8.3145\,\text{kJ/kmol} \cdot \text{K}}{30\,\text{kg/kmol}} = 0.277\,\text{kJ/kg} \cdot \text{K}$$

위에서 구한 기체상수와 이상기체 방정식을 이용하여 압력 P를 구하면

$$P = \frac{mRT}{V} = \frac{20\,\text{kg} \times 0.277\,\text{kJ/kg} \cdot \text{K} \times 300\text{K}}{0.8\text{m}^3} = 2{,}078.6\,\text{kPa}$$

4.5 열역학 제1법칙

열역학 제1법칙을 간단히 요약하면 '에너지 보존법칙(the law of conservation of energy)'이라고 할 수 있다. 엄밀히 말하면, 내부에너지의 변화와 열과 일에 전달되는 에너지를 포함시키는 에너지 보존 법칙의 특별한 경우이다(내부에너지에 관한 자세한 설명은 뒤에서 언급할 것이다).

계와 외부 사이의 에너지 전달 방법은 크게 두 가지로 분류할 수 있다. 하나는 계에 일을 해주는 경우로 힘의 작용에 의해 거시적인 변화가 생긴다. 다른 하나는 계에 열을 가해주는 경우로, 계의 경계에서 온도 차이가 존재할 때 분자 수준에서 일어난다. 두 메커니즘 모두 계의 내부에너지에 변화를 일으키게 된다.

(1) 열역학 제1법칙

열역학 제1법칙은 시스템이 사이클 변화를 할 때 전 사이클에 걸친 '열의 합'이 전 사이클에 걸친 '일의 합'에 비례한다는 것이다.

$$\oint \delta Q = \oint \delta W \tag{4.31}$$

「그림 4.13」과 같이 상태 1에서 상태 2로, 다시 상태 2에서 상태 1로 사이클 변화를 하는 시스템을 고려해보자.

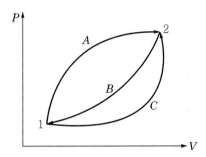

[그림 4.13] 사이클 변화를 하는 시스템

「그림 4.13」에서는 총 2가지 경로의 사이클 변화가 가능한데 경로 A(상태 1 → 상태 2)와 경로 B(상태 2 → 상태 1)를 따라 변화하는 방법, 경로 C(상태 1 → 상태 2)와 경로 B(상태 2 → 상태 1)를 따라 변화하는 방법 등이다.

경로 A(상태 1 → 상태 2)와 경로 B(상태 2 → 상태 1)를 따라 변화하는 경우 식 (4.31)은 다음과 같이 쓸 수 있다.

$$\int_1^2 \delta Q_A + \int_2^1 \delta Q_B = \int_1^2 \delta W_A + \int_2^1 \delta W_B \tag{4.32}$$

경로 C(상태 1 → 상태 2)와 경로 B(상태 2 → 상태 1)를 따라 변화하는 방법의 경우는 다음 식으로 나타낼 수 있다.

$$\int_1^2 \delta Q_C + \int_2^1 \delta Q_B = \int_1^2 \delta W_C + \int_2^1 \delta W_B \tag{4.33}$$

식 (4.32)에서 식 (4.33)을 빼서 계산하면 다음과 같이 된다.

$$\int_1^2 \delta Q_A - \int_1^2 \delta Q_C = \int_1^2 \delta W_A - \int_1^2 \delta W_C \tag{4.34}$$

경로 A에 관련된 것과 경로 C에 관련된 것을 서로 분류하여 식을 정리하면 다음과 같이 쓸 수 있다.

$$\int_1^2 (\delta Q - \delta W)_A = \int_1^2 (\delta Q - \delta W)_C \tag{4.35}$$

이 식은 열역학 제1법칙에서 중요한 개념인 내부에너지(internal energy)와 밀접하게 연관되어 있다. 내부에너지에 관한 자세한 설명은 다음 절에서 살펴보기로 한다.

(2) 내부에너지(Internal Energy, U)

식 (4.35)는 중요한 의미를 지니고 있다. 상태 1에서 상태 2로 변하는 임의의 과정에서 경로(경로 A, 경로 C)에 상관없이 $\delta Q - \delta W$의 값은 일정하다는 것이다. 따라서 수학적으로 점함수(point function)이며 완전미분(exact differential)이라고 할 수 있다. 이는 상태량으로 dE와 같이 미분 표현식으로 나타낼 수 있다.

$$dE = \delta Q - \delta W \tag{4.36}$$

상태 1에서 상태 2까지 변화량을 구하면 E_1과 E_2는 각각 상태 1과 상태 2에서의 에너지 상태라고 할 때 다음과 같이 쓸 수 있다.

$$E_2 - E_1 = {_1}Q_2 - {_1}W_2 \tag{4.37}$$

이 에너지에는 E = 내부에너지(U) + 운동에너지(KE) + 위치에너지(PE) 모두가 포함되나 일정한 계에서 운동에너지와 위치에너지 변동량이 없을 경우 ($\triangle KE = \triangle PE = 0$) 내부에너지 항만 남게 되어 다음의 식으로 표현할 수 있다.

$$dE = dU = \delta Q - \delta W \tag{4.38}$$

즉, 검사질량의 순수한 에너지 변화량은 일과 열의 형태로 경계를 통과시키는 에너지의 총합과 같다는 것이다. 또한 내부에너지는 일과 열과는 달리 경로함수 (δQ, δW)가 아니라 처음과 나중 상태의 차이의 양에 의해서만 결정되는 상태함수이다.

그렇다면 여기에서 내부에너지(internal energy, U)에 대해 살펴보자. 내부에너지는 계가 가지고 있는 미시적인 형태의 에너지의 합으로 정의된다. 내부에너지는 계의 분자 구조 및 운동 정도와 관련된 에너지이며, 외부 좌표계와는 관련 없는 상태량이다. 계의 공간적 운동에 의해 발생하는 물체의 운동에너지를 포함하지 않고, 단지 분자들의 병진, 회전, 그리고 진동에 의한 운동에너지, 분자 내의 위치에너지 그리고 분자 간의 위치에너지를 포함한 양이다.

또한 내부에너지는 종량적 상태량으로써 질량에 따라 비례한다. 단위 질량당 내부에너지는 소문자 u로 쓰고 다음 식과 같이 표현한다.

$$u = \frac{U}{m} \ [\text{kJ/kg}] \tag{4.39}$$

 4.5

기체가 50kJ의 열을 흡수하여 3,000N·m의 일을 하였다면 내부에너지의 증가량은 몇 kJ인지 계산하시오.

풀이 외부에 한 일의 양 : $_1W_2 = 3,000\text{N} \cdot \text{m} = 3,000\text{J} = 3\text{kJ}$

따라서 열역학 제1법칙으로부터 내부에너지 증가량은

$\triangle U = U_2 - U_1 = {_1Q_2} - {_1W_2} = 50 - 3\text{kJ} = 47\text{kJ}$

 4.6

실린더 내의 기체에 8.4kJ의 열량을 가해 주었더니 그 기체가 1기압하에서 부피가 $3 \times 10^{-2}\text{m}^3$만큼 늘어났다. 이때 기체의 내부에너지 증가량은 얼마인가? 단, 마찰은 무시하고 1기압은 10^5N/m^2로 계산하시오.

풀이 열역학 제1법칙의 내부에너지에 관한 식을 서술하면

$dU = \delta Q - \delta W$

$\delta W = PdV = 10^5 \times (3 \times 10^{-2}) = 3,000\text{J} = 3\text{kJ}$

$dU = \delta Q - \delta W = 8.4 - 3\text{kJ} = 5.4\text{kJ}$

(3) 엔탈피(Enthalpy, H)

열역학 제1법칙은 내부에너지, 일과 열, 그리고 엔탈피(enthalpy)의 함수라고 해도 과언이 아니다. 일정한 계에서 문제를 해석할 때 다양한 열역학 상태량들의 조합 상태가 나타나게 되는데 이러한 열역학 상태량들의 조합 중 하나가 바로 엔탈피이다. 「그림 4.14」와 같이 운동에너지 및 위치에너지의 변화가 없고 경계 이동에 의한 일이 이 과정에서 발생한 유일한 일이라고 가정한다. 이와 같은 준평형-정압과정 시스템에서 장치 안에 존재하는 기체를 검사질량으로 설정하고 해석하자.

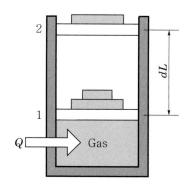

[그림 4.14] 준평형-정압과정에서의 일

식 (4.38)에서 열역학 제1법칙은 $dU = \delta Q - \delta W$이고 상태 1과 상태 2 사이에서의 내부에너지 변화량은 다음과 같다.

$$U_2 - U_1 = {}_1Q_2 - {}_1W_2 \tag{4.40}$$

경계 이동에 의해 발생한 일의 양은 식 (4.7)로부터 ${}_1W_2 = \int_1^2 P\,dV$이고, 이를 식 (4.40)에 대입하여 정리하면 다음과 같다.

$$\begin{aligned}
{}_1Q_2 &= U_2 - U_1 + P_2V_2 - P_1V_1 \\
&= (U_2 + P_2V_2) - (U_1 - P_1V_1) \\
&= (U + PV)_2 - (U + PV)_1
\end{aligned} \tag{4.41}$$

식 (4.41)에서 열역학 상태량의 조합$(U + PV)$이 공통으로 들어가 있음을 알 수 있다. 이 조합은 경로(경로 1, 경로 2)에 상관없이 처음과 나중 상태의 차이에 의해서만 구할 수 있다. 이는 내부에너지와 같은 상태함수(state function)로서 수학적으로 점함수(point function)이다. 이와 같은 $U + PV$항을 엔탈피 (enthalpy, H)라고 정의한다.

$$H = U + PV \text{ [kJ]} \tag{4.42}$$

엔탈피도 질량에 따라 그 값의 크기가 다른 종량적 상태량이고 단위질량당 엔탈피는 소문자 h로 쓸 수 있다.

$$h = \frac{H}{m} \tag{4.43}$$

$$= u + Pv \, [\mathrm{kJ/kg}] \tag{4.44}$$

식 (4.44)를 이용하여 내부에너지를 구하고자 할 때는

$$u = h - Pv \, [\mathrm{kJ/kg}] \tag{4.45}$$

로 간단히 계산할 수 있다.

 4.7

내부에너지가 50kJ, 체적 20m^3, 압력이 10kPa인 계의 엔탈피(kJ)를 구하시오.

풀이 엔탈피 정의식 $H = U + PV$를 이용하며 $1\mathrm{kPa} = 1\mathrm{kN/m^2}$이므로 $10\mathrm{kPa} = 10\mathrm{kN/m^2}$이다.
$H = U + PV = 50 + (10 \times 20) = 250\mathrm{kJ}$

(4) 정적비열과 정압비열

비열(specific heat)은 단위질량(1g)의 물질을 단위온도(1℃)만큼 상승시키는데 필요한 에너지이다. 이는 크게 정적비열(specific heat at constant volume)과 정압비열(specific heat at constant pressure)로 나눌 수 있다. 이는 열역학 제1법칙, 내부에너지 그리고 엔탈피와 밀접하게 연관되어 있다.

정적과정은 계의 반응이 진행함에 따라 부피 변화가 없는($dV = 0$) 과정이다. 이 때 물질이 갖는 비열이 바로 정적비열(specific heat at constant volume, c_v)이다. 이러한 정적비열을 열역학 제1법칙과 연관하여 생각해보도록 하자.

열역학 제1법칙은 식 (4.38)로부터 다음과 같이 쓸 수 있다.

$$\delta Q = dU + \delta W = dU + PdV \tag{4.46}$$

경계 이동에 의해 발생한 일은 체적의 변화가 없으므로($dV = 0$) $\delta W = PdV = P \times 0 = 0$이 된다. 따라서 정적과정에서는 $\delta Q = dU$로 계의 열량 변화는 내부에너지 변화와 같다.

식 (4.14)의 열량과 비열의 관계식 $Q = cm \triangle T$를 이용하면 정적비열을 다음식으로 나타낼 수 있다.

$$c_v = \frac{1}{m}\left(\frac{\delta Q}{\delta T}\right)_v = \frac{1}{m}\left(\frac{\partial U}{\partial T}\right)_v = \left(\frac{\partial u}{\partial T}\right)_v \tag{4.47}$$

정적비열은 식 (4.47)과 같이 내부에너지(U)와 밀접한 관련이 있으며 내부에 너지를 구하기 위해서는 정적비열을 이용하면 된다.

$$dU = mc_v dT$$
$$du = c_v dT \tag{4.48}$$

내부에너지는 온도에만 의존하고 $U = f(T)$로 표현할 수 있다.

식 (4.48)을 이용하여 내부에너지가 '온도만의 함수'라는 것을 증명할 수 있지 만 다른 방법을 이용하여 이를 증명할 수도 있다. 이상기체는 온도, 압력 및 비 체적 관계가 $Pv = RT$와 같은 이상기체 방정식을 만족한다. 이상기체의 내부에 너지가 온도만의 함수($u = f(T)$라는 것은 1843년 Joule이 실험적으로 밝혔다.

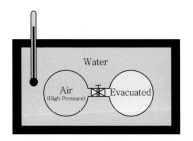

[그림 4.15] 줄의 실험을 통한 내부에너지가 온도만의 함수임을 증명

「그림 4.15」에서와 같이 Joule은 그의 실험에서 관과 밸브로 연결된 두 개의 용기를 수조 속에 잠기게 했다. 초기 상태에서 한 용기에는 고압의 공기가 들어 있고 다른 용기는 비어 있다. 열평형이 이루어졌을 때 그는 밸브를 열어 양쪽 용기의 압력이 같아질 때까지 한 용기로부터 다른 용기로 공기가 통하도록 하였 다. Joule은 수조의 온도 변화가 없다는 것을 관찰하였고 공기와 수조 사이에 열이 전달되지 않았다고 가정했다. 또한 행해진 일은 없기 때문에 체적과 압력 은 변했지만 공기의 내부에너지는 변하지 않았다고 추정할 수 있었다. 즉, Joule은 내부에너지는 온도만의 함수이며 압력과 비체적의 함수가 아니라는 결 론을 내릴 수 있었던 것이다.

정압과정은 계의 반응이 진행됨에 따라 압력 변화가 없는 $dP = 0$인 과정이다. 이때 물질이 갖는 비열이 정압비열(specific heat at constant pressure, c_p)이 다. 열역학 제1법칙의 식 (4.38)로부터 식 (4.49)와 같이 나타낼 수 있다.

$$\delta Q = dU + \delta W = dU + PdV \tag{4.49}$$

경계 이동에 의해 발생한 일의 항을 적분하여 결과로 나오는 PV의 초기 상태와 최종 상태에 각각 내부에너지를 더하면 열 전달은 엔탈피로 나타낼 수 있다. 이는 이상기체 방정식과 엔탈피 식을 동시에 이용하면 쉽게 구할 수 있다. 식 (4.29)와 식 (4.42)로부터

$$H = U + PV = U + RT \tag{4.50}$$

로 나타낼 수 있다. 식 (4.46)과 식 (4.50)을 이용하면 다음과 같이 된다.

$$\delta Q = dU + \delta W = dU + PdV = dH \tag{4.51}$$

즉, 정압과정에서의 열전달량은 엔탈피의 변화량과 같음을 알 수 있다.
식 (4.14)와 식 (4.51)을 이용하면 정압비열을 다음과 같이 정의할 수 있다.

$$c_p = \frac{1}{m}\left(\frac{\delta Q}{\delta T}\right)_p = \frac{1}{m}\left(\frac{\partial H}{\partial T}\right)_p = \left(\frac{\partial h}{\partial T}\right)_v \tag{4.52}$$

정압비열은 엔탈피(H)와 밀접한 관련이 있으며 엔탈피를 구하기 위해서는 정압비열을 이용하여 다음 식으로 구할 수 있다.

$$dH = mc_p dT$$
$$dh = c_p dT \tag{4.53}$$

식 (4.53)에서 엔탈피의 경우도 온도만에 의존하며 $H = f(T)$로 표현할 수 있다.
지금까지 내부에너지·정적비열, 엔탈피－정압비열의 한계선에 대해 공부하였다. 이를 통해 등온선은 많은 의미를 지니고 있음을 알 수 있다. 내부에너지, 엔탈피 모두 온도만의 함수이므로 동온선은 곧 '일정 내부에너지선'이자 '일정 엔탈피선'인 것이다.
이상기체의 내부에너지와 엔탈피가 온도만의 함수이므로 이상기체의 정적비열과 정압비열도 온도만의 함수이다.

$$c_{v0} = f(T)$$
$$c_{p0} = f(T) \tag{4.54}$$

상태 1로부터 상태 2까지의 과정 동안 이상기체의 내부에너지와 엔탈피 변화는 다음과 같이 구할 수 있다.

$$\triangle u = u_2 - u_1 = \int_1^2 c_v(T)dT \tag{4.55}$$

$$\triangle h = h_2 - h_1 = \int_1^2 c_p(T)dT \qquad (4.56)$$

이상기체의 정적비열과 정압비열은 식 (4.44)의 엔탈피의 관계식과 식 (4.48)의 내부에너지–정적비열 관계식, 그리고 식 (4.53)의 엔탈피–정압비열 관계식을 이용하여 식을 전개하면

$$h = u + Pv = u + RT$$
$$dh = du + RdT$$
$$c_{p0}dT = c_{v0}dT + RdT$$

이므로 양변을 dT로 나누면 다음과 같다.

$$c_{p0} - c_{v0} = R \qquad (4.57)$$

그러므로 이상기체, 단원자 기체의 정적비열과 정압비열은 R만큼 일정한 차이값을 가진다는 것을 알 수 있다.

예제 4.8

체적이 5,000m³의 밀폐용기 속에 들어 있는 온도가 20℃, 압력이 3kPa의 기체 A를 250℃까지 가열했을 때, (a) 가열에 필요한 열량과 (b) 가열 후의 압력을 구하시오. 단, 밀폐용기 속에 들어 있는 기체 A의 정적비열은 $c_v = 0.165$kcal/kg·℃, 특정 기체상수는 $R_A = 29.27$kJ/kg·K이다.

풀이 (a) 가열에 필요한 열량

초기의 온도와 압력을 T_1, P_1, 나중의 온도와 압력을 T_2, P_2라 할 때 열량은 $_1Q_2 = mc_v(T_2 - T_1)$와 같은 식으로 구할 수 있다.

반응에 참여한 공기의 질량을 구하기 위해서는 체적과 비체적의 비를 이용하면 쉽게 구할 수 있다 $\left(m = \dfrac{V}{v}\right)$.

이상기체 방정식을 이용하여

$$v = \frac{RT}{P} = \frac{29.27\text{kJ/kg} \cdot \text{K} \times 293\text{K}}{3\text{kN/m}^2} = 2,858.7\text{m}^3/\text{kg}$$

그러므로 질량은 $m = \dfrac{V}{v} = \dfrac{5,000\text{m}^3}{2,858.7\text{m}^3/\text{kg}} = 1.75\text{kg}$

$$_1Q_2 = mc_v(T_2 - T_1) = 1.75 \times 0.165 \times (523 - 293) = 66.41\text{kcal}$$

(b) 가열 후의 압력

가열 후의 압력 P_2는 샤를의 법칙을 이용하면

$$P_2 = P_1\frac{T_2}{T_1} = 3\text{ kN/m}^2 \times \frac{523\text{K}}{293\text{K}} = 5.35\text{kN/m}^2 = 5.35\text{kPa}$$

4.6 열역학 제2법칙

이제까지 에너지 보존법칙으로 대표되는 열역학 제1법칙을 공부하였다. 에너지는 보존되는 물리량이며 열역학 제1법칙을 만족하면서 과정이 일어난다고 생각할 수 있다. 그러나 주위를 살펴보면 열역학 제1법칙만으로 설명할 수 없는 많은 현상들이 일어나고 있다.

우리가 뜨거운 물을 상온에 오랫동안 놓았을 때 주위보다 온도가 높은 뜨거운 물은 열 전달에 의해 반드시 식는다. 그러나 반대로 주위로 열이 전달되어 식었던 물이 다시 자발적으로 뜨겁게 변하는 과정은 일어날 수 없다. 이 과정에서 뜨거운 물과 주위의 공기만을 계로 설정하면 뜨거운 물이 잃은 열량과 주위 공기가 얻은 열량은 같으므로 열역학 제1법칙이 성립하지만 자발적으로 뜨겁게 변하는 과정이 불가능한 것과 같이 열역학 제1법칙만으로는 설명이 불가능한 현상이 존재한다.

그러므로 모든 과정은 정해진 방향으로 일어나고 그 과정을 반대로 되돌리려는 방향은 자발적으로 일어나지 않는다는 것을 알 수 있다. 즉, 열역학 제1법칙은 에너지가 보존된다는 것을 성공적으로 말해주지만 반응이 일어나는 방향성에 대해서는 정확하게 말해주지 못한다는 한계가 있다. 이 한계는 열역학 제2법칙과 엔트로피 (entropy)에 의해 설명 가능하다. 본 절에서는 열역학 제2법칙과 엔트로피에 관해 공부하기로 한다.

(1) 열기관과 열역학 제2법칙

열기관은 자동차, 항공기, 함정 등을 움직이게 하는 가장 중요한 역할을 한다. 이러한 열기관은 다양한 분야에서 사용되고 우리 실생활과 매우 밀접하게 연관되어 있다.

열기관(heat engine)은 열역학 사이클로 작동되면서 고온부로부터 저온부로 열이 전달되는 과정 동안 양(+)의 순일을 하는, 열을 일로 변화시키기 위한 특별한 장치이다.

(a) 비행기 엔진   (b) 함정 엔진   (c) 12기통 엔진

[그림 4.16] 주변에서 볼 수 있는 열기관

열기관은 고온 열저장조와 저온 열저장조, 기관으로 구성되어 있다. 열저장조란 열을 공급하거나(고온 열저장조) 열을 흡수하여도(저온 열저장조) 온도 변화가 없는 매우 큰 열용량을 갖는 가상적인 물체이다. 대기나 바다는 대표적인 열저장조이며, 저장할 수 있는 열에너지 저장능력이 매우 크므로 이상적인 열에너지 저장조로 모형화할 수 있다. 열기관 및 기타 사이클로 작동하는 장치는 사이클 과정 동안 열을 흡수하고 방출하는 유체를 갖고 있는데 이 유체를 작동유체(working fluid)라고 한다.

열기관의 작동 원리를 살펴보면 크게 「그림 4.17」과 같이 3단계의 사이클 과정으로 구성되어 있다.

① 고온 열저장조로부터 Q_H의 열량을 열기관에 공급한다.
② 공급받은 열량의 일부가 기관에서 일(보통 축일)로 변환된다.
③ Q_L만큼의 열량이 저온 열저장조로 방출된다.

각 요소들이 연결된 시스템을 밀폐계로 간주하면 질량의 입·출입이 없으므로 사이클로 작동하는 밀폐계의 내부에너지 변화는 0이다. 그러므로 기관에서 한 일의 양은 다음과 같다.

$$W = Q_H - Q_L \tag{4.58}$$

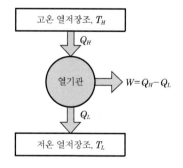

[그림 4.17] 열기관의 개략도

(2) 열기관의 효율

일반적으로 효율이라고 하면 투입된 양에 대한 산출된 양의 비율이다. 다시 말하면 효율은 입력으로 간주할 수 있는 소요 에너지에 대해 얻은 출력의 비이다. 이를 열기관에 대응시켜 생각하면 입력값, 즉 소요에너지는 고온 물체로부터 받은 열량(Q_H)이며 출력은 열기관에서 얻은 에너지(W)이다. 열기관의 열효율은 열기관이 받은 열(Q_H)을 얼마나 효율적으로 일(W)로 변환하였는가를 나타내는 척도이다. 열효율이 높다는 것은 적은 양의 연료를 사용하여 최대의 일을 얻을 수 있다는 것이다.

이를 열기관, 냉동기, 열펌프 등을 해석할 때 일관성을 위해 다음과 같이 정의한다.

Q_H = 온도 T_H인 고온의 물체로부터 공급된 열량의 절대값

Q_L = 온도 T_L인 저온의 물체로 방출된 열량의 절대값

그러므로 열효율은 다음과 같이 쓸 수 있다.

$$\eta_{th} = \frac{W}{Q_H} = \frac{Q_H - Q_L}{Q_H} = 1 - \frac{Q_L}{Q_H} \tag{4.59}$$

Q_H와 Q_L은 양(+)의 값이므로 열효율은 항상 1보다 작다.

효율이 높은 열기관을 설계하기 위해서는 Q_H는 가능한 높게, Q_L는 가능한 낮게 설계하여야 한다.

 4.9

어떠한 열기관의 열효율은 0.4이다. 이때 온도가 T_H인 고온 열저장조로부터 열기관에 전달된 열량이 500J라 할 때, 온도가 T_L인 저온 열저장조로 방출된 열량의 값을 구하시오.

풀이 열효율은 식 (4.59)에 대입하면 쉽게 구할 수 있다.

$$\eta_{th} = 1 - \frac{Q_L}{Q_H} = 1 - \frac{x}{500} = 0.4, \quad Q_L = 300J$$

(3) Kelvin-Planck 서술

앞에서 살펴보았듯이 이상적인 조건 하에서도 완전한 사이클을 이루기 위해서는 저온 열저장조에 어느 정도의 열을 방출하여야 한다. 그렇다면 열기관의 열효율이 1인 기관의 존재 여부가 의문으로 남게 된다. Kelvin-Planck 서술은 이러한 열기관의 열효율의 제한에 관한 해답을 제공한다. Kelvin-Planck 서술은 다음과 같다.

'사이클로 작동하는 어떠한 장치도 하나의 열저장조로부터만 열을 받아 일을 생산하는 것은 불가능하다.'

이는 열기관이 고온 열저장조, 저온 열저장조로 구성되어 있어야 하며, 이 두

열저장조로부터 열교환을 하여야 한다는 것이다. 따라서 고온 열저장조로부터 일정한 열량(Q_H)을 받아서 동일량의 일($W = Q_H$)을 하는 열기관, 즉 열효율이 1(100%)인 열기관은 존재할 수 없다는 것이다.

직관적으로 생각하더라도, 열기관이 작동할 때 마찰로 인한 손실과 열 방출에 의한 손실이 존재한다는 점에서 이러한 열기관의 존재가 불가능한 이유가 쉽게 이해될 수 있을 것이다.

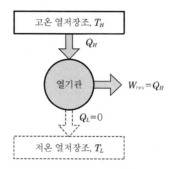

[그림 4.18] Kelvin-Plack 서술

(4) 냉동기(열펌프)와 열역학 제2법칙

열은 고온의 매체에서 저온의 매체로 전달된다. 이러한 열전달 과정은 폭포수의 물이 높은 곳에서 낮은 곳으로 떨어지는 것과 같이 어떠한 장치 없이 일어나는 자연의 이치이다. 그러므로 저온에서 고온으로의 열의 이동은 자발적으로 일어날 수 없고 이를 위해서는 냉동기(refrigerators) 또는 열펌프(heat pump)와 같은 특별한 장치가 필요하다.

열기관과 같이 냉동기도 사이클 과정을 통해 작동한다. 열기관의 경우 열을 이동시키는 유체를 작동유체라고 하지만, 냉동기에서의 작동유체를 냉매(refrigerant)라고 한다. 일반적인 냉동기 사이클은 「그림 4.19」와 같이 압축기(compressor)—응축기(condenser)—팽창밸브(expansion valve)—증발기(evaporator)의 4개의 요소로 구성되어 있다. 냉매가 압축기에 증기 상태로 들어오면 냉매는 응축기 압력에 의해 압축되며 온도가 높아진다. 압축기에서 배출된 높은 온도의 냉매는 열을 주위 물체에 방출하여 응축기의 코일을 통과할 때 응축된다. 이 냉매가 팽창밸브를 통과하게 되면서 냉매의 압력과 온도는 급격히 떨어지게 되고 저온으로 떨어진 냉매는 증발기에 들어와 냉각 물체로부터 열을 흡수하여 증발하고 다시 압축기로 들어가게 되면서 4단계의 사이클이 완성된다.

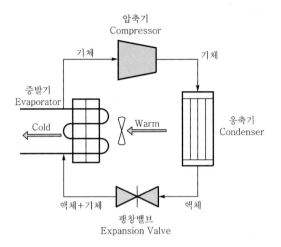

[그림 4.19] 냉동기

「그림 4.20」과 같이 냉동기는 저온 열저장조로부터 열 Q_L를 받아서 고온 열저장조로 Q_H의 에너지를 내보낸다. 이러한 과정은 냉동기가 일($W = Q_H - Q_L$)을 해 주어야만 가능하다. 열역학 제1법칙에 의해 고온 열원으로 들어간 에너지는 그 기관이 받은 일과 저온 열원에서 가져온 에너지의 합이다. 그러므로 냉동기와 열펌프는 저온의 물체로부터 고온의 물체로 에너지를 이동시키는 장치이다.

그러나 목적에 따라 같은 사이클을 이용하더라도 냉동기와 열펌프로 구분할 수 있다. 냉동기가 고온의 물체를 얼마나 냉각시킬 수 있는지 Q_L에 관심을 가지는 장치라면, 열펌프는 난방 공간을 높은 온도로 유지하는 Q_H에 관심을 가지는 장치이다.

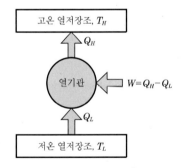

[그림 4.20] 냉동기의 개략도

(5) 냉동기(열펌프)의 효율

냉동기와 열펌프의 효율은 성능계수(Coefficient Of Performance ; COP)로 나타낸다.

냉동기의 성능계수는 냉동기에 투입한 에너지의 양(W)에 비해 냉동 공간으로부터 흡수하고자 하는 열량(Q_L)의 비이다.

$$COP_R = \frac{Q_L}{W} = \frac{Q_L}{Q_H - Q_L} = \frac{1}{\dfrac{Q_H}{Q_L} - 1} \qquad (4.60)$$

가장 효율적인 냉동기는 최소의 일을 하여 저온 열원으로부터 가장 많은 열량을 제거하는 장치이다. 일반적으로 좋은 냉동기의 성능계수는 5~6 정도 된다.

열펌프의 효율은 열펌프에 투입한 에너지의 양(W)에 대해 열펌핑되는 공간으로 방출하고자 하는 열량(Q_H)의 비이다.

$$COP_{HP} = \frac{Q_H}{W} = \frac{Q_H}{Q_H - Q_L} = \frac{1}{1 - \dfrac{Q_L}{Q_H}} \qquad (4.61)$$

열펌프의 성능계수와 냉동기의 성능계수는 다음의 관계가 성립된다.

$$COP_{HP} = COP_R + 1 \qquad (4.62)$$

COP_R은 항상 양($+$)의 값을 가지므로 열펌프의 성능계수는 항상 1보다 크다. 오늘날 작동되는 열펌프의 성능계수는 2~3 정도이다.

 4.10

저온 열저장조로부터 전달되는 열량(Q_L)이 300J이고, 냉동기(또는 열펌프)에 투입된 에너지의 양(W)이 200J라 할 때 (a) 냉동기의 성능계수, (b) 열펌프의 성능계수를 각각 계산하고, (c) 냉동기와 열펌프의 성능계수의 관계식이 $COP_{HP} = COP_R + 1$임을 증명해 보이시오.

풀이 (a) 냉동기의 성능계수는 식 (4.60)을 이용하여 구할 수 있다.

$$COP_R = \frac{Q_L}{W} = \frac{300J}{200J} = 1.5$$

(b) 열펌프의 성능계수는 식 (4.61)을 이용하여 구할 수 있다.

$Q_H = Q_L + W$이므로 $Q_H = 500J$이다.

$$COP_{HP} = \frac{Q_H}{W} = \frac{500J}{200J} = 2.5$$

(c) $COP_R = 1.5$, $COP_{HP} = 2.5$이므로 $COP_{HP} = COP_R + 1$이 성립함을 알 수 있다.

(6) Clausius 서술

열역학 제2법칙에서 열기관에 해당되는 서술이 Kelvin-Planck 서술이라면 냉동기 또는 열펌프와 관계된 서술은 Clausius 서술이다. Clausius 서술은 다음과 같다.

'사이클로 작동하면서 낮은 온도의 물체로부터 그보다 높은 온도의 물체로 열이 전달되는 것 이외에 주위에 아무런 영향을 일으키지 않는 장치를 만드는 것은 불가능하다.'

이는 냉동기에 일을 가해주지 않고 저온에서 고온으로 열을 이동시키는 냉동기(열펌프)를 만들 수 없다는 것이다. 이를 앞에서 배운 성능계수 관계식인 식 (4.60)과 연결시켜 생각하면

$$COP_R = \frac{Q_L(\text{or } Q_H)}{W} \tag{4.63}$$

에서 W가 0이 되는, 즉 성능계수가 무한대 되는 냉동기(열펌프)는 존재하지 않는다는 것이다. 이 서술은 마치 효율이 1이 되는 열기관이 존재하지 않는다는 것과 일맥상통한다.

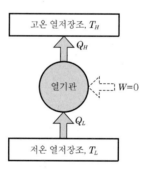

[그림 4.21] Clausius 서술

(7) Kelvin-Planck 서술과 Clausius 서술의 공통점

앞에서 열기관의 효율과 냉동기의 성능계수와의 관계식에서 뿐만 아니라, Kelvin-Planck 서술과 Clausius 서술은 여러모로 닮았다는 느낌을 받았을 것이다. 이 두 서술은 크게 세 가지의 공통된 특징을 지니고 있다.

① 두 서술 모두 부정의 서술(negative statement)이다.

부정의 서술은 증명할 수 없고, 이는 모두 직·간접적으로 수행되어온 실험적 관찰에 근거를 두고 열역학 제2법칙이 검증된 것이다.

② 두 서술은 서로 동등(equivalent)하다.

이는 Kelvin-Planck 서술과 Clausius 서술은 결과적으로 동등하므로 모두 열역학 제2법칙의 표현으로 사용할 수 있다는 것이다. 동등하다는 의미는 'Kelvin-Planck 서술을 위반하는 장치는 Clausius 서술을 위반'하며, 'Clausius 서술을 위반하면 Kelvin-Planck 서술을 위반'한다는 것이다.

③ 제2종 영구기관을 만드는 것은 불가능하다는 것이다.

열역학 제1법칙과 열역학 제2법칙을 모두 만족하지 않는 어떠한 과정도 존재하지 않는다고 앞에서 설명하였다. 이 두 법칙 가운데 어느 하나라도 위반하는 장치를 영구기관이라고 한다. 지금까지 많은 사람들에 의해 영구기관을 발명해 내고자 하는 시도가 있었으나 작동된 적은 없다. 그럼에도 불구하고 현재까지도 영구기관을 발명해내려는 사람들이 있다. 영구기관은 물체의 운동에 마찰이 존재한다는 것만 생각해도 쉽게 불가능한 장치라는 것을 알 수 있다.

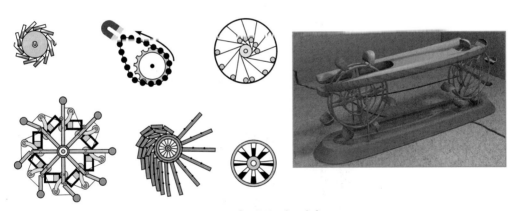

[그림 4.22] 영구기관

영구기관은 크게 세 가지로 구분할 수 있다. 제1종 영구기관은 열역학 제1법칙을 위반하는 장치로서, 에너지를 생산하여 무에서 일을 발생하거나 질량 혹은 에너지를 창조하는 기관이다. 제2종 영구기관은 열역학 제2법칙을 위반하는 장치로 열원으로부터 받은 열을 모두 다른 에너지로 변환시킬 수 있다는 장치이다. 제3종 영구기관은 마찰이 없어서 영구히 운전하되 아무런 일도 하지 않는 기관이다. 그러나 이 모든 영구기관은 불가능하다.

(8) Kelvin-Planck 서술과 Clausius 서술의 동등성

앞에서 Kelvin-Planck 서술과 Clausius 서술의 특징 중 두 번째로 동등 (equivalent)하다는 것은 Kelvin-Planck 서술에 위배되면 Clausius 서술에 위배되고, Clausius 서술에 위배되면 Kelvin-Planck 서술에 위배된다는 것인데 이에 대해 증명해 보도록 한다.

먼저 Kelvin-Planck 서술에 위배되면 Clausius 서술에 위배된다는 것을 증명해보기로 한다.

「그림 4.23」과 같이 고온 열저장조와 저온 열저장조를 같이 사용하는 열기관과 냉동기가 조합된 장치를 생각해보자. 먼저 열기관이 Kelvin-Planck 서술에 위배되는 열효율이 1(100%)인 기관이라고 가정한다. 이 열기관은 고온 열저장조로부터 Q_H만큼의 열량을 받아 모두 일($W_{\text{net}} = Q_H$)로 변환한다. 이렇게 발생한 일을 냉동기에 공급하게 되고 저온 열저장조로부터 Q_L의 열량을 취하여 고온 열저장조에 $Q_H + Q_L$의 열량을 방출하는 냉동기가 작동한다.

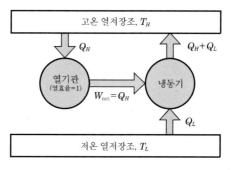

[그림 4.23] Kelvin-Planck 서술의 위배는 Clausius 서술에 위배됨을 증명

「그림 4.23」에서의 열기관과 냉동기를 동시에 생각하면 「그림 4.24」와 같이 저온 저장조로부터 Q_L만큼의 열량을 받아 고온 열저장조로 Q_L만큼의 열량을 전달하는 것으로 요약할 수 있다. 즉, 외부로부터 어떠한 일의 입력도 없이 저온 열저장조로부터 고온 열저장조로 열량 Q_L을 전달하는 냉동기로 종합할 수 있다. 이는 명백히 Clausius 서술에 위배되며 따라서 존재할 수 없다. 결국 Kelvin-Planck 서술의 위배는 Clausius 서술에 위배된다는 것을 보여주는 것이다.

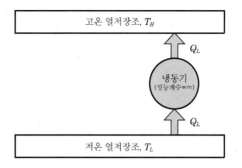

[그림 4.24] Kelvin-Planck 서술의 위배는 Clausius 서술에 위배됨을 증명(요약)

Kelvin-Planck 서술과 Clausius 서술의 동등성을 보여주기 위해서는 Clausius 서술에 위배되면 Kelvin-Planck 서술에 위배된다는 것을 증명하는 과정도 필요하다.

앞의 방법과 마찬가지 방법으로 「그림 4.25」와 같이 고온 열저장조와 저온 열저장조를 같이 사용하는 열기관과 냉동기의 조합된 장치를 생각해보자. 먼저 좌측의 냉동기는 Clausius 서술에 위배되어 성능계수가 무한대인 냉동기라고 가정한다. 냉동기로 에너지의 투입없이 저온 열장조로부터 냉동기로 전달되는 열량이 Q_L이고 같은 양의 열량이 고온 열저장조로 전달되는 것이다. 열기관의 경우를 살펴보면, 고온 열저장조로부터 Q_H만큼의 열량이 열기관으로 전달되고 일 $W(= Q_H - Q_L)$을 발생하면서 열기관으로부터 저온 열저장조로 열량 Q_L이 전달된다.

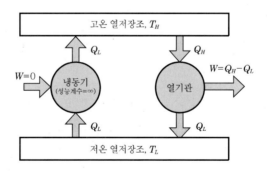

[그림 4.25] Clausius 서술의 위배는 Kelvin-Planck 서술에 위배됨을 증명

「그림 4.25」의 냉동기와 열기관을 동시에 종합하여 생각하면 「그림 4.26」과 같이 열기관은 고온 열저장조로부터 $Q_H - Q_L$의 열량을 받아 동일한 양을 일로 도출하는 것이다. 이는 명백하게 Kelvin-Planck 서술에 위배되며 이러한 열기관은 존재할 수 없다.

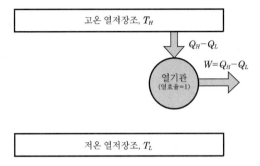

[그림 4.26] Clausius 서술의 위배는 Kelvin-Planck 서술에 위배됨을 증명(요약)

위 두 가지의 증명으로부터 한 가지 서술이 사실이 아닐 때 다른 서술도 사실이 아니라는, Kelvin-Planck 서술과 Clausius 서술의 동등성을 증명할 수 있다.

4.7 가역과정과 비가역과정

지금까지 공부한 열역학 제2법칙에 관한 내용을 정리하면 어떤 열기관의 효율도 1(100%)일 수 없다는 것이다. 그렇다면 '열기관으로부터 얻을 수 있는 가장 높은 효율은 얼마인가?'라고 반문할 수 있을 것이다. 이 질문에 대답하기 전 먼저 가역과정 (reversible process)과 비가역과정(irreversible process)에 관하여 공부하도록 한다.

앞에서 언급하였듯이 과정은 정해진 방향으로 일어난다. 한 번 과정이 일어나면 이 과정을 저절로 되돌릴 수 없고 초기 상태로 회복하지 못한다. 이러한 과정을 비가역과정이라고 부른다. 우리 주변에서 볼 수 있는 비가역 과정의 실례로, 프림커피를 마시기 위해 뜨거운 물에 커피, 설탕, 프림을 넣고 젓는다. 그러나 커피를 탄 후에는 다시 처음 상태인 커피, 설탕, 프림으로 자발적으로 되돌아가지 않는다.

가역과정이란 과정이 일어난 후 주위에 어떠한 흔적도 남아있지 않고 일어나기 이전의 초기 상태로 되돌릴 수 있을 과정을 말한다. 가역과정은 실제로 자연 현상에서는 일어나지 않으며 실제 과정을 단순화하여 이상화한 것이다. 가역과정은 고도의 숙련된 기술로 비슷하게 만들 수는 있지만 결코 가역과정을 이룰 수는 없다. 일반적으로 우리 주변에서 일어나는 모든 현상 및 과정들은 비가역과정이다. 실제로 개입될 수 있는 다양한 변수들을 배제하고 가역과정, 이상적인 과정으로 가정하면 쉽게 문제에 접근하고 해결할 수 있는 해석의 용이성 때문에 이상적인 과정을 고려한다.

(1) 카르노 사이클(Carnot Cycle)

1824년 프랑스의 공학자 카르노(Sadi Carnot)는 카르노 기관(Carnot engine)이라고 하는 이상적인 기관을 제안하였는데 실용적, 이론적 관점에서 모두 매우 중요하다. 카르노는 고온과 저온 두 열원 사이에서 이상적이고 가역적인 순환 과정으로 작동하는 카르노 사이클(Carnot cycle)은 다른 기관보다 높은 효율을 가진 열기관임을 증명하였다. 카르노 사이클은 모든 과정이 가역과정으로 이루어졌기 때문에 카르노 사이클 동안 작동 물질이 한 알짜힘은 고온 열원에서 작동 물질에 주어진 에너지로 할 수 있는 최대 일이다. 이를 카르노의 원리(Carnot's princlple)라고 하며 요약하면 다음과 같다.

'두 열원 사이에서 작동하는 열기관 중 같은 두 열원 사이에서 작동하는 카르노 기관보다 더 효율적인 실제 기관은 없다.'

카르노 사이클은 「그림 4.27」과 같이 네 개의 과정으로 구성되어 있으며 각 과정은 다음과 같다.

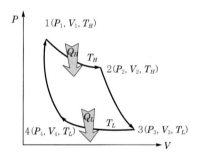

[그림 4.27] 카르노 사이클 $P-V$ 선도

① 과정 1-2 : 가역등온팽창(reversible isothermal expansion)

초기 상태 1에서 열기관은 온도가 T_H인 고온 열저장조와 접촉하고 있으며 이때 열기관의 기체의 온도는 T_H이다. 첫 번째 과정은 서서히 팽창($V_1 \rightarrow V_2$)하면서 기체가 일을 하는 가역팽창 과정이다. 일반적으로 기체는 팽창하면서 온도가 낮아지게 된다. 그러나 이 경우 미소온도 dT만큼 낮아지면 곧바로 고온 열저장조로부터 열이 전달되어 온도가 T_H로 올라가게 되고 결국 기체의 온도는 T_H로 유지되는 등온과정이라고 생각할 수 있다. 이 과정 중에 열기관에 전달된 총 열량은 Q_H이다.

② 과정 2-3 : 가역단열팽창(reversible adiabatic expansion)

두 번째 과정은 열기관으로 열이 전달되지 않는 단열과정이다. 기체는 온도가 T_H에서 T_L로 낮아질 때까지(상태 3이 될 때까지) 서서히 팽창하면서 일을 한다. 이 단계에서는 기체가 팽창하더라도 고온 열저장조와 접촉하고 있기 않기 때문에 열이 전달되지 않으므로 온도가 다시 T_H로 올라가지 않고 T_L로 낮아지게 되는 것이다.

③ 과정 3-4 : 가역등온압축(reversible isothermal compression)

세 번째 과정은 열기관이 온도가 T_L인 저온 열저장조와 접촉하고 있는 상태이다. 이 때 기체에 일을 가해주게 되면서 기체가 압축되고 온도는 올라가게 된다. 그러나 기체의 온도가 미소 온도 dT만큼 높아지면 열기관으로부터 저온 열저장조로 열이 전달되게 되고 기체의 온도는 T_L로 낮아지게 되어 기체 온도가 T_L로 유지된다. 이 과정 중에 열기관에서 저온 열저장조로 방출된 총 열량은 Q_L이다.

④ 과정 4-1 : 가역단열압축(reversible adiabatic compression)

네 번째 단계는 열기관으로 열이 전달되지 않는 단열과정이다. 기체는 가역적인 방법으로 압축되어 초기 상태 1로 되돌아가게 된다. 이 과정에서 압축이 일어나게 되고 과정 중에 온도는 T_L에서 T_H까지 높아지게 된다. 이 단계에서는 기체가 압축되더라도 저온 열저장조와 접촉하고 있기 않기 때문에 열이 전달되지 않으므로 온도가 다시 T_L로 낮아지지 않고 T_H로 올라가게 되는 것이다.

이처럼 카르노 사이클은 이상적인 가역과정이며 2개의 등온과정과 2개의 단열과정으로 이루어져 있다.

또한 역으로 진행하는 사이클을 생각할 수 있는데 이러한 사이클을 카르노 냉동 사이클(Carnot refrigeration cycle)이라 한다. 열량 Q_L이 저온 열저장조로부터 흡수되어 고온 열저장조로 열량 Q_H만큼 방출된다는 것, 냉동기를 작동시키기 위해서는 일의 투입이 필요하다는 것을 제외하고는 카르노 기관과 동일한 메커니즘을 통해 진행된다. $P-V$ 선도에서 카르노 사이클은 1→2→3→4→1로 진행하지만 카르노 냉동 사이클은 4→3→2→1→4로 진행하여 카르노 사이클과 반대이다.

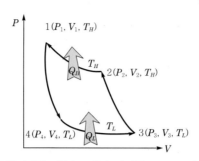

[그림 4.28] 카르노 냉동 사이클 $P-V$ 선도

(2) 카르노 사이클의 효율

「그림 4.27」의 $P-V$ 선도에서 카르노 사이클의 경로를 나타내는 곡선의 아래 면적은 경계이동에 의해 발생한 일을 나타낸다. 곡선 1-2-3의 아래 면적은 사이클의 팽창과정 중에 기체가 외부에 한 일을 나타내며, 곡선 3-4-1의 아래 면적은 사이클의 압축과정 중에 외부에서 기체에 한 일이다. 그러므로 곡선의 내부 면적(면적 1-2-3-4-1)은 팽창과정 중에 기체가 외부에 한 일과 압축과정 중에 외부에서 기체에 한 일의 차가 되고 결국 한 사이클 동안 한 일의 양이 된다.

이때 한 사이클 동안 처음과 나중의 온도 변화가 없으므로 내부에너지의 변화는 없다. 기체가 한 사이클 동안 한 알짜일(W)은 그 계로 전달된 알짜에너지의 양(= $Q_H - Q_C$)과 같다. 그러므로 열효율은 다음 식과 같다.

$$\eta_{\text{th, Carnot}} = \frac{W}{Q_H} = \frac{Q_H - Q_L}{Q_H} = 1 - \frac{Q_L}{Q_H} \tag{4.64}$$

카르노 사이클의 경우 열량의 비는 절대온도의 비와 같으므로 4.7(4)절에서 증명을 통해 자세히 공부할 것이다.

$$\frac{Q_L}{Q_H} = \frac{T_L}{T_H} \tag{4.65}$$

효율은 다음과 같이 변형하여 쓸 수 있다.

$$\eta_{\text{th, Carnot}} = 1 - \frac{Q_L}{Q_H} = 1 - \frac{T_L}{T_H} \tag{4.66}$$

식 (4.66)을 이용하여 카르노 사이클의 효율에 관한 특징을 살펴보면, 같은 두 열원 사이에서 작동하는 모든 카르노 사이클의 효율은 같다는 것을 알 수 있다. 또한 고온 열저장조의 온도(T_H)가 높을수록, 저온 열저장조의 온도(T_L)는 낮아질수록 카르노 사이클의 열효율은 높아진다는 것을 알 수 있다.

열효율이 최대값인 1이 되기 위해서는 저온 열저장조의 온도(T_L)가 0K일 경우 가능하나, 실질적으로 0K에 도달할 수 없으므로 최대 효율은 항상 1보다 작다. 만약 고온 열저장조의 온도(T_H)와 저온 열저장조의 온도(T_L)가 같을 경우 열효율은 0이 된다.

 4.11

어떤 열기관이 500K에서 작동하는 보일러를 가지고 있다. 연료를 태운 에너지가 물을 수증기로 기화시키고 이 수증기가 피스톤을 움직이게 한다. 저온 열원의 온도는 공기의 온도(300K)라고 할 때, 이 증기기관의 최대 열효율을 구하시오.

풀이

열기관의 효율을 구하는 식 $\eta = 1 - \dfrac{T_L}{T_H}$ 를 이용하여 구하면

$$\eta = 1 - \frac{T_L}{T_H} = 1 - \frac{300K}{500K} = 0.4$$

이 기관이 가질 수 있는 최고의 열효율은 0.4(40%)이다.

(3) 카르노 사이클의 효율에 관한 정리

열역학 제2법칙은 Kelvin-Planck 서술과 Clausius 서술을 통해 사이클 작동에 대한 한계점을 제시하고 있다. 열기관은 단지 한 개의 열저장조와 한 개의 열기관으로만 구성되어 작동되지 않으며, 냉동기는 외부의 동력원으로부터 에너지 또는 일(열)의 입력 없이 저온부로부터 고온부로 열량이 자발적으로 이동되지 않는다는 것이다.

열역학 제2법칙에서의 Kelvin-Planck 서술과 Clausius 서술의 두 중요한 서술로부터 카르노 원리(Carnot principle)라고 하는 의미있는 두 가지의 결론을 이끌어 낼 수 있다.

① 두 열저장조 사이에서 작동하는 비가역 열기관의 효율은 같은 두 열저장조 사이에서 작동하는 가역 열기관의 효율보다 낮다.

② 같은 두 열저장조 사이에서 작동하는 모든 가역 열기관의 효율은 같다.

이 두 서술은 각 서술의 위배가 열역학 제2법칙의 서술에 위배되는 것을 보임으로써 증명할 수 있다. 옳다고 생각되는 내용(正)에서 반대되는 가정(反)으로 증명하면 결과가 열역학 제2법칙에 위배되고, 다시 가정의 반대(反 → 正)가 옳은 내용이 되는 것이다.

먼저 카르노 원리의 첫 번째, 주어진 두 열저장조 사이에서 작동하면서 가역

기관보다 효율이 더 높은 기관은 만들 수 없다는 것을 증명해 보기로 한다. 이를 위해서는 「그림 4.29」와 같이 같은 열저장조 사이에서 작동하는 두 개의 열기관을 가정한다. 이 중 하나는 가역 기관이고 다른 하나는 비가역 기관이다. 이 두 기관에는 고온 열저장조로부터 열량 Q_H가 공급된다. 이로 인해 가역 기관에서 발생하는 일의 양은 W_{rev}이고 비가역 기관에서 발생하는 일의 양은 W_{irr}이라고 하자.

가역 기관의 효율이 비가역 기관보다 높다는 사실을 증명(正)하기 위해서, 이를 부정하여 주어진 두 개의 열저장조 사이에서 작동하면서 가역 기관보다 효율이 더 높은 비가역 기관이 존재한다고 가정(反)하자($\eta_{th, irr} > \eta_{th, rev}$). 이는 비가역 기관이 가역 기관보다 더 많은 일을 한다고 가정하는 것이다. 이때 가역 기관을 역으로 냉동기로 작동시키면, 이 냉동기는 저온 열저장조로부터 $Q_{L, rev}$의 열을 받고, W_{rev}의 일을 입력 받아서 고온 열저장조에 열(Q_H)을 방출한다. 비가역 기관은 이 고온 열저장조로부터 같은 열량(Q_H)을 받기 때문에 고온 열저장조로부터의 순수 열교환량은 0이다. 따라서 냉동기의 방출열량 Q_H를 비가역 기관에 직접 전달하게 하면 고온의 열저장조는 불필요하게 된다.

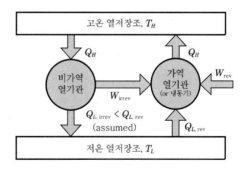

[그림 4.29] 가역 열기관의 효율은 비가역 기관의 효율보다 높음을 증명

위에서 가정한 냉동기와 비가역 열기관을 함께 조합한 경우를 생각해보도록 하자. 「그림 4.30」과 같이 저온 열저장조로부터 조합한 열기관이 열교환을 하여 $W_{irr} - W_{rev}$의 일을 하는 기관을 얻게 되는데, 이 기관은 하나의 열저장조와 열기관으로만 구성된 열기관은 존재할 수 없다는 Kelvin-Planck 서술에 위배된다. 그러므로 가정을 부정할 수 있고, 같은 열저장조 사이에서 작동하는 어떠한 열기관도 가역 기관의 효율보다 높을 수 없는 것이다.

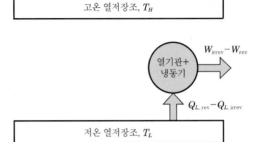

[그림 4.30] 가역 열기관의 효율은 비가역 기관의 효율보다 높음을 증명(요약)

두 번째 카르노 원리도 같은 방법으로 증명할 수 있다. 이 경우 비가역 기관을 가역 기관으로 바꾸어 놓고, 이 가역 기관이 다른 가역 기관보다 효율이 높아 많은 일을 한다고 가정한다. 이렇게 가정하고 증명을 수행하면 한 개의 열저장조와 열교환을 하면서 일을 만들어 내는 기관을 얻는데, 이도 마찬가지로 열역학 제2법칙에 위배된다. 그러므로 사이클이 수행되는 과정에 상관없이 두 개의 열저장조 사이에서 작동하는 비가역 기관의 효율은 같은 두 열저장조 사이에서 작동하는 다른 가역 기관보다 높을 수 없으며, 주어진 두 개의 등온 열저장조 사이에서 가역사이클, 즉 카르노 사이클로 작동하는 모든 열기관의 효율은 같다. 두 번째 카르노의 원리는 이상기체의 온도 척도와 열역학적 온도 척도의 동등성에 의해서도 증명이 가능하다.

(4) 이상기체의 온도 척도와 열역학적 온도 척도의 동등성

카르노 사이클을 공부하면서 카르노 기관의 효율을 계산할 때 고온 열저장조로부터 전달된 열량(Q_H)과 저온 열저장조로 전달되는 열량(Q_L)의 비는 고온 열저장조의 절대온도(T_H)와 저온 열저장조의 절대온도(T_L)의 비로 나타낼 수 있다고 언급하였다. 이는 이상기체의 온도 척도(ideal-gas temperature scale)에 근거하고 있는데 기체의 압력이 0에 접근할 때 기체의 거동이 이상기체 상태방정식에 근사한다는 가정에 근거하고 있다.

앞에서 보았던 이상기체 $P-V$ 선도(「그림 4.27」)를 이용하여 증명해 보기로 한다. 움직이는 경계에 의한 가역일 $\delta w = Pdv$, 이상기체 방정식 $Pv = RT$, 내부에너지 관계식 $du = c_{v0}dT$를 이용하여 열역학 제1법칙의 대표적인 식 $\delta q = du + \delta w$을 다시 쓰면 다음 식과 같다.

$$\delta q = du + \delta w = c_{v0}dT + \frac{RT}{v}dv \tag{4.67}$$

카르노 기관의 각 과정에 대해서 위의 식을 적분하면 다음과 같이 구할 수 있다.

과정 1-2 : 가역등온팽창$(dT = 0)$

$$q_H = {}_1q_2 = 0 + RT_H \ln \frac{v_2}{v_1} \tag{4.68}$$

과정 2-3 : 가역단열팽창$(q = 0)$

$$0 = \int_{T_H}^{T_L} \frac{c_{v0}}{T} dT + R \ln \frac{v_3}{v_2} \tag{4.69}$$

과정 3-4 : 가역등온압축$(dT = 0)$

$$q_L = -{}_3q_4 = -0 - RT_L \ln \frac{v_4}{v_3} = RT_L \ln \frac{v_3}{v_4} \tag{4.70}$$

과정 4-1 : 가역단열압축$(q = 0)$

$$0 = \int_{T_L}^{T_H} \frac{c_{v0}}{T} dT + R \ln \frac{v_1}{v_4} \tag{4.71}$$

위의 두 단열과정의 식 (4.69), (4.71)로부터

$$\int_{T_L}^{T_H} \frac{c_{v0}}{T} dT = R \ln \frac{v_3}{v_2} = -R \ln \frac{v_1}{v_4} \tag{4.72}$$

이며, 식 (4.72)로부터 다음의 관계식을 얻을 수 있다.

$$\frac{v_3}{v_2} = \frac{v_4}{v_1}, \quad \frac{v_3}{v_4} = \frac{v_2}{v_1} \tag{4.73}$$

등온과정의 식 (4.68)과 (4.70)에 식 (4.73)을 대입하면 다음 식과 같이 열역학 온도 척도의 동등성을 얻을 수 있다.

$$\frac{q_H}{q_L} = \frac{RT_H \ln \dfrac{v_2}{v_1}}{RT_L \ln \dfrac{v_3}{v_4}} = \frac{RT_H \ln \dfrac{v_2}{v_1}}{RT_L \ln \dfrac{v_2}{v_1}} = \frac{T_H}{T_L} \tag{4.74}$$

이로부터 고온 열저장조로부터 전달된 열량(Q_H)과 저온 열저장조로 전달되는 열량(Q_L)의 비는 고온 열저장조의 절대온도(T_H)와 저온 열저장조의 절대온도(T_L)의 비와 같다는 것을 증명할 수 있다.

4.8 열역학 제2법칙과 엔트로피

열역학 제0법칙은 온도 측정의 근거가 되고 열역학 제1법칙은 에너지 보존법칙으로 내부에너지와 관련된 법칙이다. 열역학 제2법칙에서는 엔트로피(entropy)라는 새로운 상태량이 정의된다. 엔트로피는 추상적인 개념으로서 계의 미시적인 상태를 고려하지 않고서는 설명하기 어렵고 에너지와는 달리 보존되지 않으므로 엔트로피의 보존 원리는 없다.

엔트로피는 통계역학 분야가 발전함에 따라 열역학의 유용한 개념으로 형성되었다. 왜냐하면 물질의 성질은 물질 내의 원자와 분자들의 통계적 행동으로 나타낼 수 있다는 통계역학의 해석 방법이 엔트로피를 설명하는 다른 방법과 그 개념의 좀 더 보편적인 중요성을 제공하기 때문이다. 이러한 방법의 주요 결과 중 하나는 고립된 계는 무질서해지고자 하고 엔트로피가 이 무질서의 척도라는 것이다. 어떤 계와 계를 포함하는 주변을 같이 생각해 본다면 우주는 항상 무질서도가 증가하는 방향으로 변화하고 있다.

여기서는 열역학 제2법칙 효과를 정량화하기 위한 엔트로피라고 하는 새로운 상태량에 대해 공부하고 이 엔트로피의 증가 원리를 유도하고 열역학 제2법칙을 적용할 수 있도록 한다.

(1) Clausius 부등식과 엔트로피

열역학 제2법칙에서는 부등식으로 나타내는 표현이 필요하다. 그 중 가장 대표적인 식은 독일의 물리학자 R.J.E.Clausius에 의해 처음으로 표현된 Clausius 부등식(Clausius inequality)으로 다음과 같다.

$$\oint \frac{\delta Q}{T} \leq 0 \tag{4.75}$$

식 (4.75)을 다시 표현하면 $\delta Q/T$의 사이클적분(기호 $\oint$ 는 적분이 사이클 전체에 걸쳐 수행된다는 것을 나타낸다)은 항상 0보다 작거나 같다는 것이다. 이 부등식은 가역 또는 비가역 기관, 열기관 및 냉동기 모두에 유효하다. 계로부터 또는 계에 전달되는 열량은 미소 열 전달의 합으로 볼 수 있으므로 $\delta Q/T$의 사이클적분은 미소 열 전달을 경계면의 절대온도로 나눈 값의 합이 된다.

이러한 Clausius 부등식을 증명하는 방법에는 여러 가지가 있으나 본 절에서는 일정한 고온 열저장조(T_H)와 저온 열저장조(T_L)로 구성된 카르노 사이클의 조합을 이용하여 증명하고자 한다.

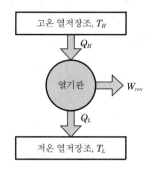

[그림 4.31] Clausius 부등식 증명(카르노 사이클을 이용)

이 카르노 사이클 기관에 대하여 열 전달의 사이클적분($\oint \delta Q$)은 0보다 크다.

$$\oint \delta Q = Q_H - Q_L > 0 \qquad (4.76)$$

고온 열저장조(T_H)와 저온 열저장조(T_L)의 온도는 일정하므로, 절대온도 척도식 (4.74)로부터 다음과 같이 쓸 수 있다.

$$\oint \frac{\delta Q}{T} = \frac{Q_H}{T_H} - \frac{Q_L}{T_L} = 0 \qquad (4.77)$$

만약 T_H가 T_L에 접근하게 되면 열 전달의 사이클적분은 0에 접근하게 된다. 만약 카르노 사이클과 같이 가역 과정으로 구성된 사이클의 경우에는

$$\oint \delta Q \geq 0 \qquad (4.78)$$

$$\oint \frac{\delta Q}{T} = 0 \qquad (4.79)$$

와 같은 두 개의 식을 구할 수 있다.

다음으로 비가역 기관의 경우를 살펴보도록 한다. 앞서 살펴보았던 가역 기관과 마찬가지로 일정한 온도의 고온 열저장조(T_H)와 저온 열저장조(T_L)로 구성되어 있고 같은 양의 열량 Q_H가 전달된다. 열역학 제2법칙으로부터 가역 기관에서 한 일의 양이 비가역 기관에서 한 일보다 많으므로

$$W_{\mathrm{irr}} < W_{\mathrm{rev}} \qquad (4.80)$$

(W_{rev} : 가역 기관에서의 한 일, W_{irr} : 비가역 기관에서 한 일)

이고, 이를 일의 정의식($W = Q_H - Q_L$)을 이용하여 열량의 식으로 나타내면 다음과 같다.

$$Q_H - Q_{L,\,\mathrm{irr}} < Q_H - Q_{L,\,\mathrm{rev}} \tag{4.81}$$

$$Q_{L,\,\mathrm{irr}} > Q_{L,\,\mathrm{rev}} \tag{4.82}$$

비가역 기관으로 구성된 사이클의 경우에는

$$\oint \delta Q = Q_H - Q_{L,\,\mathrm{irr}} > 0 \tag{4.83}$$

$$\oint \frac{\delta Q}{T} = \frac{Q_H}{T_H} - \frac{Q_{L,\,\mathrm{irr}}}{T_L} < 0 \tag{4.84}$$

이다. 열기관은 더욱 비가역으로 만들면서 Q_H, T_H, T_L을 일정하게 유지하면 δQ의 사이클적분은 0에 접근하며, $\dfrac{\delta Q}{T}$의 사이클적분은 점점 더 큰 음수가 된다. 출력의 극한값은 0이 되므로

$$\oint \delta Q = 0 \tag{4.85}$$

$$\oint \frac{\delta Q}{T} < 0 \tag{4.86}$$

와 같다. 따라서 모든 비가역 열기관 사이클에 대하여 식 (4.83), (4.85)와 식 (4.84), (4.86)을 종합하면

$$\oint \delta Q \geq 0 \tag{4.87}$$

$$\oint \frac{\delta Q}{T} < 0 \tag{4.88}$$

와 같이 정의할 수 있다.

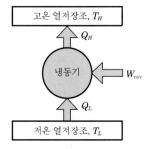

[그림 4.32] Clausius 부등식 증명(카르노 냉동 사이클을 이용)

Clausius 부등식의 증명을 마치기 위해서는 앞에서 살펴본 열기관 사이클뿐 아니라 냉동기 사이클에 대해서 살펴보아야 완성이 가능하다. 열기관과 같은 방법으로 먼저 가역 냉동 사이클은 다음과 같은 식으로 유도할 수 있다.

$$\oint \delta Q = -Q_H + Q_L < 0 \tag{4.89}$$

$$\oint \frac{\delta Q}{T} = -\frac{Q_H}{T_H} + \frac{Q_L}{T_L} = 0 \tag{4.90}$$

열 전달량(δQ)의 사이클적분이 T_H에서 T_L로 접근함에 따라, 다시 말하면 온도 차가 가역적으로 0에 접근할 때 $\delta Q/T$의 사이클적분도 0이 된다. 이 극한 과정을 식으로 나타내면 다음과 같다.

$$\oint \delta Q = 0 \tag{4.91}$$

$$\oint \frac{\delta Q}{T} = 0 \tag{4.92}$$

따라서 위의 식들을 모두 정리하면 가역 냉동 사이클에 대하여 다음과 같은 식이 성립된다.

$$\oint \delta Q \leq 0 \tag{4.93}$$

$$\oint \frac{\delta Q}{T} = 0 \tag{4.94}$$

마지막으로 비가역 냉동 사이클의 경우를 살펴보자. 가역 냉동 사이클과 동일하게 T_H와 T_L 사이에서 작동하며 저온 열저장조로부터 Q_L만큼의 열량을 받는다. 제2법칙으로부터 비가역 냉동 사이클의 입력일을 계산하면

$$W_{\mathrm{irr}} > W_{\mathrm{rev}} \tag{4.95}$$

이고, 이를 일의 정의식($W = Q_H - Q_L$)을 이용하여 열량의 식으로 나타내면 다음과 같다.

$$Q_{H,\,\mathrm{irr}} - Q_L > Q_{H,\,\mathrm{rev}} - Q_L \tag{4.96}$$

$$Q_{H,\,\mathrm{irr}} > Q_{H,\,\mathrm{rev}} \tag{4.97}$$

비가역 냉동기에서 고온 열저장조로 방출하는 열량이 가역 냉동기에서 방출하

는 열량보다 크다. 따라서 비가역 기관에서의 식은 다음과 같이 표현할 수 있다.

$$\oint \delta Q = -Q_{H,\,irr} + Q_L < 0 \tag{4.98}$$

$$\oint \frac{\delta Q}{T} = -\frac{Q_{H,\,irr}}{T_H} + \frac{Q_L}{T_L} < 0 \tag{4.99}$$

이러한 냉동기를 점점 더 비가역적으로 만들면서 Q_L, T_H, T_L을 일정하게 유지하면 열 전달량(δQ)의 사이클적분과 $\delta Q/T$의 사이클적분은 점점 더 큰 음수가 된다. 결과적으로 열 전달량(δQ)의 사이클적분이 0에 접근하는 것은 비가역 냉동 사이클에서는 존재하지 않는다. 이를 종합적으로 정리하면 비가역 냉동 사이클에서는 다음 식으로 나타낼 수 있다.

$$\oint \delta Q < 0 \tag{4.100}$$

$$\oint \frac{\delta Q}{T} < 0 \tag{4.101}$$

모든 경우(가역, 비가역 열기관, 냉동기)를 요약하면 다음과 같다.

모든 가역/비가역 열기관 사이클에서 $\oint \delta Q \geq 0$

모든 가역/비가역 냉동기 사이클에서 $\oint \delta Q \leq 0$

모든 가역 사이클에서 $\oint \dfrac{\delta Q}{T} = 0$

모든 비가역 사이클에서 $\oint \dfrac{\delta Q}{T} < 0$

따라서 모든 사이클에서 $\oint \dfrac{\delta Q}{T} \leq 0$라는 Clausius 부등식을 도출할 수 있다.

(2) 엔트로피의 성질

Clausius는 1865년에 $\delta Q/T$와 같은 열역학적 상태량을 발견하고, 이 성질을 엔트로피(entropy)라고 명명하였다. 엔트로피는 S라고 표기하며 다음과 같이 정의된다.

$$dS \equiv \left(\frac{\delta Q}{T}\right)_{rev} \ [\mathrm{kJ/K}] \tag{4.102}$$

이를 총 엔트로피(total entropy)라고도 한다.

엔트로피는 종량적 성질(extensive property)이며, 총 엔트로피를 질량으로 나눈 단위질량당 엔트로피 s[kJ/kg·K]는 강성적 성질(intensive property)이다. 그러나 총 엔트로피와 단위질량당 엔트로피 중 어느 것을 의미하는지 문맥에서 알 수 있기 때문에 총 엔트로피와 단위질량당 엔트로피 모두를 엔트로피로 나타내는 것이 일반적이다.

시스템이 변화할 때 엔트로피 변화량은 다음 식과 같이 적분을 이용하여 구할 수 있다.

$$\triangle S = S_2 - S_1 = \int_1^2 \left(\frac{\delta Q}{T}\right)_{rev} \text{[kJ/K]} \tag{4.103}$$

엔트로피의 절대적인 값은 열역학 제3법칙을 통하여 결정된다. 열역학 제3법칙은 저온에서의 화학 반응 관측에 근거한 법칙으로 네른스트의 열정리라고 하는데 간략히 설명하면,

'절대온도가 0K으로 접근할 때 계의 엔트로피(S)는 어떤 일정한 값을 갖는다.'이다. 다시 말하면 절대영도에서의 엔트로피에 관한 법칙으로, 열역학 과정에서의 엔트로피 변화 $\triangle S$는 절도온도 T가 0으로 접근할 때 일정한 값을 갖게 되고, 그 계는 가장 낮은 상태의 에너지를 갖게 된다는 것이다. 이 법칙에 의하면 절대영도에서 열량은 0이 되며 엔트로피의 값도 0이 된다.

그러나 일반적으로 엔지니어들은 엔트로피의 변화량에 관심이 있다. 그러므로 임의로 선택된 기준 상태의 엔트로피값을 0으로 기준값을 설정하여 엔트로피의 상대적인 양을 구한다. 예를 들어 수증기의 경우 0.01℃ 포화액체의 엔트로피값을 0으로 기준값을 정하고 이에 대한 상대적인 값을 결정하였다.

식 (4.103)으로 엔트로피를 구하는 경우는 가역 반응의 경우에만 한정한다. $\delta Q/T$의 적분은 두 상태에서의 어떤 내적 가역 경로를 따라 적분된 엔트로피의 변화값이다. 참고적으로 비가역 경로를 따르는 경우 $\delta Q/T$의 적분으로 구할 수 없으며 다른 비가역 경로를 따른 적분은 각 경로에 따라 다른 값을 갖게 된다. 그러므로 비가역 과정이라 할지라도 엔트로피 변화는 두 상태 사이에서 편리하게 정한 가상적인 내적 가역 과정에 대한 적분으로 구해야 한다.

열역학 제1법칙에서 내부에너지가 경로에 의존하지 않는다는 것을 「그림 4.33」을 이용하여 증명하였다. 엔트로피도 내부에너지와 같은 방법으로 경로 의존성을 증명하고자 한다.

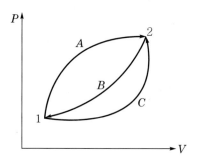

[그림 4.33] 엔트로피의 경로 의존성 증명

상태 1에서 2로, 다시 상태 2에서 1로 진행하는 가역적 사이클이 완성된다고 하자. 시스템이 경로 A를 따라 상태 1에서 2로 가고 경로 B를 따라 상태 2에서 1로 돌아오는 한 방법과, 경로 C를 따라 상태 1에서 2로 가고, 경로 B를 따라 상태 2에서 1로 돌아오는 방법이 있다.

먼저 첫 번째 사이클의 경우 식을 구성하면 다음과 같다.

$$\oint \frac{\delta Q}{T} = 0 = \int_1^2 \left(\frac{\delta Q}{T} \right)_A + \int_2^1 \left(\frac{\delta Q}{T} \right)_B \tag{4.104}$$

두 번째 사이클의 경우 식을 구성하면

$$\oint \frac{\delta Q}{T} = 0 = \int_1^2 \left(\frac{\delta Q}{T} \right)_C + \int_2^1 \left(\frac{\delta Q}{T} \right)_B \tag{4.105}$$

이다. 식 (4.104)에서 식 (4.105)를 빼주면

$$\int_1^2 \left(\frac{\delta Q}{T} \right)_A = \int_1^2 \left(\frac{\delta Q}{T} \right)_C \tag{4.106}$$

와 같다. 식 (4.106)은 상태 1과 상태 2를 연결하는 경로(경로 A, 경로 C)에 상관없이 $\delta Q/T$의 값은 무관하며, 엔트로피는 처음과 나중 상태에 의해서만 결정되는 상태함수이다.

 4.12

입력 20kW의 전열기를 2시간 동안 작동하여 생긴 마찰열을 온도 25℃의 주위에 전달한다면 이 변화에 의한 엔트로피의 증가량은 얼마인지 구하시오.

풀이

$$1\text{kW} \times 1\text{hr} = 1\text{kW} \times \left(\frac{1\text{kJ/s}}{1\text{kW}}\right) \times 1\text{hr} \times \left(\frac{3,600\text{s}}{1\text{hr}}\right) = 3,600\text{kJ}$$이므로

$$\delta Q = 20 \times 3,600 \times 2 = 144,000\text{kJ}$$

엔트로피 관계식$\left(dS = \dfrac{\delta Q}{T}\right)$을 이용하여 엔트로피 증가량을 구하면

$$dS = \frac{\delta Q}{T} = \frac{144,000\text{kJ}}{(273+25)\text{K}} = 483.2\text{kJ/K}$$

(3) 엔트로피와 열역학 상태량 관계식

열역학 제1법칙과 앞서 배운 엔트로피 관계식을 이용하여 유용하게 사용될 수 있는 상태량 관계식을 유도하고자 한다. 단, 이 과정은 가역 과정이라고 가정한다.

단순 압축성 물질의 가역 과정에서 부피 변화에 의한 일의 양은 $\delta W = PdV$, 엔트로피와 열량의 관계식 식 (4.102)를 이용해서 열량을 구하면 $\delta Q = TdS$이다. 열역학 제1법칙은 $\delta Q = dU + \delta W$이므로 이에 대입하면 다음과 같다.

$$TdS = dU + PdV \tag{4.107}$$

가역 과정 중에는 물질의 상태를 식별할 수 있으므로, 가역 과정에 대해서는 이 식을 적분할 수 있다. 그런데 위의 식은 물질의 상태량만이 나와 있다. 이를 다시 생각하면 물질의 상태량은 상태에 의해서만 결정되므로 주어진 상태 변화에 의한 상태량의 변화는 가역 과정뿐만 아니라 비가역 과정에 대해서도 모두 같은 것이다. 즉, 위의 관계식은 가역 과정뿐 아니라 비가역 과정에서도 적용될 수 있는 것이다.

다음으로 열역학 제1법칙의 엔탈피 정의식을 이용하여 같은 방법으로 유도해 보자. 엔탈피의 대표적인 관계식은 $H = U + PV$이고 이를 양변에 미분하면

$$dH = dU + PdV + VdP \tag{4.108}$$

이다. 식 (4.107)을 dU에 대해 정리한 후 식 (4.108)에 대입하면 다음과 같이 쓸 수 있다.

$$TdS = dH - VdP \tag{4.109}$$

따라서 다음의 두 개의 대표적인 열역학 관계식을 구할 수 있다.

$$TdS = dU + PdV$$
$$TdS = dH - VdP$$

위의 두 식을 깁스 방정식(Gibbs equation)이라고 한다. 열역학 상태량의 특성을 고려하여 단위질량당과 관련된 식으로 정리하면 다음과 같이 표현할 수 있다.

$$Tds = du + Pdv \tag{4.110}$$
$$Tds = dh - vdP \tag{4.111}$$

열역학 제1법칙을 공부하면서 정적비열은 내부에너지, 정압비열은 엔탈피와 밀접한 관계가 있다는 것을 공부하였다. 깁스식과 정적비열, 내부에너지, 정압비열과 엔탈피를 이용하여 이상기체의 엔트로피 계산에 유용한 식을 유도해보자.

먼저 식 (4.110)에 이상기체 방정식($Pv = RT$)과 내부에너지−정적비열의 관계식($du = c_{v0}dT$)을 대입하면 다음 식과 같이 된다.

$$Tds = c_{v0}dT + Pdv \tag{4.112}$$

위 식의 양변을 절대온도(T)로 나눠주면 다음과 같이 정리할 수 있다.

$$ds = c_{v0}\frac{dT}{T} + R\frac{dv}{v} \tag{4.113}$$

이를 적분하여 엔트로피의 변화량을 계산하면

$$s_2 - s_1 = \int_1^2 c_{v0}\frac{dT}{T} + R\ln\frac{v_2}{v_1} \tag{4.114}$$

와 같이 엔트로피, 정적비열, 온도 및 비체적과의 관계식을 유도할 수 있다.

마찬가지 방법으로 식 (4.111)에 이상기체 방정식($Pv = RT$)과 엔탈피−정압비열의 관계식($dh = c_{p0}dT$)을 대입하면 다음 식과 같은 관계식을 얻을 수 있다.

$$Tds = c_{p0}dT - vdP \tag{4.115}$$

위 식의 양변을 절대온도(T)로 나눠주면

$$ds = c_{p0}\frac{dT}{T} - R\frac{dP}{P} \tag{4.116}$$

과 같이 정리된다. 이를 적분하여 엔트로피의 변화량을 계산하면

$$s_2 - s_1 = \int_1^2 c_{p0}\frac{dT}{T} - R\ln\frac{P_2}{P_1} \tag{4.117}$$

와 같이 엔트로피, 정압비열, 절대온도와 압력과의 관계식을 유도할 수 있다.

식 (4.114)와 (4.117)은 엔트로피와 정적비열, 정압비열과의 관계를 나타낸 관계식이다. 앞에서 설명한 바와 같이 정적비열과 정압비열도 온도만의 함수이므로 이를 적분하기 위해서는 온도에 따른 정압비열과 정적비열의 관계를 알아야 한다. 만약 비열이 온도 변화에 상관없이 일정하다고 가정하면 식 (4.114)와 (4.117)에서 식 (4.118)과 (4.119)를 도출할 수 있다.

$$s_2 - s_1 = c_{v0}\ln\frac{T_2}{T_1} + R\ln\frac{v_2}{v_1} \qquad (4.118)$$

$$s_2 - s_1 = c_{p0}\ln\frac{T_2}{T_1} - R\ln\frac{P_2}{P_1} \qquad (4.119)$$

 4.13

이상기체와 같이 작용하는 공기를 400K에서 800K까지 가열할 때 압력은 800kPa에서 600kPa로 저하된다. 단위질량당 엔트로피의 변화량을 구하시오. 단, 이 변화 과정 중에 정압비열 $c_p = 1.004\text{kJ/kg}\cdot\text{K}$로 일정하며, 공기의 기체상수 $R = 0.287\text{kJ/kg}\cdot\text{K}$이다.

[풀이] 주어진 데이터는 정압비열, 온도변화 그리고 압력변화이므로 식 (4.119)를 이용하여 구할 수 있다.

$$s_2 - s_1 = c_{p0}\ln\frac{T_2}{T_1} - R\ln\frac{P_2}{P_1} = 1.004\ln\left(\frac{800}{400}\right) - 0.287\ln\left(\frac{600}{800}\right) = 0.7785\text{kJ/kg}\cdot\text{K}$$

(4) 등엔트로피와 폴리트로픽 관계식

이상기체가 등엔트로피 과정을 겪는 경우를 고려해보자. 이는 플리트로픽 관계식에 의해서 정리될 수 있다. 식 (4.118)과 (4.119)을 이용하여 등엔트로피 과정에서 고찰해보도록 하자. 식 (4.118)에서 등엔트로피 과정($\triangle s = 0$)은

$$s_2 - s_1 = 0 = c_{p0}\ln\frac{T_2}{T_1} - R\ln\frac{P_2}{P_1} \qquad (4.120)$$

이 된다. 식 (4.120)의 양변을 정리하면 다음과 같다.

$$\ln\left(\frac{T_2}{T_1}\right) = \frac{R}{c_{p0}}\ln\left(\frac{P_2}{P_1}\right), \quad \frac{T_2}{T_1} = \left(\frac{P_2}{P_1}\right)^{\frac{R}{c_{p0}}} \qquad (4.121)$$

비열비를

$$k = \frac{c_{p0}}{c_{v0}} \tag{4.122}$$

로 정의하면 식 (4.121)의 지수 $\dfrac{R}{c_{p0}}$는 다음과 같이 정리할 수 있다.

$$\frac{R}{c_{p0}} = \frac{c_{p0} - c_{v0}}{c_{p0}} = 1 - \frac{c_{v0}}{c_{p0}} = 1 - \frac{1}{k} = \frac{k-1}{k} \tag{4.123}$$

식 (4.123)을 식 (4.121)에 대입하면 다음 식으로 표현할 수 있다.

$$\frac{T_2}{T_1} = \left(\frac{P_2}{P_1}\right)^{\frac{k-1}{k}} \tag{4.124}$$

만약, 식 (4.119)를 이용하여 같은 방법으로 구하면 다음 식을 구할 수 있다.

$$\frac{T_2}{T_1} = \left(\frac{v_1}{v_2}\right)^{k-1} \tag{4.125}$$

또한 식 (4.124)와 (4.125)를 정리하면 다음 식을 유도할 수 있다.

$$\frac{T_2}{T_1} = \left(\frac{P_2}{P_1}\right)^{\frac{k-1}{k}} = \left(\frac{v_1}{v_2}\right)^{k-1}$$
$$\left(\frac{P_2}{P_1}\right) = \left(\frac{v_1}{v_2}\right)^{k} \tag{4.126}$$

위 식으로부터 다음의 폴리트로픽(polytropic) 식을 구할 수 있다.

$$Pv^n = \text{const} = C \tag{4.127}$$

$Pv^k = \text{const}$는 폴리트로픽 지수 n이 비열비 k와 같은 폴리트로픽 과정의 특별한 경우이다. 폴리트로픽 과정은 「그림 4.34」와 같이 압력과 체적 간의 관계가 $\ln P$ 대 $\ln V$가 그래프 상에서 직선 상으로 나타나는 과정이다. 기울기가 지수 n과 같다면 앞에서와 같은 결과를 유도할 수 있다.

$$\frac{d\ln P}{d\ln V} = -n$$

$$d\ln P + nd\ln V = 0$$

$$PV^n = \text{const} = C \tag{4.128}$$

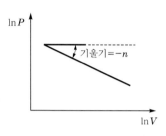

[그림 4.34] 폴리트로픽 과정

폴리트로픽 과정 동안의 일의 크기에 대한 일반식을 유도해 보도록 한다. 폴리트로픽 과정의 압력은 식 (4.128)로부터

$$P = CV^{-n} \tag{4.129}$$

으로 나타날 수 있다. 이를 경계 이동에 의한 일을 구하는 식 (4.7)에 대입하면

$$_1W_2 = \int_1^2 PdV = \int_1^2 CV^{-n}dV = C\int_1^2 \frac{1}{V^{-n}}dV$$

$$= C\frac{V_2^{-n+1} - V_1^{-n+1}}{1-n} = \frac{P_2V_2 - P_1V_1}{1-n} = \frac{mR(T_2 - T_1)}{1-n} \tag{4.130}$$

와 같이 구할 수 있다. 여러 가지 n값에 대한 폴리트로픽 과정은 다음과 같이 분류할 수 있다.

정압과정(P=일정) : $n = 0$
등온과정(T=일정) : $n = 1$
정적과정(V=일정) : $n \rightarrow \infty$
등엔트로피과정(S=일정) : $n = k$

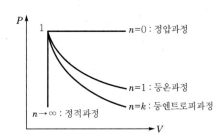

[그림 4.35] 폴리트로픽 지수에 따른 폴리트로픽 과정

예제 4.14

압력 2MPa, 온도 250℃의 공기 0.5kg이 이상적인 폴리트로픽 과정으로 팽창하여 압력이 0.2MPa로 변화한다. (a) 공기의 최종온도, (b) 일의 전달량, (c) 열 전달량을 구하시오. 단, 폴리트로픽의 지수 $n=0.25$이며 변화 과정 중에 정적비열 $c_v=0.715$kJ/kg·K로 일정하다.

풀이 (a) 공기의 최종온도

$$T_2 = T_1 \left(\frac{P_2}{P_1}\right)^{\frac{n-1}{n}} = (273+250)\times\left(\frac{0.2}{2}\right)^{\frac{1+0.25}{0.25}} = 330K$$

(b) 일의 전달량
이를 구하기 위해서는 위에서 구한 공기의 최종 온도(T_2)를 이용해야 한다.

$$W = \frac{mR}{1-n}(T_2-T_1) = \frac{0.5\times0.287}{1-0.25}(330-523) = 110.8kJ$$

(c) 열 전달량
$$Q = U_2-U_1+W = mc_v(T_2-T_1)+W = [0.5\times0.715\times(330-523)]+110.8 = 41.7kJ$$

4.9 가솔린 기관과 디젤 기관

우리 인류는 다양한 열기관을 사용하여 동력을 얻고 생활의 풍요와 편리함을 영위하게 되었다. 가장 대표적인 예가 자동차이다. 자동차를 이용하여 인간은 공간과 거리의 한계를 극복할 수 있게 되어 생활 영역의 확대뿐 아니라 다양한 사회·문화 활동 영위도 가능해지면서 복지 수준도 향상되었다.

가솔린 기관과 디젤 기관은 자동차에서부터 함정까지 다양한 분야에서 사용되고 있다.

[그림 4.36] 가솔린 기관의 모식도

(1) 가솔린 기관(Gasoline engines)

앞에서 설명한 카르노 기관이 4단계의 순환 과정을 거치는 것처럼, 가솔린 기관에서도 매 순환마다 여섯 개의 과정이 되풀이된다. 가솔린 기관을 분석하는데 피스톤 위의 실린더 내부를 열역학적인 계로 간주하도록 한다. 한 순환 과정 동안 피스톤은 위-아래로 왕복운동을 2회 하게 된다. 다시 말하면 피스톤이 위로 향하는 상향행정 2행정, 아래로 향하는 하향행정 2행정 등 총 4행정으로 구성되며 우리는 이것을 4행정 기관이라 한다. 가솔린 기관의 이상 사이클을 오토 사이클(Otto cycle)이라 하며 각 행정의 특징을 하나씩 살펴보기로 한다.

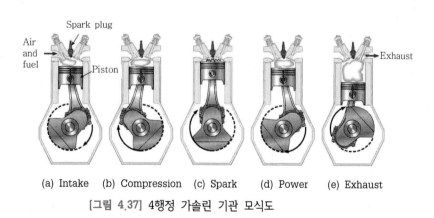

(a) Intake　(b) Compression　(c) Spark　(d) Power　(e) Exhaust

[그림 4.37] 4행정 가솔린 기관 모식도

오토 사이클의 $P-V$ 선도는 「그림 4.38」에 나타나 있다.

① 과정 $O \rightarrow A$: 흡입행정

피스톤은 아래로 움직여서 공기와 연료가 혼합된 기체가 대기 압력으로 실린더 내부에 들어온다. 이 과정에서 실린더 내부의 부피가 V_2에서 V_1으로 증가하게 된다. 이는 에너지가 들어가는 순환 과정에 해당된다. 에너지는 연료에 저장된 위치에너지 형태로 계로 들어가게 되는 것이다.

② 과정 $A \rightarrow B$: 압축행정

피스톤은 위로 움직여서 공기와 연료의 혼합기체는 V_1에서 V_2로 단열압축되고 온도는 T_A에서 T_B로 상승하게 된다. 기체가 한 일의 양은 음(−)의 값을 가지고 그 값은 $P-V$ 선도 그래프의 AB 곡선 아래 부분의 넓이가 된다.

③ 과정 $B \rightarrow C$: 점화 및 연소

압축된 연료와 공기의 혼합물에 점화플러그의 스파크가 일어나면 연소가 일어난다. 이 연소 과정은 매우 짧은 시간에 일어나게 되므로 순환 과정 행정 중의 하나는 아니다. 연소는 연료의 화학 결합 속에 있는 위치에너지가 온도와 관련된 분자 운동에 의한 내부에너지로 매우 빠르게 바뀌는 과정이다. 이 짧은 시간 동안 실린더 내의 압력은 급격하게 증가하게 되며, 온도 또한 T_B에서 T_C로 상승하게 된다. 그러나 매우 짧은 시간 간격 동안 부피는 거의 변하지 않는다. 다시 말하면 연소가 일어나고 폭발이 되기 직전까지의 과정이 바로 과정 B에서 C로 진행하는 과정인 것이다. 부피 변화가 없으므로 연소 기체가 한 일의 양은 0이다. 그러나 이 과정은 열량 Q_H가 계로 들어가는 과정이다.

④ 과정 $C \rightarrow D$: 팽창과정

이 과정은 연소 과정에 의해서 연료와 공기의 혼합물이 폭발하게 되면서 부피가 V_2에서 V_1으로 단열 팽창하는 과정이다. 이 팽창으로 인해서 온도는 T_C에서 T_D로 떨어지게 된다. 폭발하는 기체가 팽창되었으므로 피스톤을 밀어내며 일을 하는데 이 일의 크기는 곡선 CD 아래 부분의 면적이다.

⑤ 과정 $D \rightarrow A$: 배기 밸브 개방

이 과정은 피스톤이 맨 밑에 내려왔을 때 배기 밸브가 열리면서 압력이 순간적으로 떨어지는 과정이다. 배기 밸브가 개방되기는 하지만 피스톤은 정상 상태를 유지하게 되므로 부피는 일정하게 유지된다. 실린더 내부로부터 에너지가 방출되고 그 다음 행정 때에도 계속 배출된다.

⑥ 과정 $A \rightarrow O$: 배기 과정

피스톤이 위로 올라가면서 개방된 배기 밸브를 통해 배기 가스가 방출된다.

남아있는 기체들은 대기 중으로 배출되고 부피는 V_1에서 V_2로 감소하게 된다. 6번 단계를 끝으로 다시 1번 과정으로 가서 새로운 행정이 시작되며 이러한 순환 과정이 반복된다.

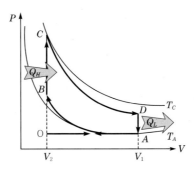

[그림 4.38] 오토 사이클의 $P - V$ 선도

이러한 과정으로 진행되는 오토 순환 과정에서 공기와 연료의 혼합 기체를 이상기체라고 가정하였을 경우 열효율은 다음과 같다.

$$\eta_{\text{th, otto}} = 1 - \frac{1}{\left(\dfrac{V_1}{V_2}\right)^{k-1}} \tag{4.131}$$

여기서 k는 비열비, V_1/V_2는 압축비(compression ratio)이다.

식 (4.131)에서 알 수 있듯이 가솔린 기관의 열효율은 압축비가 높을수록 증가한다. 실제 가솔린 기관의 열효율은 약 25~30%이다.

 4.15

(a) 압축비가 7.5, 비열비가 1.3인 오토 순환 과정과 (b) 압축비가 7, 비열비가 1.4인 오토 순환 과정의 열효율을 비교하시오.

풀이 (a) 압축비 7.5, 비열비 1.3의 경우

$$\eta_{\text{th, otto}} = 1 - \frac{1}{\left(\dfrac{V_1}{V_2}\right)^{k-1}} = 1 - \frac{1}{7.5^{(1.3-1)}} = 0.454 = 45.4\%$$

(b) 압축비 7, 비열비 1.4의 경우

$$\eta_{\text{th, otto}} = 1 - \frac{1}{\left(\dfrac{V_1}{V_2}\right)^{k-1}} = 1 - \frac{1}{7^{(1.4-1)}} = 0.54 = 54\%$$

따라서 압축비 7, 비열비 1.4인 오토 순환 과정의 열효율이 더 높다.

(2) 디젤 기관 (Diesel engines)

디젤 기관은 가솔린 기관(오토 순환 과정)과 유사하게 작동하지만 점화 플러그가 존재하지 않는다. 실린더 속으로 분사된 연료와 공기의 혼합기체가 큰 압력을 받아 매우 작은 부피로 압축된다. 이때 압축 행정 끝의 공기 온도는 매우 높아진다. 이로 인해 연료와 공기의 혼합 기체는 높은 압력과 높은 온도 하에서 점화 플러그 없이도 점화된다. 그러므로 디젤 기관은 높은 압축비와 그에 따른 높은 연소 온도 때문에 가솔린 기관보다 효율이 높다. 아울러 가솔린 기관에 비해 낮은 회전수로 작동하므로 연료를 완전 연소시킨다.

높은 효율과 낮은 비용은 기관차, 비상 발전 설비, 대형 선박, 대형 트럭과 같은 큰 동력을 요구하는 응용분야에 중요한 요인이며 디젤 기관이 많이 사용되고 있다. 대형 디젤 기관의 효율은 약 35~40%이다.

(a) 디젤 엔진	(b) 산업용 기기(디젤 엔진 사용)

[그림 4.39] 디젤 엔진과 디젤 엔진을 사용하는 산업용 기기

연습문제

4.1 내부 부피가 $200.00\,cm^3$인 강철 가스통에 가스가 $30\,℃$, $200kPa$의 압력 하에 저장되어 있다. 이 가스통이 불에 던져졌고 기체의 온도가 $200\,℃$에 도달되었을 때 가스통 내부의 압력은 얼마인가?

정답 $312kPa$

4.2 공기가 정압하에서 정압비열이 $c_P = 0.2405 + 0.000019\,T[J/kg \cdot K]$인 경우 $5kg$의 공기를 $0\,℃$에서 $200\,℃$로 높이는 데 필요한 열량을 구하시오.

정답 $242.4J$

4.3 초기의 상태 1에 있는 기체가 경로 $a(1-m-n-2)$, 경로 $b(1-n-2)$, 경로 $c(1-2)$에 따라 2의 상태로 변화할 때 행한 일을 각각 구하시오. 단, 경로 $1-n$은 $PV = c_1$, 과정 1-2는 $PV^{1.3} = c_2$이다.

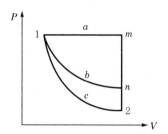

정답 경로 a : $P_1(V_2 - V_1)$, 경로 b : $P_1 V_1 \ln\dfrac{V_2}{V_1}\left(\text{or } P_1 V_1 \ln\dfrac{P_1}{P_2}\right)$, 경로 c : $-\dfrac{1}{0.3}(P_2 V_2 - P_1 V_1)$

4.4 그림과 같이 단면적이 $0.01m^2$인 피스톤-실린더 장치 안에 질량이 $200kg$인 피스톤이 멈추개 위에 놓여 있다. 대기압이 $100kPa$일 때 피스톤을 들어 올리려면 물의 압력은 얼마나 되어야 하는가?

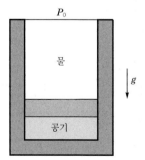

정답 $296.14kPa$

4.5 지름이 10m인 구형 헬륨 풍선이 15℃, 100kPa의 대기 중에 있다. (a) 얼마나 많은 헬륨이 들어 있는가? 이 풍선은 같은 체적의 대기의 무게를 들어 올릴 수 있다. (b) 풍선을 만든 직물과 구조물의 질량은 얼마인가?

정답 (a) m_{He}=87.5kg,
(b) m_{lift}=545.5kg

4.6 1m³의 견고한 용기에 600kPa, 400K의 질소 기체가 들어있다. 실수로 0.5kg이 흘러나갔다. 최종 온도가 375K이라면, 최종 압력은 얼마인가?

정답 506.9kPa

4.7 유리컵을 45℃의 더운물로 세척한 후, 탁자에 거꾸로 두었다. 20℃의 실내 공기가 유리컵으로 들어가서 40℃로 가열되었고, 일부 공기가 새어나가 내부 압력이 101kPa의 주위 압력보다 2kPa 높게 되었다. 이때 유리컵과 내부 공기가 실온으로 냉각되었다면 유리컵 내부의 압력은 얼마인가?

정답 96.4kPa

4.8 타이어 안의 공기 상태가 처음에 190kPa, −10℃이다. 도로를 운행한 후 온도가 상승하여 10℃까지 올라가게 되었다. 이때 계산에 필요한 가정을 1개 설정한 후 압력을 구하시오.

(＊가정 : 타이어는 일정한 부피를 가지며 타이어 안의 공기는 이상기체와 같이 행동한다.)

정답 P_{tire} =204.4kPa

4.9 그림과 같이 1m³의 견고한 탱크에 1,500kPa, 300K의 공기가 들어 있고 밸브를 통해 피스톤·실린더에 연결되어 있다. 단면적이 0.1m²인 피스톤을 들어 올리기 위해선 250kPa이 필요하다. 밸브를 열어서 피스톤이 천천히 2m 올라간 후 밸브를 닫았다. 이 과정 동안 온도는 300K이 유지된다. 탱크의 최종 압력을 계산하시오.

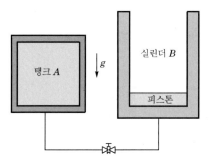

정답 1,450kPa

4.10 용기 안에 1MPa, 실내온도 20℃ 상태의 공기가 들어 있다. 이 공기를 이용하여 초기에 비어 있는 풍선을 채워 압력이 200kPa이 되게 한다. 이때 풍선의 반경은 2m이고 온도는 20℃이다. 풍선 내부의 압력은 반경에 선형으로 비례하며, 용기 안의 공기는 전 과정에서 20℃를 유지한다고 가정할 때 (a) 풍선 내부의 공기 질량 및 (b) 필요한 최소 용기 체적을 구하시오.

정답 (a) 79.66kg, (b) 8.38m^3

4.11 피스톤–실린더 장치에 600kPa, 290K의 공기가 0.01m^{3}이 들어 있다. 정압 과정으로 54kJ의 출력일을 하였을 때, (a) 공기의 최종 체적과 (b) 온도를 구하시오.

정답 (a) 0.1m^3, (b) 2,900K

4.12 물 20L를 온도 30℃로부터 90℃까지 상승시키는데 필요한 열량은 몇 kJ인가? 단, 물의 비열은 4.2kJ/kg·K이다.

정답 5,040kJ

4.13 압력이 체적에 정비례하는 폴리트로픽 과정($n = -1$)을 생각한다. 이 과정은 $P = 0$, $V = 0$에서 시작하여 $P = 600\,\mathrm{kPa}$, $V = 0.01\,\mathrm{m}^3$ 상태로 끝난다고 할 때 이 과정에서의 경계일을 구하시오.

정답 3kJ

4.14 풍선의 압력과 체적은 $P = C_2 V^{1/3}$, $C_2 = 100\,\mathrm{kPa/m}$의 관계에 있다. 풍선을 초기 체적 1m^{3}에서 3m^{3}까지 공기를 부풀린다. 공기의 온도를 25℃로 가정하고, (a) 공기의 최종 질량과, (b) 공기가 한 일을 구하시오.

정답 (a) 249.5kJ, (b) 5.056kg

4.15 어떤 가스가 80kcal의 열을 흡수하고 외부로부터 2,000N·m의 일을 공급받을 때 내부에너지의 증가량을 kcal로 구하시오.

정답 80.48kcal

4.16 그림과 같이 높이 10m, 단면적 0.1m^{2}의 실린더에 무게를 무시할 수 있는 피스톤이 끼워져 있다. 피스톤 위에는 20℃의 물이 들어 있으며 아래에는 체적 0.3m^3, 온도 300K의 공기가 들어 있다. 공기를 가열하면 피스톤이 상승하여 물이 실린더 밖으로 넘쳐 흐른다. 피스톤 위에 물이 전부 없어질 때까지 가열했을 때 공기에 가한 총 열 전달량을 구하시오.

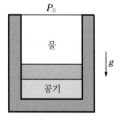

정답 220.7kJ

4.17 피스톤 · 실린더 장치에 $300K$, $150kPa$인 공기가 $0.01m^3$ 들어있다. 공기는 최종 압력이 $600kPa$이 될 때까지 $PV^{1.25} = C$의 과정으로 압축된다. (a) 공기가 한 일과 (b) 열 전달량을 구하시오.

정답 (a) $-1.92kJ$, (b) $-0.72kJ$

4.18 어떤 기관이 이론적으로 가장 높은 효율은 40%이다. 이 기관이 저온 열저장조로 $400K$인 대기를 이용한다고 할 때 고온 열원의 온도를 구하시오.

정답 $666.7K$

4.19 압력이 $200kPa$, 온도가 $27℃$, $10m \times 6m \times 5m$인 실내에 있는 공기의 질량은 몇 kg인가? 단, 공기의 기체상수 $R = 0.287kJ/kg \cdot K$이다.

정답 $696.9kg$

4.20 겨울철 공기 온도가 매우 낮은 곳에서 밖의 공기의 온도가 $-30℃$일 때, 땅 밑의 온도가 $13℃$로 유지된 곳을 찾는 것이 가능하다. 이 2개의 열저장조 사이에서 작동하는 열기관의 효율을 구하시오.

정답 0.15

4.21 자동차 엔진이 $1,500K$에서 $5kg$의 연료를 연소시키고(Q_H의 열을 가하는 것과 같은 효과), 평균 온도 $750K$로 방열기와 배기로 에너지를 방출한다. 연료가 $40,000kJ/kg$의 에너지를 공급한다면, 엔진이 생산할 수 있는 최대 일을 구하시오.

정답 $100,000kJ$

4.22 어떤 열기관이 매 순환 과정마다 고온 열저장조로부터 $360J$의 열을 받아 $25J$의 일을 한다. 이 과정에서 (a) 열기관의 효율과 (b) 각 순환 과정마다 저온 열저장조로 보내진 에너지를 구하시오.

정답 (a) 0.69, (b) $335J$

4.23 표면수와 심해수의 온도차를 이용하여 동력을 생산할 수 있다. 표면 근처에서 해양의 온도가 $20℃$이며, 어느 정도 깊이에서 $5℃$인 해역 부근에서 운전할 열기관을 건설할 것을 제안하였다. 이 열기관의 가능한 열효율은 얼마인가?

정답 0.051

4.24 어떤 냉동기의 성능계수는 5이다. 이 냉동기는 매 순환 과정에서 저온 열원으로부터 $120J$의 에너지를 뽑아낸다고 한다면 (a) 매 순환 과정마다 필요한 일의 양은? (b) 고온 열저장조로 내보낸 에너지의 양은?

정답 (a) $24J$, (b) $144J$

4.25 열펌프를 이용하여 주택 난방을 하고자 한다. 실내는 항상 20℃로 유지되어야 한다. 외기 온도가 −10℃로 떨어질 때 외부로 손실되는 열량이 25kW라 하면 열펌프를 구동하는데 소요되는 최소 전력은 얼마인가?

정답 2.56kW

4.26 이상기체가 카르노 순환을 거쳐서 사용된다. 250℃에서 등온팽창 과정을 거치고 50℃에서 등온압축 과정을 거친다고 생각한다. 그 기체는 등온팽창 과정을 거치는 동안 1,200J만큼의 열량을 고온 열저장조로부터 받는다. 이때 (a) 순환 과정마다 저온열원으로 내보내진 에너지, (b) 순환 과정마다 그 기체가 한 일의 양을 구하시오.

정답 (a) 741J, (b) 459J

4.27 그림과 같은 열기관에서 1,000K의 에너지 저장조로부터 325kJ의 열량을 받는다. 400K의 에너지 저장조로 125kJ 열량을 방출하며 출력으로 200kJ의 일을 생산한다. 이 사이클은 가역, 비가역, 아니면 불가능한가?

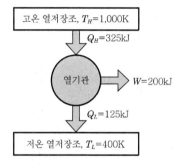

정답 효율이 카르노 사이클보다 높으므로 불가능

4.28 극저온 실험 중에 외부로부터 100W의 열이 침입하는 용기를 −125℃로 유지하여야 한다. 용기에서 열을 흡수하여 20℃의 실내로 방열하는 열펌프의 최소 동력은 얼마가 되어야 하는가?

정답 97.8W

4.29 자동차 엔진이 열효율 35%로 가동된다. 냉방기의 성능계수가 3이라고 가정하고 엔진의 축일로 구동된다고 한다. 실내로부터 1kJ의 열을 제거하기 위하여 얼마만큼의 연료 에너지를 추가로 소비하여야 하는가?

정답 0.952kJ

4.30 전열기의 20kW의 입력을 2시간 작동하여 생긴 마찰열을 온도 15℃의 주위에 전달한다면 이 과정 동안의 엔트로피 증가량을 구하시오.

정답 500kJ/K

4.31 16m/s로 달리던 1,000kg의 자동차가 브레이크를 걸어 정지하였다. 자동차의 운동에 너지가 모두 운동에너지로 변환되었다고 할 경우 발생한 열량은?

정답 128.1kJ

4.32 지면으로부터 30m 높이에서 질량 10kg의 물체가 떨어질 때 바닥에 닿을 때까지 공기의 마찰에 의해 168J의 열이 발생하였다면 바닥에 물체가 닿는 순간의 속도는 얼마인가?

정답 $v = 23.5$m/s

4.33 50g의 물체가 100m 높이의 절벽에서 낙하하여 20m/s의 속력을 갖게 되었다. 공기의 마찰로 인해 손실된 에너지는 얼마인가?

정답 39.05J

4.34 질량이 200g인 어떤 금속구를 뜨거운 물 속에 넣었더니 그 온도가 100℃로 되었다. 이것을 빠르게 열량계 내의 물 속에 넣었더니 전체 온도가 21℃가 되었다. 열량계 속에 200g의 물을 넣어 처음의 온도를 측정한 결과 20.1℃였을 경우 금속구가 잃어버린 열량은?

정답 756J

4.35 압력이 0.5MPa이고 온도가 150℃인 공기 0.2kg에 압력이 일정한 과정에서 체적이 원래 체적보다 2배 늘어났다. 이때 최종 온도, 일, 열 전달량을 구하시오.

정답 846K, 24.3kJ, 85kJ

4.36 온도 T인 이상기체 n몰이 등온 팽창하여 체적이 V_i에서 V_f가 되었다. 이 이상기체의 엔트로피의 변화량을 구하시오.

정답 $\triangle S = nR\ln\left(\dfrac{V_f}{V_i}\right)$ 만큼 증가

4.37 체적이 0.1m^{3}인 용기 안에서 압력 1MPa, 온도 250℃의 공기가 냉각되어 압력이 0.35MPa이 될 때 엔트로피의 변화량을 구하시오.

정답 -0.50kJ/K

4.38 1kg, 300K의 공기가 1kg, 400K의 공기와 정압 100kPa과 단열 과정으로 혼합되었다. 이 과정에서 (a) 최종 T와 (b) 엔트로피 생성량을 구하시오.

정답 (a) 350K, (b) 0.0207kJ/K

4.39 견고한 용기 안에 온도는 대기 온도이며, 압력은 대기 압력 P_0보다 약간 더 높은 P_1 상태의 기체가 들어 있다. 용기에 부착한 밸브가 열리면서 기체가 빠져나가 압력이 급격히 대기압까지 떨어졌다. 밸브를 닫은 후 남아있는 기체는 오랜 시간이 지난 후에 대기 온도로 회복되고 압력은 P_2가 되었다. 비열비 k를 압력의 함수로 결정할 수 있도록 표현식을 유도하시오.

정답 $k = \dfrac{\ln(P_1/P_0)}{\ln(P_1/P_2)}$

4.40 압력 2MPa, 온도 250℃의 공기 0.5kg이 이상적인 폴리트로픽 과정($n=1.25$)으로 팽창하여 압력이 0.2MPa로 된다. 이 동안 엔트로피 변화를 구하시오.

정답 0.099kJ/K

4.41 그림과 같이 체적 V인 이상기체가 단열된 상태에서 체적 V이고 진공인 다른 용기 속으로 불구속 자유 팽창하여 전체 체적이 $2V$가 되었을 경우 내부에너지와 엔트로피의 증가 여부를 판단하시오.

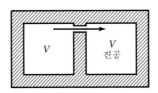

정답 내부에너지 변화 없음, 엔트로피 증가

4.42 저온 열저장조와 고온 열저장조의 온도가 각각 -20℃와 25℃인 두 열저장조 사이에서 역사이클로 작동하는 냉동기(COP_R)와 열펌프(COP_{HP})의 성능계수를 구하시오.

정답 $COP_R = 5.63$, $COP_{HP} = 6.63$

4.43 가상적인 가솔린 기관의 실린더 속에서 연소 직후 기체의 처음 부피는 50cm^3이고 압력은 3MPa이다. 피스톤이 하한점에 도달하였을 경우 부피가 300cm^3이고 실린더 내의 기체는 열에 의한 에너지 손실 없이 팽창한다고 가정하자. 이 과정에서 (a) 이 기체가 $k=1.4$일 경우 나중 압력은? (b) 이 기체가 팽창하면서 한 일의 양은?

정답 (a) 244kPa, (b) 192J

4.44 이상적으로(오토 순환 과정으로) 작동하는 가솔린 기관이 있다고 가정하자. 이 기관의 압축비는 6.2이고 실린더 내의 부피는 1.6L이며 실용 출력은 102hp(horse power)이다. 연료와 공기의 혼합물을 $k=1.4$라고 할 때 초당 흡입하는 에너지와 배기하는 에너지를 구하시오.

정답 146kW, 70.8kW

Chapter **05**

유체역학

05 유체역학
Chapter >>>

유체역학(fluid mechanics)은 정지하고 있거나 운동하고 있는 물이나 공기와 같은 액체 혹은 기체의 운동 양상이나 주변에 미치는 효과에 대하여 다양한 방법을 이용하여 연구하는 응용역학의 한 분야이다.

유체역학과 관련되어 있는 분야는 나열하기 힘들만큼 다양한 분야와 직·간접적으로 연관되어 있다. 모든 종류의 선박, 자동차, 항공기, 우주선 등과 같이 외형과 관련된 것이 있는가 하면, 펌프와 터빈, 풍차, 배관, 필터 등 내·외부의 유동과 관련된 것들, 그리고 모세혈관 속의 혈액의 유동, 바이러스의 이동 등과 같은 작은 크기의 미세유동에 이르기까지 매우 방대하고 다양한 문제들을 포함하고 있다.

이렇게 다양한 분야와 관계된 유체의 유동 현상들은 주어진 유체의 상태에 따라 대단히 다른 양상을 보여준다. 유체 유동의 성질은 온도뿐 아니라 점성에 따른 점성 유동(viscous flow)과 비점성 유동(inviscid flow), 유체의 밀도 변화에 따른 압축성 유동(compressible flow)과 비압축성 유동(incompressible flow), 그리고 속도 변화에 따른 아음속 유동(subsonic flow)과 천음속 유동(transonic flow) 및 초음속 유동(supersonic flow) 등과 같이 구별되기 때문에 문제 해결에 앞서 적절한 가정으로 각각의 문제에 알맞게 이들을 구별하여 적용하여야 한다.

유체역학을 다양한 분야에 활용하고 응용하기 위한 방법으로는 실험적 방법(experimental approach)과 이론적 방법(theoretical approach), 그리고 컴퓨터를 이용한 수치해석적 방법(numerical approach)이 있다. 각각의 방법들은 장·단점들이 있기 때문에 제기된 문제에 적합한 방법을 살펴 활용할 수 있도록 하여야 한다. 예를 들어 선박이나 항공기와 같이 대형의 물체를 수조나 풍동(wind tunnel)에 설치하고 실험하기에는 너무 어렵고 막대한 비용이 소요되기 때문에 크기를 축소하여 수조나 풍동에 설치하여 실험하거나 수치해석적 방법으로 접근하기도 한다. 특히 우주 공간에서의 비행체 운동에 대한 해석을 위한 실제 실험은 많은 어려움이 있기 때문에 수치해석적 방법으로 접근한다. 따라서 주어진 문제를 해석하기 위해서는 이론적 배경을 정확하게 이해하고 이를 효과적이며 경제적인 방법으로 접근하여야 할 것이다.

최근의 유체역학의 응용은 매우 다양하게 이루어지고 있다. 예를 들면, 선박과 자동차 항공기 등에 기본적으로 적용되는 분야에서 보다 경제적인 운용을 위하여 항력을 감소시키는 연구가 많이 이루어지고 있으며, 인체의 활동에 중요한 역할을 하는 혈액의 유동, 호흡, 약물의 이동 등의 생체유체역학(bio-fluid mechanics)도 유체역학의 주요 응용분야 중의 하나이다. 손톱 크기의 실리콘 칩을 통해 자신의 혈액을 통증 없이 채취하여 질병을 진단하고 유전자를 검사하는 미세유체(micro-fluidics) 등도 연구되고 있다. 골프공의 표면에는 인위적으로 홈(dimple)을 만들어 더 멀리 날아갈 수 있게 만들지만, 항공기의 날개는 이와 같은 홈이 없이 가급적 표면을 매끄럽게 만들고 있다. 본 유체역학 장에서는 이와 같이 상황에 따라 다르게 적용되는 경우들을 살펴보고, 이를 이해할 수 있는 기본적인 이론과 응용 그리고 유체역학에서 사용되는 용어들에 대하여 개괄적으로 학습하고자 한다.

5.1 유체의 기본 성질

(1) 유체의 정의

우리가 알고 있는 물질을 구분하는 세 가지 상(phase)인 고체(solid), 액체(liquid) 그리고 기체(gas)를 미시적 관점에서 구분하는 방법은 분자들 사이의 거리가 하나의 기준이 될 수 있다. 고체는 분자들이 상호인력으로 인하여 단단히 묶여 있는데 반하여 액체와 기체는 분자 상호간의 응집력이 작기 때문에 비교적 자유롭게 운동할 수 있다. 거시적 관점에서 상을 구분하는 간단한 방법으로 고체는 힘을 가하지 않는 한 변형되지 않고 일정한 형태를 가진 용기에 넣어도 주어진 형태를 계속 유지하는 물질을 말한다. 이에 반하여 「그림 5.1」과 같이 일정한 형태를 가진 용기에 넣으면 아랫부분은 용기의 모양 대로 채워지지만 위쪽은 자유액체면을 나타내는 물질을 액체, 그리고 밀폐된 용기에 넣으면 용기 모양과 같이 채워지는 물질을 기체라 한다. 아울러 압력의 변화시 기체에서는 부피 변화가 중요하지만 액체에서는 거의 무시할 수 있는 것도 큰 차이점이다.

공학적인 관점에서 고체는 탄성한계 내에서 힘을 가하면 변형되었다가 힘을 제거하면 원래의 상태로 되돌아가는 성질을 가지고 있다. 하지만 유체는 아무리 작은 전단력을 받더라도 전단력이 가해지고 있는 동안 연속적으로 변형이 되며, 전단력을 제거하여도 원래의 상태로 되돌아가지 않는 성질이 있다. 이와 같이 물질이 힘에 의해 변형되는 관점에서 보면 액체와 기체는 일정한 형태를 지니지 못하고 자유롭게 변화하는 동일한 성질을 가지는 물질이다. 따라서 역학에서의 유체는 흐를 수 있는 물질로서 기체, 액체 및 증기의 상태를 모두 포함한다.

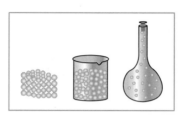

[그림 5.1] 고체, 액체 및 기체

(2) 유체의 열역학적 성질

유체의 속도는 유체의 특성을 알 수 있는 가장 중요한 성질인 동시에 유체의 열역학적 성질들과 밀접하게 연관되어 상호작용을 한다. 유체의 유동을 해석하는데 필수적인 열역학적 성질들은 압력, 온도 및 밀도이다. 이들에 대해서는 앞의 열역학 장에서 소개한 바 있다. 유체가 일, 열 및 에너지 등과 관련되어 해석할 때에는 내부에너지, 엔탈피, 엔트로피 및 정압비열과 정적비열 등의 성질들이 추가된다. 또한 유체의 유동이 마찰이나 열 전달과 관련될 때에는 점성계수, 열전도율 및 대류열전달계수들이 관련된다. 여기에 열거된 성질들은 모두 열역학적으로 정의된 것들이며 유체의 열역학적 조건이나 상태에 따라 값이 정하여 진다. 이 값들은 같은 물질로 구성된 아주 작은 체적을 갖는 집합체의 상태를 나타내며 분자나 원자와 같은 상태에 대한 값들은 아니다.

밀도(density) ρ(rho)는 단위체적당 유체의 질량으로, 비질량(specific mass)이라고도 하며 다음 식과 같이 쓸 수 있다.

$$\rho = \frac{m}{V} \tag{5.1}$$

밀도의 단위는 kg/m^{3}이며, 물의 밀도는 10℃에서 998kg/m^3, 공기의 밀도는 20℃, 1기압하에서 1.20kg/m^{3}이다.

유체의 비중량(specific weight)은 단위체적당 유체의 무게를 나타내며 γ(gamma)로 표시한다. 밀도 ρ와 비중량 γ의 관계는 질량과 무게와의 관계 $W = mg$와 마찬가지로 다음과 같은 관계가 있다.

$$\gamma = \rho g \tag{5.2}$$

비중량의 단위는 N/m^3 또는 lb/ft^{3}으로 표시된다. 표준 중력장에서 20℃, 1기압에서의 공기와 물의 비중은 각각 $\gamma_{air} = 11.87$N/m^3, $\gamma_{water} = 9,790$N/m^{3}이다.

비중(specific gravity)은 SG로 표시되며, 유체의 밀도와 표준상태의 유체, 즉 액체의 경우 물, 기체의 경우 공기의 밀도와의 비로 대기압하에서는 다음과 같다.

$$SG_{\text{liquid}} = \frac{\rho_{\text{liquid}}}{\rho_{\text{water}}} = \frac{\rho_{\text{liquid}}}{998\text{kg/m}^3} \tag{5.3a}$$

$$SG_{\text{gas}} = \frac{\rho_{\text{gas}}}{\rho_{\text{air}}} = \frac{\rho_{\text{gas}}}{1.20\text{kg/m}^3} \tag{5.3b}$$

수은의 경우 밀도가 13,580kg/m^{3}이므로 비중이 13.6임을 쉽게 알 수 있다.

(3) 유체의 점성

유체의 점성(viscosity, dynamic viscosity 혹은 absolute viscosity)은 유체의 유동을 변형시키려는 것에 대한 저항 또는 내부 마찰로 생각할 수 있다. 물이나 공기와 같이 유체가 표면 위를 아무런 요동 없이 매끄럽게 흐른다고 할 때 표면에 접한 유체 입자들의 속도는 0이고 표면에서 멀어질수록 유체입자들의 속도는 증가하게 된다. 꿀과 같이 점성이 큰 경우 유체입자가 움직일 때 옆의 입자까지 같이 끌고 간다. 표면의 유체입자는 그 자리에 고정되어 있기 때문에 유체의 점성이 클수록 유체입자 간의 속도차가 증가하는데 이 크기가 클수록 저항력 혹은 마찰력이 증가하는 비례관계가 있음을 알 수 있다. 따라서 점성은 마찰의 크기를 결정할 수 있고, 이는 저항을 이기고 유동하는데 필요한 에너지의 양을 결정하게 해 준다.

점성 또는 점성계수의 측정은 유체의 표면에 위치한 평판을 미끄러지게 하는데 필요한 힘, 즉 유체의 저항력을 측정함으로써 이루어진다. 「그림 5.2」와 같은 평판에 작용하는 단위면적당의 힘을 전단응력(shear stress) τ_w이라 한다. 이 전단응력은 평판의 넓이 A_w와 미끄러지는 속도 V에 비례하고 유체의 깊이 h에 반비례하는 것으로 알려져 있어 다음과 같이 쓸 수 있다.

$$\tau_w = \frac{F}{A_w} \propto \frac{V}{h} \tag{5.4}$$

이때의 비례상수 μ를 점성계수라 한다. 위 식은 다음과 같이 뉴턴의 점성법칙(Newton's law of viscosity)으로 표현할 수 있다.

$$\tau_w = \mu \frac{V}{h} \tag{5.5}$$

식 (5.4)로부터 점성계수는 μ는 kg/m·s 혹은 N·s/m^{2}의 단위를 갖는다는 것을 알 수 있다. 이 단위는 유체의 점성을 나타내기에 너무 크기 때문에 다음과 같이 정의되는 poise가 주로 사용된다.

$$1\text{poise} = 1\text{g/cm} \cdot \text{s} = 100\text{cp(centi poise)} \tag{5.6}$$

물의 점성계수는 1.002cp로 1에 가깝다고 생각하면 쉽게 기억할 수 있다.

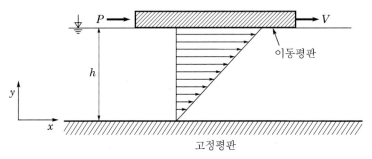

[그림 5.2] 평행한 두 평판 사이의 흐름

모든 유체가 식 (5.5) 뉴턴 점성법칙을 만족하는 것은 아니다. 식 (5.5)와 같이 전단응력이 속도 기울기에 비례하는 특성을 갖는 유체를 뉴턴 유체(Newtonian fluid)라 한다. 물, 공기, 기름 등과 같이 공학적으로 많이 사용되는 대부분의 유체가 여기에 해당한다. 반면에 전단응력이 속도 기울기에 비례하지 않는 유체를 비뉴턴 유체(non-Newtonian fluid)라 하며, 페인트와 치약은 비뉴턴 유체의 좋은 예이다.

점성계수와 온도와의 관계를 살펴보면 「그림 5.3」과 같이 액체 상태에서의 점성은 온도 증가에 따라 감소하고, 기체 상태는 온도 증가에 따라 점성이 증가한다. 이러한 현상은 온도 증가에 따른 분자 간의 충돌을 고려하면 쉽게 이해할 수 있다. 하지만 압력의 증감에 따른 점성계수의 변화는 액체의 경우 거의 없다. 기체의 경우는 압력 변화가 3% 정도로 작은 경우 압력에 의한 영향을 무시할 수 있다.

점성계수를 밀도로 나눈 것을 동점성계수(kinematic viscosity)라 하여 ν(nu)로 표기하며 유체의 동역학에서 자주 사용된다.

$$\nu = \frac{\mu}{\rho} \tag{5.7}$$

동점성계수 ν의 단위는 위의 m^2/s 단위보다는 $1\text{cm}^2/\text{s}$인 스토크(stoke)를 주로 사용한다.

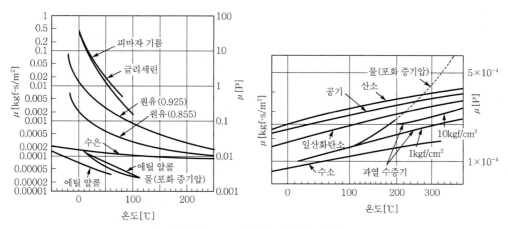

[그림 5.3] 주요 액체와 기체의 점성계수

  5.1

「그림 5.2」와 같이 무한한 평판 사이에 액체가 들어있고 위쪽 평판이 $V=0.3\text{m/s}$ 의 속도로 움직이고 있다. 평판 사이의 거리는 $h=0.3\text{mm}$로 매우 작아 액체 속에서의 속도분포는 선형(linear)으로 가정할 수 있다. 액체의 점성계수는 $\mu=0.65\text{cp}$ 이고 비중은 $SG=0.88$이다.

(a) 이 액체의 동점성계수를 m^2/s의 단위로 구하고,

(b) 아래 평판에 작용하는 전단응력을 계산하시오.

풀이 (a) 먼저 0.65cp를 SI 단위로 변환하면,

$$\mu = 0.65\text{cp} \times \left[\frac{0.01\text{poise}}{1\text{cp}}\right] \times \left[\frac{\text{g/cm} \cdot \text{s}}{1\text{poise}}\right] \times \left[\frac{0.001\text{kg}/0.01\text{m} \cdot \text{s}}{1\text{g/cm} \cdot \text{s}}\right] = 0.00065\text{kg/m} \cdot \text{s}$$

이를 동점성계수로 계산하면 식 (5.7)에 의해

$$\nu = \frac{\mu}{\rho} = \frac{0.00065}{0.88 \times 998} = 7.40 \times 10^{-7}\text{m}^2/\text{s}$$

(b) 아래 평판에 작용하는 전단응력은 식 (5.5)로부터

$$\tau_w = \mu\frac{V}{h} = 0.00065 \times \frac{0.3}{0.3 \times 10^{-3}} = 6.5\text{kg/m} \cdot \text{s}^2$$

(4) 유동의 분류

앞에서 설명한 바와 같이 모든 유체는 고유한 점성을 가지고 있다. 점성을 가진 유체가 유동할 때 점성의 영향을 무시할 수 있는가 없는가에 따라 점성 유동(viscous flow)과 비점성 유동(inviscid flow)으로 구분한다. 비점성 유동은 유동 상태에서 점성력의 영향을 무시할 수 있는 유동을 의미하며, 유체 자체에 점성이 없다는 것을 의미하지는 않는다.

수도꼭지를 열었을 때 흘러나오는 물은 꼭지를 조금 열었을 때와 완전히 열었

을 때와는 흐름의 형태가 다르다. 물이 조금씩 흘러나올 때와 같이 유동이 가지런하게 교란이 없는 흐름을 층류(laminar flow)라 한다. 꼭지를 열어 물의 양을 증가시키면 점차 물의 흐름이 흔들리기 시작하여 불규칙하고 교란이 많은 흐름이 되는데 이를 난류(turbulent flow)라 한다. 이와 같이 층류는 유체 입자들이 층을 이루면서 흘러갈 때 층과 층 사이의 운동이 원활하게 이루어지는 것이 특징이며, 난류는 유체 입자들이 3차원적으로 불규칙하게 운동하는 것이 특징이다. 레이놀즈는 「그림 5.4」와 같이 투명한 유리관에 물이 흐르도록 하고 아주 가는 관을 이용하여 염료를 주입하는 간단한 실험을 통하여 층류와 난류의 고유한 특성들을 보여 주었다. 유동 속도가 낮을 때에는 염료가 하나의 선을 유지하면서 혼합이 일어나지 않는 층류이나, 유동 속도가 커지면 염료가 유동장 전체로 확산되는 난류의 특성을 보여 준다. 레이놀즈의 실험결과를 정량적으로 나타낸 것이 다음과 같이 정의되는 레이놀즈수(Reynolds number)이다.

$$Re = \frac{\rho VL}{\mu} = \frac{VL}{\nu} \tag{5.8}$$

여기서 L은 특성길이(characteristic length)로서 임의의 지점까지의 거리 L 이거나 구 혹은 실린더의 지름 D가 된다. 레이놀즈수는 유동장에서 점성의 영향이 얼마나 중요한 가를 나타내 주는 무차원 변수로 층류와 난류를 구분하는 기준이 되기도 한다.

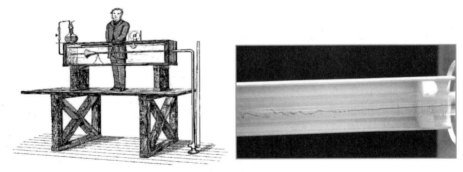

[그림 5.4] 레이놀즈의 실험과 층류에서 난류로의 천이

선박과 항공기, 자동차 주위의 유동과 같이 경계가 없는 유체 속에 잠겨있는 물체 주위의 유동을 외부 유동(external flow)이라 한다. 외부 유동에 대해서는 다음과 같이 유동 영역을 구분한다.

$$\text{층류 유동}: Re_L < 5 \times 10^5$$
$$\text{천이 유동}: Re_L \sim 5 \times 10^5$$
$$\text{난류 유동}: Re_L > 5 \times 10^5$$

파이프 내의 유동과 같이 고체의 경계면으로 완전히 둘러싸여 있는 유동을 내부 유동(internal flow) 또는 덕트 유동(duct flow)이라 한다. 내부 유동이 층류 유동이 되려면 레이놀즈수가 2,000보다 작을 때 가능하다. 이는 파이프의 크기나 유체의 종류에 관계없이 적용된다. 내부 유동의 유동 영역은 다음과 같이 구분할 수 있다.

$$\text{층류 유동}: Re_d < 2 \times 10^3$$
$$\text{천이 유동}: 2 \times 10^3 < Re_d < 4 \times 10^3$$
$$\text{난류 유동}: Re_d > 4 \times 10^3$$

실제 상황에서 일어나는 유동은 대부분 난류 유동 영역에 속한다. 층류 유동은 점성이 매우 큰 유체이거나 유속이 작은 경우에 일어난다. 한편, 액체가 덕트를 완전히 채우지 못하고 자유표면(free surface)이 존재하여 일정한 압력을 유지하는 액체의 내부 유동을 개수로(open channel) 유동이라 하는데, 강이나 관개수로 및 수로(aquaduct) 등이 대표적인 예이다.

유동장에서 밀도의 변화를 무시할 수 있는 유동을 비압축성 유동(incompressible flow)이라 하고, 밀도의 변화를 무시할 수 없는 유동을 압축성 유동(compressible flow)이라 한다. 액체의 유동과 기체의 저속 유동은 비압축성 유동으로 취급할 수 있으며, 기체의 고속 유동은 압축성 유동으로 해석한다. 온도 변화가 없는 기체 유동은 유동 속도가 음속에 비하여 아주 작으면 비압축성 유동으로 취급할 수 있다. 기체 중에서 유동 속도 V와 음속 c의 비를 마하수(Mach number, $M = V/c$)라 하고, $M < 0.3$인 경우에는 기체의 최대 밀도 변화가 5% 미만이므로 비압축성 유동으로 취급할 수 있다.

엄밀하게 말하면 모든 유체의 유동은 점성 유동이고 압축성 유동이지만 그 영향이 매우 작게 나타나는 경우가 상당히 많아 대부분의 경우 비점성·비압축성 유동으로 가정하고 해석하는데 이러한 비점성·비압축성 유동을 이상 유동(ideal flow)이라 한다.

유체의 압력이나 온도, 속도 등과 같은 유동의 성질이 시간에 따라 일정한 값을 갖는 유동을 정상 유동(steady flow)이라 하며, 유동의 성질들이 시간에 따라 변화하는 유동을 비정상 유동(unsteady flow)이라 한다. 로켓이 발사되는 순간의 유동은 비정상 유동이라 할 수 있으며, 발사된 뒤 로켓의 분사 속도는 로켓에 대해 일정한 속도를 유지하고 있으므로 정상 유동이라 할 수 있다.

예제 5.2

지름이 200mm인 파이프 내를 물이 평균속도 1m/s로 흐르고 있다.

(a) 이 유동의 레이놀즈수를 구하시오.

(b) 공기가 지름 50mm인 파이프를 흐를 때 앞에서의 파이프 유동과 동일한 레이놀즈수를 가지려면 평균 속도가 얼마로 유지되어야 하는가? 물과 공기의 물성치는 다음과 같다.

물 : $\rho_{water} = 1,000 \text{kg/m}^3$, $\mu_{water} = 1.0 \times 10^{-3} \text{kg/m·s}$

공기 : $\rho_{air} = 1.2 \text{kg/m}^3$, $\mu_{air} = 1.8 \times 10^{-5} \text{kg/m·s}$

풀이 (a) 식 (5.8)로부터

$$Re_d = \frac{\rho V d}{\mu} = \frac{1,000 \times 1 \times 0.2}{1 \times 10^{-3}} = 200,000$$

(b) 유체가 공기인 경우 위와 같은 레이놀즈수를 가지려면

$$Re_d = \frac{\rho V d}{\mu} = \frac{1.2 \times V \times 0.05}{1.8 \times 10^{-5}} = 200,000 \text{로부터}$$

$$V = 60 \text{m/s}$$

(5) 표면장력과 모세관 현상

액체의 자유표면에서는 액체 분자 간의 응집력이 공기 분자와 액체 분자 사이에 작용하는 부착력보다 크게 되어 액면을 축소하려는 장력이 발생한다. 이를 표면장력이라 하며 이러한 예는 액체가 모세관에서 상승하는 현상과, 「그림 5.5」와 같이 연꽃잎에 형성되는 물방울 그리고 소금쟁이가 물 위를 걸어 다니는 예에서 볼 수 있다.

[그림 5.5] 표면장력의 예

표면장력의 크기는 얇은 막을 잡아당기는 힘을 측정하여 구할 수 있으며 단위 길이당 발생하는 힘으로 나타내는데 기호 σ(sigma)로 표시하고 N/m의 단위를 갖는다. 「그림 5.6」의 구형 물방울에 발생하는 표면장력을 생각해 보자. 물방울 표면은 액체-기체의 계면을 이루고 있어 표면에 나란한 방향으로 표면장력이 존재한다. 물방울 표면에 작용하는 표면장력은 물방울 내외의 압력 차를 지탱할 수 있다. 「그림 5.6」을 참조하면 힘의 평형식은 다음과 같이 된다.

$$\frac{\pi d^2}{4} \cdot \Delta P = \pi d\sigma \qquad (5.9)$$

따라서 표면장력은 다음과 같다.

$$\sigma = \frac{\Delta P \cdot d}{4} \qquad (5.10)$$

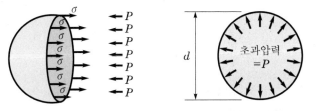

[그림 5.6] 구형 물방울에 발생하는 표면장력

「그림 5.7」은 원통형 물기둥의 일부에 작용하는 압력 차이에 의한 힘과 표면장력에 의한 힘의 평형을 보여주고 있다. 이를 수식으로 나타내면 다음과 같다.

$$dL\Delta P = 2L\sigma \quad \text{또는} \quad \sigma = \frac{\Delta P \cdot d}{2} \qquad (5.11)$$

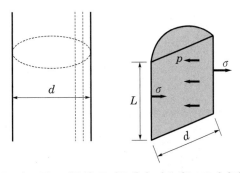

[그림 5.7] 원통형 물기둥에서 작용하는 표면장력

액체 중에 가는 관을 세우면 액체의 응집력과 액체와 고체 사이의 부착력 차이에 의해 액체의 액면이 상승하는 현상을 모세관 현상이라 한다. 「그림 5.8」의 관 속에는 액체와 고체 그리고 공기의 계면에서 평형을 유지하고 있다. 액체의 표면장력으로 인하여 높이 h만큼 액면이 상승하고, 계면에서는 접촉각 β를 나타낸다. 힘의 평형을 수식으로 나타내면,

$$\pi d \cdot \sigma \cos \beta = \gamma h \cdot \frac{\pi d^2}{4} \qquad (5.12)$$

따라서 상승된 액면의 높이 h는 다음과 같다.

$$h = \frac{4\sigma \cos \beta}{\gamma d} \qquad (5.13)$$

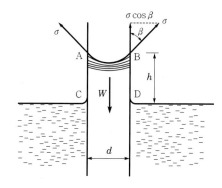

[그림 5.8] 표면장력에 의한 액면의 상승

예제 5.3

물과 수은이 각각의 그릇에 직경 $d = 2\text{mm}$인 유리관을 세울 때 (a) 물 기둥의 높이와 (b) 수은 기둥의 높이를 각각 구하시오. 물의 표면장력은 $\sigma = 0.073\text{N/m}$이고, 수은의 표면장력은 $\sigma = 0.48\text{N/m}$이다. 또한 물과 수은의 접촉각은 각각 0°와 140°이다.

풀이 (a) 물 기둥의 높이

$$h = \frac{4\sigma \cos \beta}{\gamma d} = \frac{4 \times 0.073 \times \cos 0°}{9,810 \times 0.002} = 0.0149\text{m}$$

(b) 수은 기둥의 높이

$$h = \frac{4 \times 0.48 \times \cos 140°}{13.6 \times 9,810 \times 0.002} = -0.0055\text{m}$$

따라서 수은 기둥은 수평면 아래로 5.5mm만큼 하강한다.

(6) 증기압과 공동현상

유체 입자는 자연적인 열 진동(thermal vibration)에 의해 액체 표면을 이탈하여 기화하려 한다. 이와 같이 표면의 액체 분자들의 운동량이 분자 간의 결합력을 극복할 수 있을 정도로 커서 대기 중으로 탈출하는 현상을 증발이라 한다. 주어진 온도의 액체가 기화하게 되는 압력을 증기압(vapor pressure) P_v라 한다. 한편 액체 내부에서 증기의 기포가 형성되는 것을 비등(boiling)이라 하며, 액체의 절대압력이 증기압에 도달할 때 일어난다. 물의 경우 100℃에서의 증기압이 $P_v = 101.325\text{kPa}$이지만 10℃에서의 증기압은 $P_v = 1.23\text{kPa}$로 압력이 낮으면 상당히 낮은 온도에서도 비등이 일어난다. 따라서 액체에 작용하는 압력이 일정한 경우에는 온도를 높임으로써, 온도가 일정한 경우에는 압력을 낮춤으로써 비등을 유도할 수 있다.

액체가 유동할 때 압력이 증기압보다 낮아지는 경우 가열을 하지 않아도 액체가 비등하여 기포를 형성할 수 있다. 예를 들어 펌프의 흡입구나 고속으로 회전하는 프로펠러를 지나는 액체에서 이러한 현상이 일어날 수 있다. 기포는 표면장력에 의해 내부의 압력이 매우 높은 상태가 되고, 이 기포가 고체벽면에서 와해될 때 높은 압력으로 인하여 구조의 손상을 가져올 수 있을 정도의 강력한 충격을 일으켜 기계의 성능 및 효율을 저하시키고, 장비를 손상시키며 소음 및 진동을 발생하게 한다. 이와 같이 액체가 유동할 때 증기 기포의 발생과 이에 따르는 와해를 공동(cavitation)이라 한다. 공동현상은 높은 회전 속도를 갖는 수차날개 등의 손상을 방지하기 위해서는 반드시 고려되어야 할 액체유동의 중요한 현상이다. 「그림 5.9」는 선박의 스크루 주위에 형성되는 기포들과 공동현상에 의해 손상된 스크루 블레이드의 예이다.

[그림 5.9] 스크루 후방에 형성되는 기포와 공동현상에 의한 손상

5.4

1기압, 10℃의 물이 정지 상태로부터 단면적이 줄어드는 관로를 흐르고 있다. 유동하는 유체의 속도와 압력의 관계는 뒤에서 배울 베르누이 방정식 $P/\rho + v^2/2 = \text{const}$ 를 만족한다. 기포가 발생하기 시작하는 유속을 구하시오.

풀이 온도 10℃에서의 물의 증기압은 $P_v = 1.23\text{kPa}$이므로

$$\frac{P_{\text{atm}}}{\rho} + 0 = \frac{P_v}{\rho} + \frac{v^2}{2}$$

따라서 기포가 발생하기 시작하는 유속은

$$v = \sqrt{\frac{2(P_{\text{atm}} - P_v)}{\rho}} = \sqrt{\frac{2(101,300 - 1,230)}{1,000}} = 14.15\text{m/s}$$

5.2 정지 상태의 유체

(1) 정지유체 속의 압력 변화

압력은 유체 내에 주어진 평면의 한 점에 수직 방향으로 작용하는 단위면적당의 힘으로 다음과 같이 쓸 수 있다.

$$P = \frac{F}{A} \tag{5.14}$$

압력의 단위는 파스칼(Pascal) Pa로 1m^2의 면적에 1N의 힘, 즉 약 100g인 물체의 무게가 작용하는 것과 비슷하여 매우 작기 때문에 일반적으로 킬로파스칼(kilopascal : $1\text{kPa} = 10^3\text{Pa}$)이나 메가파스칼(megapascal : $1\text{MPa} = 10^6\text{Pa}$)이 사용된다. 유럽에서는 바(bar)와 표준대기압(standard atmosphere : atm) 및 제곱센티미터당 킬로그램-힘(kilogram-force per square centimeter : kgf/cm^2)이 압력단위로 많이 사용되고 있다. 1bar는 대기압과 거의 같은 100kP이다. 대기압은 지역에 따라 변하므로 해발 0m에서의 표준 대기압을 101.325kPa로 정의하여 사용한다.

각각의 압력단위 간의 관계는 다음과 같다.

$$1\text{bar} = 10^5\text{Pa} = 0.1\text{MPa} = 100\text{kPa}$$
$$1\text{atm} = 101,325\text{Pa} = 101.325\text{kPa} = 1.01325\text{bars}$$
$$1\text{kgf/cm}^2 = 9.807\text{N/cm}^2 = 9.807 \times 10^4\text{N/m}^2 = 9.807 \times 10^4\text{Pa}$$

유체의 압력은 임의의 면에 항상 수직 방향으로 작용하며, 유체 속의 한 점에 작용하는 압력은 모든 방향에서 동일하다. 즉, 정지하고 있거나 운동하는 유체 내부의 한 점에서의 압력은 전단응력이 없는 한 모든 방향에서 같다. 이를 파스칼의 원리라고 한다. 파스칼의 원리와 압력에 의한 힘이 표면적에 비례한다는 사실을 이용한 대표적인 예가 유압잭과 유압 프레스이다. 「그림 5.10」에서 두 피스톤의 높이가 같기 때문에(고압에서는 작은 높이 차를 무시할 수 있음) $P_1 = P_2$이며, 입력에 대한 출력의 비는 다음과 같이 계산할 수 있다.

$$P_1 = \frac{F_1}{A_1}, \ \ P_2 = \frac{F_2}{A_2}$$

$$P_1 = P_2 \ \rightarrow \ \frac{F_1}{A_1} = \frac{F_2}{A_2} \ \rightarrow \ \ F_2 = F_1 \frac{A_2}{A_1} \tag{5.15}$$

면적비 A_2/A_1은 유압식 리프트의 이상적인 기계적 이득(ideal mechanical advantage)이라고 한다. 예를 들어 면적비가 10인 유압식 자동차 잭을 사용하면 사람이 100kg중(980N)의 힘으로 1,000kg중의 자동차를 들어 올릴 수 있다.

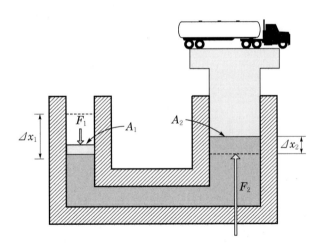

[그림 5.10] 유체 압력의 전달

정지해 있는 유체는 '정역학적 평형' 상태에 있다. 그렇지 않다면 평형을 이루지 못한 힘에 의하여 유체는 움직이게 될 것이다. 「그림 5.11」과 같이 단면적이 A, 높이가 dz인 미소액주를 생각하여 보자. 미소액주가 정지 상태에 있으려면 다음과 같이 수직 방향으로 힘의 평형이 이루어져야 한다.

$$PA - (P + dP)A - \gamma A dz = 0$$

$$\frac{dP}{dz} = -\gamma \qquad (5.16)$$

위 식에서 유체의 비중량 γ 가 일정하다고 가정하여 단면 1에서 2까지 적분하면 다음과 같이 된다.

$$P = P_0 + \gamma z \qquad (5.17)$$

이를 대기압을 기준으로 한 압력으로 나타내면 $P_0 = 0$ 이므로 다음과 같이 쓸 수 있다.

$$P = \gamma h \qquad (5.18)$$

식 (5.18)은 수면으로부터 깊이 들어갈수록 압력은 증가함을 나타내 주며, 그 비례상수는 비중량 γ 이다.

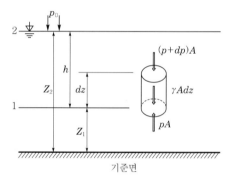

[그림 5.11] 액주 내의 압력

 5.5

바다에서 깊이 10m로 잠수 중인 잠수부가 있다. 대기압이 101kPa이고 바닷물의 밀도가 1,030kg/m^{3}이면 해저 10m에서의 압력은 얼마인가? 중력가속도는 9.81m/s^{2}이다.

풀이 해저 10m에서의 압력을 P, 대기압을 P_0라 하면 식 (5.17)에 의해

$$P = P_0 + \gamma z = 101 \times 10^3 + (1,030 \times 9.81 \times 10) = 202.04 \text{kPa}$$

예제 5.6

그림과 같이 지름 10mm의 플런저를 사용하여 지름 50mm의 피스톤을 움직이는 유압잭이 있다. 피스톤에 5kN의 힘이 가해지면 플런저에 얼마의 힘을 가해야 하는가?

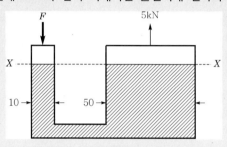

풀이 그림의 단면 $X-X$에서의 압력은 동일하다. 우측 피스톤에 미치는 압력은 다음과 같다.

$$P_{XX} = \frac{F_R}{A_R} = \frac{5,000}{\frac{\pi}{4} \times (50 \times 10^{-3})^2} = 2.55 \times 10^6 \mathrm{Pa} = 255\mathrm{MPa}$$

따라서 좌측 플런저에 작용하는 힘은

$$F_L = P_{XX} \times A_L = 2.55 \times 10^6 \times \frac{\pi}{4}(10 \times 10^{-3})^2 = 200\mathrm{N}$$

(2) 압력의 측정

완전한 진공상태에서는 압력 $P = 0$을 기준으로 하는 압력을 절대압력(absolute pressure)이라 한다. 그러나 압력을 측정하는 계기는 일반적으로 대기압과의 차압을 측정하게 되는데, 이 기준압력에 대한 상대압력을 계기압력(gage pressure)이라 한다. 따라서 계기압력이 0이라는 말은 측정된 압력이 그곳의 대기압과 같다는 뜻이다. 절대압력은 항상 양(+)의 값을 가지지만 계기압력은 대기압보다 높은가(양(+)의 값) 또는 대기압보다 낮은가(음(−)의 값)에 따라 양(+)일 수도 음(−)일 수도 있다. 음(−)의 계기압력을 진공압력(suction or vacuum pressure)이라 한다. 절대압력과 계기압력의 개념을 「그림 5.12」로 알 수 있듯이 대기압에 계기압력을 더하거나(양(+)의 계기압력) 빼면(음(−)의 계기압력, 진공압력) 절대압력이 된다.

이들의 관계는 다음 식으로 나타낼 수 있다.

$$P_{\mathrm{abs}} = P_{\mathrm{gage}} + P_{\mathrm{atm}} \tag{5.19}$$

대기압의 측정을 위해 보통 가정이나 공업용으로 사용하는 것은 브루동 압력계(Bourdon pressure gage)이다. 이 기압계는 대기압과의 차이에 따라 압력계

안쪽의 고리 모양 튜브가 팽창하거나 축소하는 성질을 이용한다. 이러한 금속 튜브의 변형은 간단한 기구를 통하여 문자판 위의 바늘을 움직이도록 설계되어 있다(「그림 5.13」).

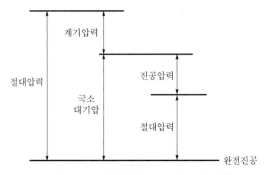

[그림 5.12] 절대압력과 계기압력의 관계

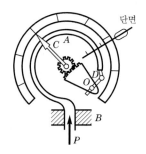

[그림 5.13] 브루동 압력계

보다 정확한 대기압의 측정은 Torricelli(1608~1647)가 발견한 「그림 5.14」의 수은 기압계가 사용된다. 그림과 같이 한쪽이 막힌 유리관과 수은이 담겨진 용기로 이루어진 수은 기압계(barometer)가 사용된다. 용기에 담긴 수은에는 대기압이 작용하고 같은 높이의 압력은 동일하므로 액주계 밑면에도 대기압 P_{atm}이 작용한다고 할 수 있다. 「그림 5.14」에서 B점의 입력은 대기압과 같고, 수은주와 시험관 사이의 공간에 작용하는 수은증기압 P_{vapor}는 무시할 수 있으므로 수직 방향에 대한 힘의 평형식은 다음 식과 같다.

$$P_{atm} = \gamma h + P_{vapor} \simeq \gamma h \qquad (5.20)$$

식 (5.20)은 관의 길이와 단면적이 기압계의 액주 높이에 영향을 미치지 않는다는 것을 보여주고 있다. 대기압은 수은의 밀도가 13,550kg/m³이므로 수은주의 높이가 761mm일 때 $P_{atm} = 101.325$kPa이 된다.

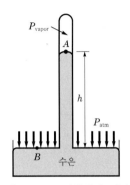

[그림 5.14] 토리첼리의 기압계

    액주계(manometer)는 압력이나 압력차를 물이나 수은과 같은 액체의 높이로 나타내어 압력을 측정하는 기기이다. 이때 액주계에 사용하는 액체가 측정하려는 유체와 동일한 경우를 피에조미터(piezometer)라 한다(「그림 5.15(a)」). 측정하려는 유체의 압력이 커서 유리관 속을 올라가는 액주의 높이가 너무 클 때에는 비중이 큰 액체를 「그림 5.15(b)」와 같은 U자형 관에 넣어 액주의 높이를 낮추어 압력을 측정한다. 「그림 5.15(b)」의 액주계에서 점 (ii)에 작용하는 압력과 점 (iii)에 작용하는 압력이 같으므로 다음과 같이 쓸 수 있다.

$$P_A + \gamma_1 h_1 = P_0 + \gamma_2 h_2$$

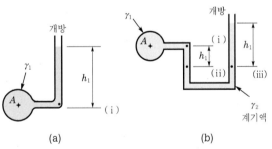

(a)   (b)

[그림 5.15] 피에조미터와 U자형 액주계

따라서 점 A의 압력은

$$P_A = P_0 + \gamma_2 h_2 - \gamma_1 h_1 \text{ (절대압력)} \tag{5.21a}$$

혹은,

$$P_A - P_0 = \gamma_2 h_2 - \gamma_1 h_1 \text{ (계기압력)} \tag{5.21b}$$

5.7

수은 대신 물을 사용한 기압계로 대기압을 측정하고자 한다. 물의 높이는 얼마가 되겠는가?

풀이 물을 이용한 측정한 대기압과 수은을 이용한 대기압은 동일하므로

$$P_{atm} = \rho_{Hg} g h_{Hg} = \rho_{water} g h_{water}$$

20°C에서의 대기압 $P_{atm} = 101.325\,kPa$, 물의 밀도는 $\rho_{water} = 998\,kg/m^3$이므로

$$h_{water} = \frac{101,325}{9.81 \times 998} = 10.35\,m$$

「예제 5.7」은 대기압을 수은주의 높이로 나타낸 0.761m에 비하여 수주의 높이가 10.35m로 대단히 높은 시험관이 필요함을 보여주고 있다. 따라서 병원에서 혈압을 측정할 때 물 대신 수은이 들어 있는 혈압계를 사용하는 이유를 설명해 주고 있다.

5.8

용기에 담긴 기체의 계기압력이 물 액주 500mm 높이에 해당한다. 국소대기압이 99kPa이면 이 기체의 절대압력은 얼마인가? 물의 밀도는 1,000kg/m³이고 중력가속도는 9.81m/s²이다.

풀이 기체의 계기압력은

$$P_{gage} = \rho g z = 1,000 \times 9.81 \times 0.5 = 4,905\,Pa$$

절대압력은 식 (5.19)에서 다음과 같다.

$$P_{abs} = P_{gage} + P_{atm} = 4,905 + 99,000 = 103,905 = 103.9\,kPa$$

5.9

「그림 5.15(b)」와 같은 U자형 액주계를 물탱크의 수압을 측정하기 위하여 연결하였다. 물의 높이 h_1은 200mm이고, 수은주의 높이차 h_2는 300mm이다. 대기압이 101kPa, 물의 밀도가 1,000kg/m³, 수은의 밀도가 13,600kg/m³일 때, 물탱크 중심 A점에서의 압력은 얼마인가?

풀이 점 (ii)의 압력은

$$P_2 = P_A + \gamma_w h_1 = P_A + 9,810 \times 0.20 = P_A + 1,962$$

점 (iii)의 압력은

$$P_3 = P_0 + \gamma_{Hg} h_2 = 101 \times 10^3 + 9,810 \times 13.6 \times 0.30 = 141.02 \times 10^3$$

점 (ii)와 점 (iii)에서의 압력이 같으므로, 탱크 중심에서의 압력은

$$P_A + 1.962 \times 10^3 = 141.02 \times 10^3 \quad \rightarrow \quad P_A = 139.06\,kPa$$

(3) 유체 속에 잠겨있는 물체 표면에 작용하는 힘

유체 속에 완전히 잠겨있거나 부분적으로 유체와 접하는 물체에는 유체에 의한 힘이 작용하게 된다. 이 힘의 크기와 작용점, 방향을 구하는 일은 선박이나 저장탱크, 댐 등의 수력 구조물의 설계에 매우 중요하다.

「그림 5.16(a)」와 같이 유체 속에 수평하게 잠겨있는 평판에 작용하는 합력의 크기는 평판에 작용하는 압력 P가 모든 점에서 동일하므로

$$F = PA = \gamma h A \tag{5.22}$$

가 되고, 이 힘은 평판의 도심을 통해 작용한다.

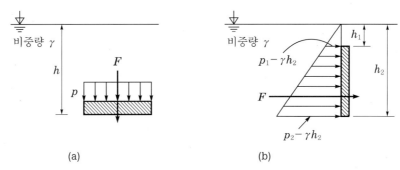

(a)   (b)

[그림 5.16] 유체 속에 잠겨 있는 수평면과 수직면에 작용하는 힘

「그림 5.16(b)」와 같이 유체 속에 수직으로 잠겨있는 평판의 경우는 평판 위의 각 점의 압력은 깊이 h에 따라 선형적으로 증가한다. 따라서 평판의 폭을 b라 하면 수직평판에 미치는 힘은 다음과 같이 계산할 수 있다.

$$F = \frac{1}{2}P_2 h_2 b - \frac{1}{2}P_1 h_1 b = \frac{1}{2}\gamma h_2^2 b - \frac{1}{2}\gamma h_1^2 b = \frac{1}{2}\gamma b(h_2^2 - h_1^2) \tag{5.23}$$

이 힘은 압력 프리즘의 중심을 지나기 때문에 언제나 평면의 중심보다 아래쪽에 평면에 수직한 방향으로 작용한다. 작용점은 다음에 설명하는 좀 더 일반적인 경우인 경사진 평면으로 설명하고자 한다.

「그림 5.17」과 같이 자유표면과 $a°$만큼 경사진 평면에 작용하는 힘 F를 구해 보자. 임의의 깊이 h에 있는 미소면적 dA에 작용하는 힘은 $dF = \gamma h dA$이고, 이 힘은 평면에 수직 방향으로 작용한다. 이 미소 힘들을 적분하여 경사면 전체에 합력의 크기를 구하면 다음과 같다.

$$F = \int_A \gamma h dA = \int_A \gamma y \sin\alpha dA$$

위 식에서 γ와 α가 일정하면

$$F = \gamma\sin\alpha \int_A y dA \qquad\qquad (5.24)$$

여기서 $\int_A y dA$는 x축에 대한 단면 1차모멘트로, 면적 A와 x축으로부터 측정한 평면의 도심 $\bar{y}$와의 곱인 $\int_A y dA = \bar{y}A$가 된다. 따라서 식 (5.24)는 다음과 같이 된다.

$$F = \gamma A\bar{y}\sin\alpha = \gamma\bar{h}A \qquad\qquad (5.25)$$

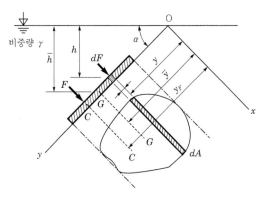

[그림 5.17] 경사면에 작용하는 힘

합력의 작용점 y_F는 x축을 중심으로 한 모멘트들의 합으로 구할 수 있다. 즉, 합력에 의한 모멘트는 분산된 압력 힘에 의한 모멘트와 같아야 하므로 다음 식과 같다.

$$F \cdot y_F = \int_A y dF = \int_A y \cdot \gamma\sin\alpha y dA = \gamma\sin\alpha \int_A y^2 dA$$

따라서 y_F는 다음과 같이 계산할 수 있다.

$$y_F = \frac{\gamma\sin\alpha \int_A y^2 dA}{F} = \frac{\gamma\sin\alpha \int_A y^2 dA}{\gamma\sin\alpha\bar{y}A} = \frac{\int_A y^2 dA}{\bar{y}A} \qquad\qquad (5.26)$$

분자에 있는 적분은 x축에 대한 단면 2차 모멘트 혹은 관성모멘트 I_x이다. 따라서 평면의 도심 G를 지나는 축에 대한 단면 2차 모멘트를 I_G라 하고 평행축 정리 $I_x = \overline{y^2}A + I_G$를 사용하면 다음과 같이 된다.

$$y_F = \frac{I_x}{\overline{y}A} = \overline{y} + \frac{I_G}{\overline{y}A} \tag{5.27}$$

$I_x/\overline{y}A$는 양(+)의 값을 가지므로 합력은 도심을 지나지 않고 항상 도심의 아래를 지나게 됨을 알 수 있다.

 5.10

그림과 같이 직경 4m인 원형 수문이 물로 채워진 커다란 수조의 경사진 벽에 설치되어 있다. 이 수문은 수평방향의 직경을 따라 설치된 축에 고정되어 있다. 축 위로의 물의 깊이가 10m일 때 다음을 구하시오.

(a) 수문에 작용하는 힘의 크기와 위치

(b) 수문을 열기위해 축에 가하여야 할 모멘트

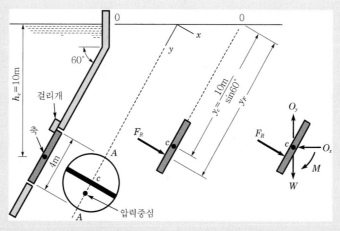

풀이 (a) 합력의 크기는 식 (5.25)로부터

$$F = \gamma \overline{h} A = (9.80 \times 10^3)(10)(4\pi) = 1.23\,\text{MN}$$

합력의 압력중심은 식 (5.27)로부터

$$y_F = \overline{y} + \frac{I_G}{\overline{y}A} = \frac{10}{\sin 60°} + \frac{(\pi/4)(2)^4}{(10/\sin 60°)(4\pi)} = 11.55 + 0.0866 = 11.6\,\text{m}$$

(b) 수문을 여는 데 필요한 모멘트는 자유물체로부터

$$M = F(y_F - y_c) = (1,230 \times 10^3)(0.0866) = 1.07 \times 10^5\,\text{N} \cdot \text{m}$$

선박이나 댐, 파이프, 탱크 등과 같이 실제적으로 고려되는 유체 속에 잠겨 있는 면들은 평면이 아닌 곡면인 경우가 대부분이다. 곡면에 작용하는 힘은 수평성분 F_H와 수직성분 F_V로 나누어 구한 뒤 이를 합성하면 된다. 예를 들어 「그림 5.18」과 같이 개방된 탱크의 곡선 구간 BC에 작용하는 힘을 구해보자. 「그림 5.18(b)」의 유체 요소를 떼어놓고 생각해 보자. 힘 F_1과 F_2의 크기와 위치는 평면에 대한 관계식으로부터 구할 수 있으며, 중량 W는 유체의 비중량과 유체 요소의 부피를 곱한 값이며 유체 요소의 무게중심에 작용한다. 힘 F_H와 F_V는 탱크 벽이 유체 요소에 작용하는 힘의 성분들이다. 이 힘들이 평형을 이루기 위해서는 수평 성분과 수직 성분들이 각각 크기가 같고 동일 선상에 있어야 한다. 즉,

$$F_H = F_2$$
$$F_V = F_1 + W$$

이고, 합력의 크기는

$$F_R = \sqrt{F_H^2 + F_V^2} \tag{5.28}$$

합력 F_R은 O를 지나며, 이 점의 위치는 축에 대한 모멘트를 고려하면 구할 수 있다.

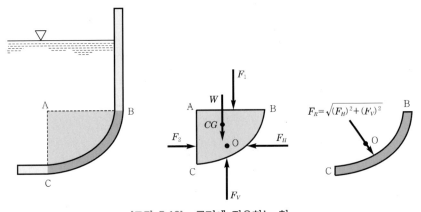

[그림 5.18] 곡면에 작용하는 힘

5.11

그림과 같이 직경 6ft의 배수관로에 흐르지 않는 물이 반만큼 차있다. 관로의 곡선 부분 벽 BC의 길이 1ft에 작용하는 힘의 크기를 구하시오. 물의 비중량은 $\gamma_{water} = 62.4 \text{lb/ft}^3$이다.

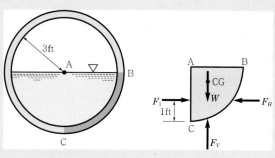

풀이 F_1의 크기는 $F_1 = \gamma h_c A = (62.4)(1.5)(3) = 281\,\text{lb}$

중량 W는 $W = \gamma V = (62.4)(9\pi/4)(1) = 441\,\text{lb}$

평형조건을 만족시키려면 $F_H = F_1 = 281\,\text{lb}$, $F_V = W = 441\,\text{lb}$

따라서 합력의 크기는 $F_R = \sqrt{281^2 + 441^2} = 523\,\text{lb}$

5.3 부력 및 부양체의 안정

　기원전 3세기경 헬라 시대의 천재 과학자인 아르키메데스는 한 물체의 전부 혹은 일부가 유체 속에 잠겨 있을 때 물체는 물체에 의해 밀려난 유체의 무게만큼 부력이 작용한다는 것을 발견하였다. 이 부력은 우리의 일상생활과 공학에 다양하게 적용되고 있다. 「그림 5.19」는 스코틀랜드 Falkirk 부근에 있는 두 운하를 서로 이어주는 Falkirk wheel이라는 보트 승강기로, 역시 부력을 이용한다.

　부력(buoyant force)은 유체 속에 잠겨 있거나 떠 있는 물체가 유체에 의해 작용하는 압력차로 수직 상향으로 받는 힘을 말하며, 부력의 작용점을 부력중심이라 하며, 부력중심은 물체와 대체된 유체 체적의 중심, 즉 유체 속에 잠긴 물체 체적의 중심을 지난다. 「그림 5.20」과 같이 유체 속에 잠긴 부피 V의 임의 형상의 물체를 생각해 보자. 미소면적 dA의 연직 기둥에 작용하는 수직 방향에 대한 힘의 평형조건으로부터

$$P_2 dA - P_1 dA - dW = 0$$
$$dW = (P_2 - P_1)dA = \gamma(h_2 - h_1)dA = \gamma h dA = \gamma dV$$

위 식을 물체 전체에 대해 적분하면 다음과 같다.

$$W = \gamma V \qquad\qquad (5.29)$$

여기서 V는 물체에 의해 배제된 유체의 체적과 같다. 따라서 유체 속에 물체가 정지하고 있는 것은 물체의 무게 W와 같은 크기의 힘인 부력 F_B가 수직 상방향으로 작용하기 때문이다. 따라서 식 (5.29)는 다음의 부력에 관한 식을 얻을 수 있다.

$$F_B = \gamma V \qquad\qquad (5.30)$$

[그림 5.19] Falkirk Wheel

부력의 작용점은 임의의 축 O에 대한 모멘트 평형 조건으로 구할 수 있다. 즉, 축 O로부터 부력의 작용선까지의 거리를 $\bar{x}$라 하면,

$$\int x dW = \bar{x} F_B$$
$$\gamma \int x dV = \bar{x} \gamma V$$

따라서 다음과 같다.

$$\overline{x} = \frac{1}{V} \int x \, dV \tag{5.31}$$

여기서, $\overline{x}$는 물체 체적의 중심까지의 거리가 되기 때문에 부력은 유체 속에 잠긴 물체 체적의 중심, 즉 물체에 의해 배제된 체적의 도심인 부력중심을 지난다.

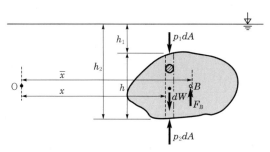

[그림 5.20] 부력과 부력중심

물체를 처음 위치에서 변화시켰을 때 다시 처음의 평형 위치로 돌아오게 되면 물체는 안정한 평형상태(stable equilibrium)에 있다고 하고, 반대로 새로운 평형 위치로 이동한다면 불안정한 평형상태(unstable equilibrium)에 있다고 한다. 「그림 5.21(a)」와 같이 유체 속에 잠겨 있는 물체의 무게중심이 부력의 중심보다 밑에 있는 경우 잠겨 있는 물체를 평형 위치로부터 회전시키면, 물체의 중량 W와 부력 F_B에 의해 복원모멘트(restoring moment)가 발생하여 평형상태를 유지하는 안정한 상태가 된다. 반면에 「그림 5.21(b)」와 같이 무게중심이 부력의 중심보다 위에 있으면 중량과 부력에 의한 모멘트로 물체를 전복시켜 새로운 평형상태에 이르게 된다. 따라서 무게중심이 부력의 중심보다 아래에 있으면 작은 회전에 대해 안정한 평형상태에, 무게중심이 부력의 중심보다 위에 있으면 불안정한 평형상태에 있게 된다.

선박과 같이 부력에 의해 액체에 떠 있는 물체는 물체가 회전함에 따라 부력의 중심 위치가 변할 수 있기 때문에 안정성 문제가 다소 복잡하다. 「그림 5.22(a)」와 같이 물에 잠긴 부분의 깊이가 폭에 비해 작은 경우 물체의 무게중심이 부력의 중심보다 위에 있더라도 안정적일 수 있다. 즉, 물체가 회전함에 따라 부력 F_B가 새로운 배제된 부피의 도심을 통과하도록 이동하여 중량 W와 함께 모멘트를 발생시켜 원래의 평형 위치로 되돌려 안정한 상태가 된다. 그러나 「그림 5.22(b)」와 같이 높고 가는 물체의 경우에는 조금만 회전하여도 부력과 중량에 의해 물체가 전복되도록 모멘트가 발생한다. 안정성에 대한 고려는 선박이나 잠수함, 잠수정 등 해양에 관련된 설계에서 매우 중요하다.

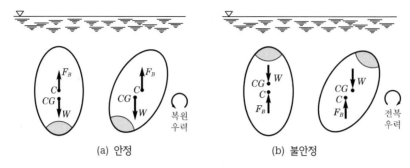

[그림 5.21] 유체 속에 잠겨있는 물체의 안정성

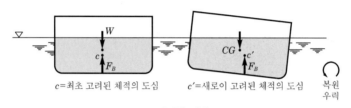

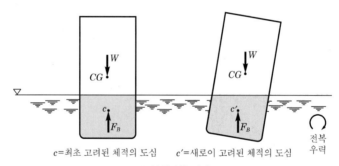

[그림 5.22] 떠 있는 물체의 안정성

 5.12

해수면 위로 500m³가 나와 있는 빙산의 전체 체적을 구하시오. 얼음과 바닷물의
비중은 각각 0.92 및 1.03이다.

풀이 빙산의 전체적을 V, 바닷물에 잠긴 체적을 V'이라 하면 얼음의 무게 W는 부력 F_B와
같으므로

$$W = 9{,}810 \times 0.92 \times V = F_B = \gamma V' = 9{,}810 \times 1.03 \times (V-500)$$

따라서 $V = 4{,}681.8\,\text{m}^3$

5.4 강체처럼 운동하는 유체 내의 압력 변화

용기 속의 유체요소 전체가 등가속도 운동을 하는 경우에는 유체입자 간의 상대적인 운동이 없으므로 전단응력이 발생하지 않기 때문에 고체와 같은 운동을 하게 된다. 이러한 예는 소방차가 정지 상태에 있다가 출동하면서 가속되면 수면이 수평면에서 경사면으로 바뀌고 경사면을 이루고 있는 물은 마치 강체(rigid body)처럼 변함없는 상태로 유지된다. 또 하나의 예는 세탁기 내의 물처럼 고정된 축을 중심으로 회전하는 유체 역시 탱크와 함께 강체처럼 회전한다.

「그림 5.23」과 같이 액체를 담고 있는 개방된 용기가 일정한 수평 방향 가속도 a_x로 직진 운동하는 경우를 생각해 보자. 「그림 5.23」의 점선으로 표시된 수직 방향의 체적요소에 작용하는 y방향의 힘은 y방향으로의 가속도 성분이 없으므로 수직 방향의 운동방정식 $\sum F_y = ma_y = 0$으로부터 다음 식을 얻을 수 있다.

$$PA - \gamma hA = 0 \rightarrow P = \gamma h$$

즉, 수직 방향으로의 압력 변화는 정지유체와 동일하다는 것을 알 수 있다.

한편 실선으로 표시한 수평 방향의 유체요소는 수평 방향의 가속도 a_x를 가지므로 수평 방향에 대한 운동방정식 $\sum F_x = ma_x$를 적용하면

$$P_1 A - P_2 A = \gamma h_1 A - \gamma h_2 A = ma_x = \frac{\gamma Al}{g} a_x$$

이 식을 정리하면 다음과 같다.

$$\frac{P_1 - P_2}{\gamma l} = \frac{h_1 - h_2}{l} = \frac{a_x}{g} \tag{5.32}$$

위 식에서 $(h_1 - h_2)/l$은 자유표면의 기울기 $\tan\theta$와 같으므로 다음 식을 도출해 낼 수 있다.

$$\tan\theta = \frac{a_x}{g} \tag{5.33}$$

「그림 5.23」과 같이 $a_x \neq 0$이면 가속 운동하는 자유표면은 경사지게 된다. 즉, 수평 방향으로의 가속도를 알면 자유표면의 기울어진 각도를 계산할 수 있다.

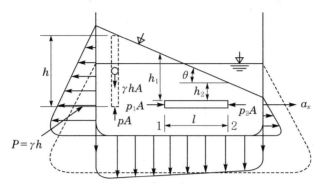

[그림 5.23] 자유표면을 가진 액체의 직진가속운동

유체요소가 수직 방향으로 가속운동하는 특수한 경우에는 유체의 자유표면은 수평 그대로이다. 「그림 5.24」의 점선으로 표시한 유체요소에 수직 방향으로의 운동방정식 $\sum F_y = ma_y$를 적용하면

$$P_2 A - P_1 A - \gamma h A = ma_y = \frac{\gamma h A}{g} a_y$$

$$P_2 - P_1 = \gamma h \left(1 + \frac{a_y}{g} \right) \tag{5.34}$$

로, 가속도가 없는 경우의 γh보다 $\gamma h(a_y/g)$만큼의 압력을 더 받게 된다. 만일 용기가 자유 낙하한다면, $a_y = -g$이므로 $P_2 = P_1$이 된다. 즉, 자유낙하 하는 유체의 모든 점에서의 압력은 같다는 것을 알 수 있다.

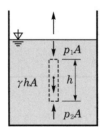

[그림 5.24] 수직 방향으로 등가속운동하는 유체

「그림 5.25」와 같이 축을 중심으로 일정한 각속도 ω로 회전하는 탱크 속의 유체는 초기의 천이단계를 지난 후 탱크와 함께 강체처럼 회전한다. 따라서 수직 방향의 압력변화는 정지하고 있는 유체와 같이 $P = \gamma h$의 관계가 성립한다. 반경 방향의 압력변화는 「그림 5.25」의 유체요소에 반경 방향 운동방정식 $\sum F_r = ma_r$을 적용하면

구심가속도 $a_r = -r\omega^2$ 이므로 다음 식을 얻을 수 있다.

$$PA - (P+dP)A = \frac{\gamma A\,dr}{g}(-r\omega^2)$$

위 식을 정리하면 $\dfrac{dP}{dr} = \dfrac{\gamma}{g}r\omega^2$ 이 된다. 축 중심 $(r=0)$에서의 압력을 P_0라 하고, 이를 적분하면 다음과 같이 된다.

$$P = P_0 + \frac{\gamma}{2g}r^2\omega^2 \qquad\qquad (5.35)$$

위 식에서 자유표면에서의 압력 $P_0 = 0$를 기준으로 하면 다음 식과 같이 된다.

$$\frac{P}{\gamma} = \frac{r^2\omega^2}{2g} \qquad\qquad (5.36)$$

위 식으로부터 압력이 회전축으로부터 떨어진 거리에 비례하여 변하는 것을 알 수 있다. $r = r_0$에서의 상승높이 h_0는 다음과 같이 구할 수 있다.

$$h_0 = \frac{r_0^2\omega^2}{2g} \qquad\qquad (5.37)$$

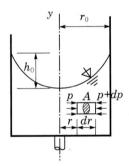

[그림 5.25] 등가속 회전운동 하는 유체

 5.13

직경 20cm인 원통에 물을 담아 중심축에 대하여 100rpm으로 회전시킬 때 자유표면의 최고점과 최저점의 높이차는 얼마가 되겠는가?

> **풀이** 각속도는
>
> $$\omega = \frac{2\pi n}{60} = \frac{2\pi \times 100}{60} = 10.47\,\mathrm{rad/s}$$
>
> 식 (5.37)로부터
>
> $$h_0 = \frac{r_0^2 \omega^2}{2g} = \frac{0.1^2 \times 10.47^2}{2 \times 9.81} = 0.056\,\mathrm{m} = 5.6\,\mathrm{cm}$$

5.5 유량과 연속방정식

일반적으로 파이프나 덕트 내에서 유동하는 유체의 온도, 압력 및 밀도와 같은 대부분의 상태량들은 유동단면에 걸쳐 일정하게 유지되기 때문에 단면 전체에 걸쳐 속도가 일정하다고 가정할 수 있다. 이와 같이 '정상상태인 유동은 시스템으로 유입되는 질량유량(mass flow rate)과 시스템으로부터 유출되는 질량유량이 같다.'라는 것이 연속방정식(continuity equation)이다. 즉, '유체의 유동 중에 질량이 증가되거나 손실되지 않는다'라는 질량보존의 법칙을 유체의 유동에 적용하여 얻어진 방정식이다. 여기서 연속이라는 용어는 유동이 끊이지 않고 연속적이며 정상 상태인 유동을 의미한다.

「그림 5.26」과 같은 파이프 속을 흐르는 유체를 생각해 보자. 유체가 시간 dt동안에 단면 1에서 단면 1′로, 단면 2에서 2′로 유동하였다면, 이때 통과한 유체의 질량은 질량보존의 법칙에 의하여 동일하여야 하므로 다음과 같이 쓸 수 있다.

$$\rho_1 A_1 ds_1 = \rho_2 A_2 ds_2$$

위 식의 양변을 유동시간 dt로 나누면 ds_1/dt와 ds_2/dt는 단면 1, 2에서의 평균속도 V_1과 V_2이므로 다음과 같이 정리할 수 있다.

$$\dot{m} = \rho_1 A_1 V_1 = \rho_2 A_2 V_2 \tag{5.38}$$

여기서 $\dot{m}$를 질량유량(mass flow rate)이라고 하며, kg/s의 단위를 갖는다.

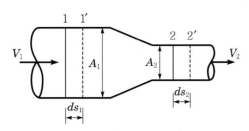

[그림 5.26] 질량보존의 법칙

단면 1과 2에서의 밀도가 동일하다면 식 (5.38)의 연속방정식은 다음과 같이 단면적과 속도의 곱으로 나타나는 체적유량(volume flow rate : m^3/s) 혹은 유량(flow rate) Q로 나타낼 수 있다.

$$Q = A_1 V_1 = A_2 V_2 \tag{5.39}$$

식 (5.38)과 식 (5.39)를 연속방정식이라 한다. 식 (5.39)로부터 단면적이 작을 때는 유속이 빨라지고, 반대로 단면적이 커지면 유속이 감소하는 것을 알 수 있다. 한편, 두 개 이상의 유·출입구를 갖는 정상 유동에서의 연속방정식은 다음과 같이 쓸 수 있다.

$$\sum \dot{m}_{\text{in}} = \sum \dot{m}_{\text{out}} \tag{5.40}$$

예제 5.14

노즐이 부착된 정원용 호스를 사용하여 용량이 10갤런인 물통에 물을 채운다. 호수의 내경은 2cm이고, 노즐 출구에서 0.8cm로 줄어든다. 물통에 물을 채우는 데 50초가 걸렸다면

(a) 호스를 통과하는 물의 체적유량과 질량유량을 구하시오.

(b) 노즐 출구에서의 물의 평균속도는 얼마인가? 1갤런은 3.7854L이다.

풀이 (a) 10갤런의 물이 50초 동안 배출되므로

체적유량은 $Q = \dfrac{10 \times 3.7854 \times 10^{-3}}{50} = 0.757 \times 10^{-3} \, m^3/s$

질량유량은 $\dot{m} = \rho Q = 1{,}000 \times 0.757 \times 10^{-3} = 0.757 \, kg/s$

(b) 노즐 출구에서의 물의 속도는

$V = \dfrac{0.757 \times 10^{-3}}{\dfrac{\pi}{4} \times 0.008^2} = 15.1 \, m/s$

5.6 오일러의 운동방정식

유체의 움직임이 복잡하더라도 유동장을 가시화(visualization)하면 해석하는데 상당히 도움이 된다. 유동해석에는 유선, 유맥선 그리고 유적선이 사용된다. 유선(stream line)은 유동장 내의 모든 점에서 속도벡터에 접선이 되도록 그어진 선으로 유체운동을 해석적으로 표현하는데 유용하다. 반면에 유맥선(streak line)은 유동장 내의 주어진 위치를 앞서 지나간 표시된 입자들을 순간적으로 사진을 찍어 얻을 수 있다. 「그림 5.27」은 연기선(smoke wire)을 이용하여 자동차 주위의 유동을 가시화 한 것으로 흰 선들이 유맥선이다. 유적선(pathline)은 유체입자가 한 점에서 다른 점으로 흐를 때 주어진 입자가 만든 궤적선이다. 정상유동(steady flow)인 경우에는 연속적으로 주입된 각각의 입자들이 앞서 주입된 입자들을 정확히 따라갈 것이기 때문에 정상유동의 유맥선을 형성하고 이 선은 주입 점을 지나는 유선 및 유적선과도 일치한다. 이 유선을 따라 운동하는 비압축성 이상유체의 1차원 흐름에 뉴턴의 운동법칙을 적용하여 얻은 미분방정식을 오일러의 운동방정식(Euler's equation of motion)이라 한다.

[그림 5.27] 자동차 주위 유동의 가시화

「그림 5.28」에 보인 바와 같이 유선을 따라 평행하게 놓인 실린더 모양의 유체요소에 뉴턴의 제2법칙을 적용하면 다음과 같이 정리할 수 있다.

$$PdA - (P + dP)dA - \gamma dAdl \cdot \cos\theta = ma_s$$

그런데, 유체요소의 질량 $m = \rho Adl = \gamma dAdl/g$이고, $\cos\theta = dz/dl$, 그리고 가속도 $a_s = dV/dt = (\partial V/\partial l)(\partial l/\partial t) = (\partial V/dl)V$이므로 이들을 대입하고 정리하면

$$\frac{1}{\gamma}\frac{dP}{dl}+\frac{V}{g}\frac{dV}{dl}+\frac{dz}{dl}=0 \tag{5.41}$$

이 된다. 위 식의 좌표축 l의 선택은 임의이므로 식 (5.41)은 다음과 같이 보다 간편한 식으로 표시할 수 있다.

$$\frac{dP}{\gamma}+\frac{V}{g}dV+dz=0 \tag{5.42}$$

식 (5.42)는 오일러에 의해 처음으로 유도되었기 때문에 오일러의 운동방정식이라고 한다.

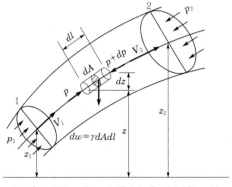

[그림 5.28] 미소 유체요소에 작용하는 힘

5.7 베르누이 방정식

정상유동의 경우 유선을 따라 오일러의 운동방정식을 쉽게 적분할 수 있고, 그 식을 적분하면 베르누이 방정식(Bernoulli equation)을 얻을 수 있다. 비압축성 유체의 경우 비중량 $\gamma =$const이므로 식 (5.42)를 유선을 따라 적분하면 다음과 같이 된다.

$$\int \frac{P}{\gamma}+\frac{V^2}{2g}+z=\text{const}$$

$$\frac{P}{\gamma}+\frac{V^2}{2g}+z=\text{const} \tag{5.43}$$

이 식은 비압축성, 정상유동으로 내부에너지의 변화가 없는 유동에 대해 동일한 유선의 두 점 사이에서 적용된다는 가정 하에서 성립된 것을 유의해야 한다. 식 (5.43)을 「그림 5.28」의 단면 1과 2 사이에 적용하면 다음과 같다.

$$\frac{P_1}{\gamma} + \frac{V_1^2}{2g} + z_1 = \frac{P_2}{\gamma} + \frac{V_2^2}{2g} + z_2 = H \tag{5.44a}$$

또는 다음과 같다.

$$\frac{P_2 - P_1}{\gamma} + \frac{V_2^2 - V_1^2}{2g} + z_2 - z_1 = 0 \tag{5.44b}$$

식 (5.44)에서 제1항을 압력수두(pressure head), 제2항을 속도수두(velocity head) 그리고 제3항을 위치수두(potential head)라고 한다. 이 식은 단위중령당의 압력에너지와 속도에너지 그리고 위치에너지의 합이 유선을 따라 일정함을 나타내 주고 있다. 압력수두, 속도수도 및 위치수두의 합인 전수두(total head) H를 나타 내는 EL을 에너지선(energy line)이라 하며, 압력수두와 위치수두의 합을 나타내는 선인 HGL을 수력구배선(hydraulic grade line)이라 한다. 수력구배선은 에너지선 보다 속도수두 $V^2/2g$만큼 아래에 위치한다. 「그림 5.29」는 관 내의 유동에서 각각 의 수두 변화를 나타낸 것이다. 이러한 그림은 각각의 수두가 차지하는 비율을 파악 하는데 편리하다.

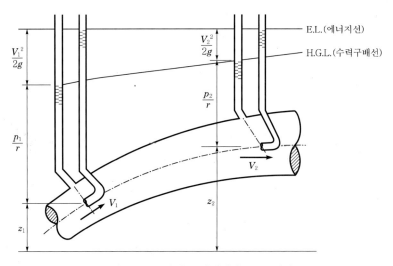

[그림 5.29] 파이프 내에서의 수두 변화

식 (5.43)의 양변에 비중량 γ를 곱하여 이 식을 다시 쓰면 다음과 같다.

$$P + \frac{1}{2}\rho V^2 + \gamma z = \text{const} \tag{5.45}$$

식 (5.45)의 제1항을 정압(static pressure), 제2항을 동압(dynamic pressure) 그리고 제3항을 위치압력(potential pressure)라고 한다. 유체가 기체인 경우에는 비중량 γ가 작기 때문에 위치압력을 무시할 수 있다. 따라서 식 (5.45)는 다음과 같이 된다.

$$P + \frac{1}{2}\rho V^2 = \text{const} \tag{5.46}$$

이 정압과 동압의 합을 전압(total pressure)이라고 한다.

실제로 유체가 관로를 흐를 때는 유체의 마찰을 고려하여야 한다. 「그림 5.28」에서의 단면 1과 단면 2 사이의 마찰에 의한 수두손실(head loss)을 h_L이라고 하면 식 (5.44)는 다음과 같이 된다.

$$\frac{P_1}{\gamma} + \frac{V_1^2}{2g} + z_1 = \frac{P_2}{\gamma} + \frac{V_2^2}{2g} + z_2 + h_L \tag{5.47}$$

식 (5.47)을 수정 베르누이 방정식(modified Bernoulli equation)이라 한다.

5.8 베르누이 방정식의 응용

(1) 토리첼리의 정리

「그림 5.30」과 같이 용기에서 유출되는 유체의 출구속도를 구해보자. 탱크의 자유표면 ①로부터 노즐 출구 ②에 베르누이 방정식을 적용하면 다음 식과 같이 된다.

$$\frac{P_1}{\gamma} + \frac{V_1^2}{2g} + z_1 = \frac{P_2}{\gamma} + \frac{V_2^2}{2g} + z_2$$

수면의 하강속도 V_1은 노즐 출구속도 V_2에 비해 거의 무시할 수 있으므로 $V_1 = 0$로 둘 수 있다. 또한 수면과 노즐 출구는 모두 대기압 상태에 있으므로

$P_1 = P_2 = P_0$가 된다. 또한 $z_1 - z_2 = h$이므로 베르누이 방정식은 다음과 같이 된다.

$$\frac{P_0}{\gamma} + \frac{0}{2g} + h = \frac{P_0}{\gamma} + \frac{V^2}{2g} + 0$$

이를 정리하면

$$V = \sqrt{2gh} \tag{5.48}$$

위 식은 이탈리아 출신 물리학자인 토리첼리(Evangelista Torricelli, 1608~1647)가 1644년에 발견한 것으로 토리첼리의 정리라 한다.

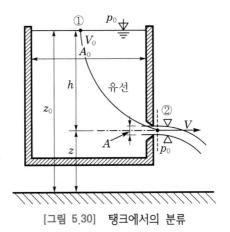

[그림 5.30] 탱크에서의 분류

(2) 피토 정압관

피에조미터와 피토관을 결합한 형태의 피토 정압관(Pitot static tube)은 유체 유동에서 전압과 정압의 차이를 측정하여 유속을 측정하는 기구이다. 그림 5.31 에서 점 ①은 피토관 입구에서 충분히 떨어진 지점의 유체가 관 속으로 유입되고 입구인 점 ②에서 유체가 정체(stagnation)된다. 점 ①과 점 ② 사이의 유선 ①-②에 베르누이 방정식을 적용하면 다음과 같다.

$$\frac{P_1}{\gamma} + \frac{V_1^2}{2g} + z_1 = \frac{P_2}{\gamma} + \frac{V_2^2}{2g} + z_2$$

여기서 $z_1 = z_2$, $V_2 = 0$이므로, 위 식은 다음과 같이 된다.

$$\frac{P_1}{\gamma} + \frac{V_1^2}{2g} = \frac{P_2}{\gamma}$$

$P_1 = \gamma z$, $P_2 = \gamma(z+h)$이므로 위 식은 다음과 같이 쓸 수 있다.

$$V_1 = \sqrt{2gh} \qquad\qquad (5.49)$$

즉, 액주의 높이를 측정함으로써 유속을 측정할 수 있다. 「그림 5.32」는 항공기의 비행속도를 측정하기 위해 날개 밑에 부착되어 있는 피토정압관이다.

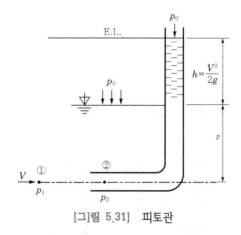

[그림 5.31] 피토관

[그림 5.32] 비행기 날개 밑의 피토정압관

(3) 벤투리 유량계

「그림 5.33」과 같이 파이프의 일부 단면을 축소하였다가 다시 확대된 형태로 제작된 유량계를 벤투리 유량계(Venturi flowmeter)라고 한다. 벤투리 유량계는 파이프에 결합하여 압력에너지의 일부를 속도에너지로 변환시켜 유속을 측정하고 이로부터 유량을 측정하게 된다. 벤투리 유량계의 기본 형태는 감지할 만한 크기의 압력차가 발생하도록 「그림 5.33」과 같은 단면적의 감소 부분이 포함된다. 「그림 5.33」의 파이프 단면 ①과 ② 사이에서 위치변화와 에너지 손실이 없다고 가정하면 베르누이 정리에 의하여 다음과 같이 쓸 수 있다.

$$\frac{P_1}{\gamma} + \frac{V_1^2}{2g} = \frac{P_2}{\gamma} + \frac{V_2^2}{2g}$$

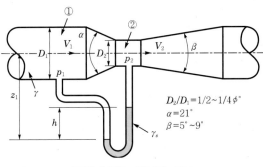

[그림 5.33] 벤투리 튜브

한편 연속방정식으로부터 유량 Q 는

$$Q = A_1 V_1 = A_2 V_2$$

이므로, $V_1 = V_2 A_2 / A_1$ 이 된다. 이를 앞의 식에 대입하여 정리하면 다음과 같이 된다.

$$V_2 = \frac{1}{\sqrt{1 - \left(\frac{A_2}{A_1}\right)^2}} \sqrt{2g \frac{P_1 - P_2}{\gamma}} \tag{5.50}$$

따라서 유량 Q 는 다음과 같이 계산할 수 있다.

$$Q = A_2 V_2 = \frac{A_2}{\sqrt{1 - \left(\dfrac{A_2}{A_1}\right)^2}} \sqrt{2g\frac{P_1 - P_2}{\gamma}} \tag{5.51}$$

「그림 5.33」에서와 같은 U자형 액주계로부터 압력차를 다음과 같이 구할 수 있다.

$$P_1 + \gamma z_1 = P_2 + \gamma(z_1 - h) + \gamma_s h$$

위 식을 정리하면 압력차는 다음과 같이 된다.

$$\frac{P_1 - P_2}{\gamma} = h\left(\frac{\gamma_s}{\gamma} - 1\right)$$

[그림 5.34] 벤투리 유량계

이 식을 식 (5.51)에 대입하고, 단면적비를 지름비로 바꾸어 정리하면 벤투리 유량계에서 유량을 구하는 이론식을 다음과 같이 쓸 수 있다.

$$Q = A_2 \sqrt{\frac{2gh\left(\dfrac{\gamma_s}{\gamma} - 1\right)}{1 - \left(\dfrac{D_2}{D_1}\right)^4}} \tag{5.52}$$

실제 상황에서 적절하게 설계된 벤투리 유량계를 사용하여 위 식으로 구한 유속은 실제 유속과 비교하여 약 5%의 오차 범위에 있는 비교적 정확한 값이 된다.

5.15

그림과 같은 벤투리 유량계를 통해 유체가 흐르고 있다. 이 유체의 비중량이 $\gamma = 9.1\text{kN/m}^3$이라고 하면 유량은 얼마가 되는가?

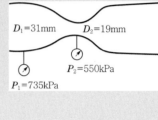

$D_1 = 31\text{mm}$ $D_2 = 19\text{mm}$ $P_2 = 550\text{kPa}$ $P_1 = 735\text{kPa}$

풀이 벤투리 유량계에 관한 식 (5.50)으로부터

$$V_2 = \frac{1}{\sqrt{1 - \left(\dfrac{A_2}{A_1}\right)^2}} \sqrt{2g\,\frac{P_1 - P_2}{\gamma}}$$

$$= \sqrt{\frac{2g\,\dfrac{P_1 - P_2}{\gamma}}{1 - \left(\dfrac{D_2}{D_1}\right)^4}} = \sqrt{\frac{2(9.81)\left(\dfrac{735 - 550}{9.1}\right)}{1 - \left(\dfrac{19}{31}\right)^4}} = 21.5\,\text{m/s}$$

따라서 유량은

$$Q = A_2 V_2 = \frac{\pi}{4}D_2^2 V_2 = \frac{\pi}{4}(0.019)^2(21.5) = 6.10\times 10^{-3}\,\text{m}^3/\text{s}$$

 5.16

날개 면적이 15m^{2}인 수중익선이 60m/s의 속도로 바다 위를 날고 있다. 날개 밑면에서의 공기 유속은 비행 속도와 같고 날개 윗면에서의 유속은 비행 속도보다 15% 더 빠르다. 이 때 발생하는 양력의 크기를 구하시오. 공기의 밀도는 1.2kg/m^{3}이다.

풀이 날개 주위 유동에는 높이 변화가 거의 없으므로 베르누이 방정식 식 (5.43)을 적용하면 다음과 같다.

$$\frac{P_{\text{upper}}}{\gamma} + \frac{V_{\text{upper}}^2}{2g} = \frac{P_{\text{lower}}}{\gamma} + \frac{V_{\text{lower}}^2}{2g}$$

따라서 날개 윗면과 아랫면의 압력 차이는

$$P_{\text{upper}} - P_{\text{lower}} = \rho\left(\frac{V_{\text{upper}}^2}{2} - \frac{V_{\text{lower}}^2}{2}\right) = 696.6\,\text{kPa}$$

양력은 다음과 같이 날개 윗면과 아랫면의 압력차에 날개 면적을 곱한 것과 같다.
따라서 $L = 696.6 \times 15 = 10,449\,\text{N} = 10.45\,\text{kN}$

5.9 물체 주위의 유동

유동 중인 유체 속에 물체가 놓여 있거나 정지해 있는 유체 속을 물체가 운동할 때 물체의 표면에서는 유체의 속도 및 압력 변화에 의한 복잡한 유동 현상이 발생한다. 예를 들어 「그림 5.35」와 같이 동일한 직경의 골프공일지라도 매끄러운 표면을 갖고 있는 경우와 표면에 움푹 파인 곰보 모양의 딤플(dimple)이 있는 경우에는 골프공 주위를 흐르는 유동의 형상이 매우 달라진다.

물체가 유체 중에 움직일 때 발생되는 저항력을 항력(drag)이라 한다. 물체의 운동 중에 발생하는 항력은 유체의 점성으로 인한 마찰항력(friction drag)과 물체의 전면과 후면에 작용하는 압력 차이로 인한 압력항력(pressure drag)으로 구분할 수 있다. 물체의 운동 속도가 아주 낮을 때에는 점성마찰로 인한 마찰항력과 압력 차이로 인한 압력항력의 크기가 서로 비슷하지만 물체의 속도가 증가하면 압력 차이로 인한 항력이 증가한다. 물체의 운동 속도가 증가하면 유체 점성의 영향이 물체 표면에 집중되면 물체 표면에 하나의 층이 형성된 것과 같이 보이는데 이를 경계층(boundary layer)라 한다. 앞에서 설명한 바와 같이 유체 입자들이 층을 이루면서 질서 정연한 형태로 흐르는 경계층을 층류(laminar)경계층이라 하고, 아주 불규칙하게 흐르는 경계층을 난류(turbulent)경계층이라 한다. 유체 중에 운동하는 물체 표면의 경계층은 물체의 속도가 증가되면 층류경계층에서 난류경계층으로 변화된다. 주어진 온도와 압력 하에서 비행하는 골프공은 골프공 주위에 층류경계층이 형성된 경우보다 난류경계층이 형성된 경우에 항력이 감소되어 더 멀리 날아갈 수 있게 된다. 따라서 「그림 5.35」와 같이 골프공의 표면을 인공적으로 거칠게 하면 비교적 낮은 속도에서도 난류경계층이 발생되어 항력이 크게 감소됨으로써 공이 더 멀리 날아갈 수 있게 된다.

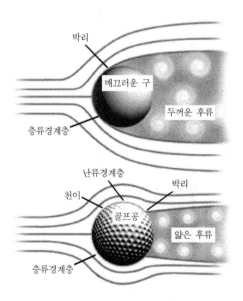

[그림 5.35] 매끄러운 표면의 골프공과 딤플이 있는 골프공 주위의 유동

「그림 5.36」과 같이 원통 주위를 흐르는 유체를 생각해 보자. 원통 상류에서 일정한 간격으로 원통을 향해 흐르는 유체의 유선(streamline)은 원통 주위를 따라 흐르면서 원통의 측면(「그림 5.36」에서는 상하면)에서 유선의 간격이 최소로 되었다가 하류로 가면서 넓어진다. 「그림 5.36(b)」와 같이 원통 표면을 따라 유속이 증가하여 선 a에서 유속이 최대가 되며, 선 a 하류에서 유속이 감소하게 된다. 따라서 연속방정식에 의해 선 a의 상류에서는 유속 변화율이 $du/dx > 0$이, 선 a 하류에서는 $du/dx < 0$이 된다. 이를 베르누이 방정식에 의한 압력변화율로 생각해보면 유속변화율과 반대로 선 a 상류에서는 압력변화율이 감소되고 $dP/dx < 0$, 선 a 하류에서는 압력변화율이 증가되어 $dP/dx > 0$가 된다. 이를 정리하면 「표 5.1」과 같다. 따라서 선 a의 하류의 원통 표면을 따라 유동하는 유체 입자는 표면마찰에 의하여 유동에너지를 잃을 뿐 아니라 압력 상승에 대한 에너지를 공급해 주지 않으면 안 되기 때문에 보다 마찰이 적은 방향으로 유동하기 위하여 원통 표면을 떠나게 된다.

이와 같이 압력 상승에 의해 물체의 표면으로부터 유체 입자가 떨어져 나가는 현상을 유동의 박리(flow separation)라 한다. 유동의 박리는 유속변화율이 0이 되는 즉, $(du/dy = 0)_{y=0}$에서 발생한다. 박리점 이후의 물체 표면 근처에서는 흐름의 역류(reverse flow)로 인하여 소용돌이치는 불규칙한 흐름이 발생하는 데 이 영역을 후류(wake)라 한다. 「그림 5.37」과 「그림 5.38」은 잠수함 후면에 발생하는 후류와 자동차 측면 하류에서 발생하는 후류의 예이다.

[표 5.1] 원통 주위의 유속 및 압력 변화율

	선 a 상류	선 a	선 a 하류
유속	$\dfrac{du}{dx} > 0$	$u_{\max}$	$\dfrac{du}{dx} < 0$
압력	$\dfrac{dP}{dx} < 0$		$\dfrac{dP}{dx} > 0$

(a)　　　　　　　　　　(b)

[그림 5.36] 원통 주위의 흐름

[그림 5.37] 잠수함 뒤에서 발생하는 후류

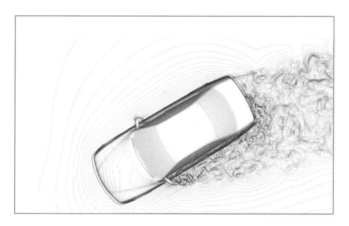

[그림 5.38] 자동차 옆면과 후면에서 발생하는 후류의 전산모사

◉ 연습문제 ◉

5.1 실린더에 어떤 액체를 500mL만큼 붓고 무게를 측정하니 8N이었다. 이 액체의 비중량과 밀도, 비중을 계산하시오.

정답 $\gamma = 16\text{kN/m}^3$, $\rho = 1.63 \times 10^3 \text{kg/m}^3$, SG=1.63

5.2 청량음료 캔에 담겨있는 음료의 양이 355mL이다. 음료를 포함한 캔의 질량이 0.369kg이고, 빈 캔의 무게가 0.153N이라면 음료의 비중량, 밀도 그리고 비중은 얼마인가?

정답 $\gamma = 9{,}770\text{N/m}^3$, $\rho = 996\text{kg/m}^3$, SG=9.96

5.3 어떤 유체의 점성계수가 5×10^{-4}poise이다. 이 점성계수를 SI 단위로 구하시오.

정답 $\mu = 5 \times 10^{-5} \text{N} \cdot \text{s/m}^2$

5.4 온도 20℃, 압력 150kPa에서 산소의 동점성계수는 0.104stoke이다. 이 온도와 압력에서 산소의 점성계수를 구하시오.

정답 $\mu = 2.05 \times 10^{-5} \text{N} \cdot \text{s/m}^2$

5.5 폭이 50mm이고 길이가 200mm인 평평한 슬라이드 밸브가 평판 위를 20m/s의 속도로 움직이고 있다. 밸브와 평판 사이에는 기름으로 채워져 있고 간극이 1mm이라면 밸브에 미치는 힘은 얼마인가? 기름의 점성계수는 $0.06\text{kg/m} \cdot \text{s}$이다.

정답 $F=12\text{N}$

5.6 지름 0.4cm인 파이프 내를 평균유속 3m/s로 흐르는 물과 공기의 레이놀즈수를 각각 구하시오.

정답 $Re_{\text{water}} = 15{,}000$, $Re_{\text{air}} = 752$

5.7 어떤 유체가 지름 25mm인 파이프 내를 4m/s의 속도로 흐른다. 이 유체가 다음과 같을 때, 이 유동은 층류, 천이유동, 또는 난류 중 어느 것에 해당하는가?

(a) 기름 : $\rho = 900\text{kg/m}^3$, $\mu = 0.1\text{kg/m} \cdot \text{s}$
(b) 수증기 : $\rho = 2.5\text{kg/m}^3$, $\mu = 1.2 \times 10^{-5}\text{kg/m} \cdot \text{s}$
(c) 황산 : $\rho = 1{,}800\text{kg/m}^3$, $\mu = 0.05\text{kg/m} \cdot \text{s}$

정답 (a) $Re_d = 900$, 층류유동
(b) $Re_d = 20{,}833$, 난류유동
(c) $Re_d = 3{,}600$, 천이유동

5.8 표준대기압하에서 30℃의 공기가 평판 위로 10m/s의 속도로 흐르고 있다. 공기의 동점성계수가 $15.4 \times 10^{-6} m^2/s$라면 평판의 선단에서 1m 되는 지점의 유동형태는 어떠한가?

정답 $Re_L = 6.49 \times 10^5$, 난류유동

5.9 비중 0.9, 점성계수 0.25poise인 기름이 직경 0.5m인 파이프 속을 흐르고 있다. 유량이 $0.2m^3/s$라 하면 파이프 내 흐름의 유동 형태는 어떠한가?

정답 $Re_d = 1.84 \times 10^4$, 난류유동

5.10 반지름 0.1mm인 물방울이 20℃의 대기 중에 있다면 이 물방울의 내부의 압력은 얼마인가? 단, 물의 표면장력은 $\sigma = 0.073N/m$이며, 대기압은 101.3kPa이다.

정답 102.76kPa

5.11 끝이 개방되어 있는 유리관을 물이 담긴 용기에 넣었다. 유리관 속의 물 높이가 표면장력에 의해 유리관의 직경만큼 올라가려면 직경이 얼마나 되어야 하겠는가?

정답 5.45mm

5.12 70℃의 물이 파이프의 수축부를 흐를 때 공동 현상이 발생하지 않고 흐를 수 있는 최소의 절대압력은 얼마인가?

정답 31.2kPa

5.13 바다 속 40m까지 잠수한 스쿠버다이버가 받는 압력을 Pa 단위로 구하시오.

정답 $P = 404kPa$

5.14 심해탐사용 잠수정은 대양의 매우 깊은 곳까지 잠수할 수 있다. 바닷물의 비중량이 $10.1kN/m^3$으로 일정하다고 가정할 때, 해저 6km에서의 압력을 구하시오.

정답 $P = 60.6MPa$

5.15 직경 0.3m인 파이프가 직경 0.02m인 파이프와 연결되어 단단히 고정되어 있다. 두 파이프는 수평으로 놓여 있으며, 각 파이프의 끝에는 피스톤이 끼워져 있고, 그 사이의 공간은 물로 채워져 있다. 작은 피스톤에 90N의 힘을 가할 때, 평형을 이루기 위해 큰 피스톤에 얼마의 힘을 가해야 하는가? 단, 마찰은 무시한다.

정답 $F = 20,300N$

5.16 그림은 유압프레스의 원리를 나타낸 것이다. 오른쪽에 있는 플랜저의 단면적은 6.45cm^2 이며 위쪽의 큰 피스톤의 단면적이 968cm^2이다. 플랜저에는 기계적인 이득이 8:1인 지렛대를 사용하여 F_1의 힘을 가할 수 있다. 지렛대에 130N의 힘을 가할 때 올릴 수 있는 최대 하중 F_2는 얼마인가?

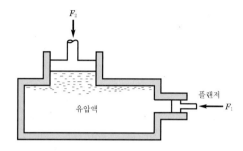

정답 $F_2 = 159.7\text{kN}$

5.17 기압계의 눈금이 755mmHg인 곳에서 탱크에 연결된 진공계기가 30kPa을 가리키고 있다. 탱크 내부의 절대압력을 계산하시오. 수은의 밀도는 $13,590\text{kg/m}^3$이다.

정답 $P = 70.6\text{kPa}$

5.18 어느 등산가의 기압계가 등산을 시작할 때에 930mbar을 나타내었고 산에 올라서는 780mbar를 나타내었다. 중력가속도에 대한 고도의 영향을 무시하고 이 등산가가 올라간 산의 높이를 계산하시오. 공기의 밀도는 1.20kg/m^3이다.

정답 $h = 1,274\text{m}$

5.19 혈압은 보통 사람의 팔 윗부분에 압력계가 달린 밀폐된 공기 충전 재킷을 감아서 측정한다. 수은 액주식 압력계나 청진기(stethoscope)를 이용하여 최고압력(systolic pressure, 심장이 펌핑될 때의 최대압력)과 최저압력(diastolic pressure, 심장이 이완될 때 최소압력)이 mmHg로 측정된다. 건강한 사람의 혈압은 각각 120mmHg와 70mmHg이다. 이 압력들을 Pa로 표시하면 각각 얼마가 되겠는가?

정답 $P = 16.0\text{kPa}$, $P = 9.31\text{kPa}$

5.20 건강한 사람의 팔에서 측정된 최대혈압은 120mmHg이다. 만일 대기 중에 노출되어 있는 수직관이 그 사람 팔의 정맥에 연결된다면 관내로 혈액이 얼마만큼 높이 상승될 것인가? 혈액의 밀도는 $1,050\text{kg/m}^3$이다.

정답 $h = 1.55\text{m}$

5.21 풀장에 완전히 잠겨 수직으로 서 있는 키 1.8m인 남자의 머리와 발끝에서의 압력차를 구하시오.

정답 $\Delta P = 17.7\text{kPa}$

5.22 그림과 같은 U자형 액주계에 기름, 수은과 물이 포함되어 있다. 주어진 액주의 높이에 대해 점 A와 B의 압력차를 구하시오.

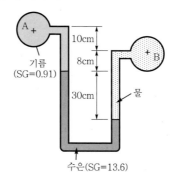

정답 $\Delta P = -37.87 \text{kPa}$

5.23 밀도가 850kg/m^3인 오일을 사용하는 액주식 압력계가 공기를 채운 탱크에 부착되어 있다. 두 액주의 유면 높이 차이가 45cm이고, 대기압이 98kPa이라면 탱크 내의 공기의 절대압력은 얼마인가?

정답 $P = 101.75 \text{kPa}$

5.24 그림과 같이 뒤집힌 U자형 액주계에는 비중 $SG = 0.9$인 기름과 물을 포함하고 있다. 점 A와 B의 압력차가 −5kPa이라면 높이차 h는 얼마인가?

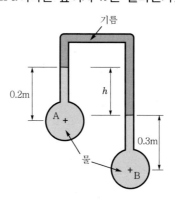

정답 $\Delta h = 0.449 \text{m}$

5.25 그림과 같이 물로 채워진 탱크에 연결된 직사각형 수로가 있다. 수로의 끝에는 폭 3m, 높이 8m의 수문이 설치되어 있다. 수문 밑면은 경첩으로 연결되어 있으며 수문 중간에 작용하는 수평력 F_H에 의해 고정된다. F_H의 최대값은 3,500N이라면 수문이 열리지 않는 범위에서 수문의 중심으로부터의 최대 수위 h를 구하시오.

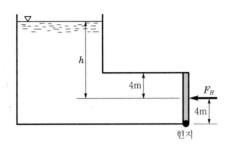

정답 $h = 16.2\text{m}$

5.26 비중량 $\gamma = 23.6\text{kN/m}^3$인 콘크리트 댐이 단단한 지반 위에 놓여 있다. 그림과 같은 깊이의 물에서 댐이 미끄러지지 않으려면 댐과 지반 사이의 마찰계수는 최소한 얼마가 되어야 하겠는가?

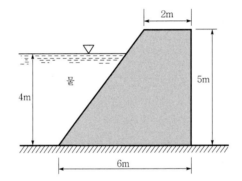

정답 $\mu = 0.146$

5.27 그림과 같이 물이 저장된 탱크의 수직벽 중간에 반구 형태로 튀어 나온 부분이 있다. 물에 의해 돌기된 부분에 작용하는 힘의 수직성분과 수평성분을 구하시오.

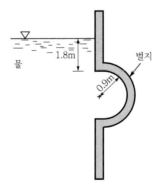

정답 $F_V = 14.3\text{kN}, \quad F_H = 3.74\text{kN}$

5.28 바닷물의 밀도가 $1,030 \text{kg/m}^3$이고, 바닷물에 대한 얼음의 비중이 0.91이라고 한다면 해수면 위로 보이는 빙산은 전체의 몇 %가 보이겠는가?

정답 9%

5.29 금의 비중은 19.3이다. 이 금의 공기 중에서의 중량이 40N이라면 물속에서의 중량은 얼마가 되겠는가?

정답 37.93N

5.30 그림과 같이 $0.7\text{m} \times 0.7\text{m} \times 1.3\text{m}$ 크기, 무게 2.4kN의 나무상자가 비중량 $\gamma = 23.6 \text{kN/m}^3$인 콘크리트 덩어리에 매달려 있다. 나무상자가 그림과 같이 기울어진다면 콘크리트 덩어리의 체적은 얼마인가?

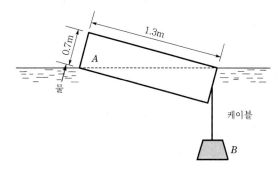

정답 0.0522m³

5.31 질량이 40,000kg인 7.5m(가로)×3m(세로)×4m(높이)의 상자를 물에 띄웠을 때 수면 밑으로 몇 m 가라앉겠는가?

정답 1.724m

5.32 그림과 같은 반지름 20cm인 원통 용기 내의 유체를 회전시킬 때 유체가 용기 밖으로 넘치지 않을 최대 각속도는 얼마인가?

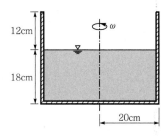

정답 103.55rpm

5.33 폭 1m, 길이 2m인 개방된 직사각형 탱크에 휘발유가 1m 깊이로 들어있다. 탱크 측면 벽의 높이가 1.5m일 때, 휘발유가 넘치지 않는 범위에서 허용될 수 있는 최대의 수평 방향 가속도는 얼마인가?

정답 4.91m/s^2

5.34 1m/s^2의 가속도로 수직 상방향으로 움직이고 있는 엘리베이터 안에 물컵이 놓여 있다. 이 물컵 속의 물이 10cm 높이로 담겨져 있다면 물에 의해 컵 바닥에 미치는 압력은 얼마나 되겠는가? 물의 밀도는 995.7kg/m^3이다.

정답 1.075kPa

5.35 비중이 0.9인 기름이 내경 10cm인 파이프 내를 흐르고 있다. 유체의 평균 유속이 10m/s라고 할 때, 체적유량과 질량유량을 각각 구하시오.

정답 $0.0785\text{m}^3\text{/s}$, 70.69kg/s

5.36 물이 두 개의 파이프를 통하여 그림과 같이 원통형 용기로 각각 950L/min과 380L/min로 들어가고 있다. 용기 내의 수위가 일정하게 유지된다고 할 때, 내경 0.2m의 파이프를 통해 빠져나가는 유동의 속도를 계산하시오.

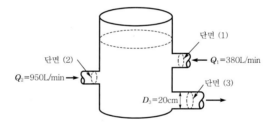

정답 $v = 0.70\text{m/s}$

5.37 그림과 같은 지면효과식 기계의 질량은 2,200kg이다. B점의 원형 흡입구를 통하여 대기압의 공기를 가압하고 스커트 C 주변에서 수평 방향으로 공기를 분사함으로써 지면에 가깝게 공중으로 떠다닌다. 공기흡입속도가 45m/s일 때 직경 6m의 기계 밑 지면에서의 평균압력 P를 계산하시오. 공기의 밀도는 1.206kg/m^3이다.

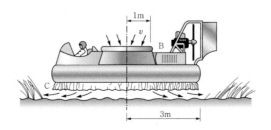

정답 $P = 1.035\text{kPa}$

5.38 입구 지름이 30mm이고 목 부분이 24mm인 벤투리관을 사용하는 가솔린 기관이 있다. 입구에서 25m/s로 유입되는 공기의 정압이 100kPa이라면 목 부분에서의 정압은 얼마인가? 공기의 밀도는 1.2kg/m³이다.

정답 $P=99.458\text{kPa}$

5.39 그림과 같이 잠수함이 깊이 50m의 바닷물($SG=1.03$) 속을 $V_0=5.0\text{m/s}$의 속도로 움직이고 있다. 정체점 (2)에서의 압력을 구하시오.

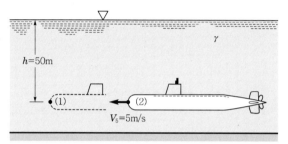

정답 $P=518\text{kPa}$

5.40 풍동 내에서 풍속은 피토관을 사용하여 측정한다. 풍동 내의 공기밀도가 1.25kg/m³이고, 물을 사용하는 액주의 높이 차이가 14mm이면 풍속은 얼마인가? 물의 밀도는 1,000kg/m³이고 중력가속도는 9.81m/s²이다.

정답 $v=14.8\text{m/s}$

5.41 유속을 측정하고자 그림과 같은 피토 정압관을 사용하였다. 수주의 높이가 20mm이라면 공기의 유속은 얼마인가?

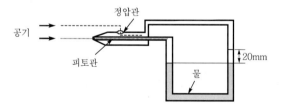

정답 17.7m/s

5.42 그림과 같이 지름 24mm인 파이프 내를 흐르고 있는 물의 유량을 측정하기 위하여 수은을 계기 액체로 사용하는 피토 정압관을 유동 중에 삽입하였다. 수은주의 높이가 8mm이라면 파이프 내를 흐르는 물의 유량은 얼마인가?

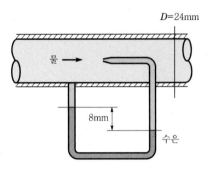

정답 $0.636 \times 10^{-3} \mathrm{m}^3/\mathrm{s}$

5.43 내연기관에 있는 기화기(carburetor)는 벤투리관의 원리를 이용하여 연료를 엔진 내로 공급하는 역할을 한다. 그림은 이와 유사한 물제트(water jet)를 이용하여 아래 통에 있는 기름을 빨아올리는 장치이다. 그림과 같이 기름을 빨아올리려면 물의 유속이 최소한 얼마가 되어야 하겠는가?

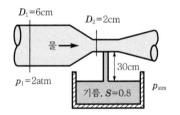

정답 $1.61 \mathrm{m/s}$

5.44 벤투리 유량계를 사용하여 파이프 내의 물의 유량을 측정하고자 한다. 파이프의 지름과 목 부분의 지름은 각각 100mm와 50mm이다. 벤투리 유량계의 입구와 목 부분에서의 압력차가 수두 150mm에 해당하면 파이프 내의 유량은 얼마인가? 물의 밀도는 1,000kg/m^{3}이다.

정답 $\dot{m} = 3.48 \mathrm{kg/s}$

MEMO

Chapter **06**

Fundamentals of Mechanics

동 역 학

06 동역학

Chapter >>>

제2장에서 물체가 정지 상태를 유지하기 위한 힘의 평형을 다루는 정역학에 대해서 학습하였다면 이번 장에서는 힘이 작용할 때 물체의 운동을 다루는 동역학에 대하여 학습한다. 동역학은 다음과 같이 두 가지 분야로 구분할 수 있다.

첫째, 운동을 유발하는 힘을 고려하지 않고 운동만을 다루는 운동학(kinematics)이 있다. 운동학은 위치, 속도, 가속도, 각속도 및 각가속도와 같은 변수들의 시간에 따른 변화와 운동의 기하학적 관계를 다룬다.

둘째, 힘의 작용에 의한 물체의 운동을 다루는 운동역학(kinetics)이 있다. 이를 해석하는 방법으로는 운동방정식을 구하는 방법과 일과 에너지의 관계를 구하는 방법 그리고 충격량과 운동량의 관계를 구하는 방법 등이 사용된다.

본 장에서는 운동의 원인이 되는 힘 또는 운동의 결과로서 발생되는 힘을 고려하지 않고 운동자체만을 취급하는 운동학을 먼저 학습한 다음 질점의 운동역학과 이 질점들로 이루어진 시스템인 강체들의 운동역학을 다루고자 한다.

6.1 질점의 운동학

질점은 물체의 크기가 물체의 운동곡선의 크기에 비해 대단히 작을 경우, 그 물체를 하나의 작은 점으로 취급할 수 있다는 것을 의미한다. 예를 들어 순항훈련 중인 함정은 함정의 운항경로 곡선에 비하여 그 크기가 대단히 작으므로 질점으로 취급하여 해석할 수 있다. 질점의 운동은 고정좌표계에 대하여 질점의 운동이 표현되는 절대운동과 이동좌표계에 관하여 표현되는 상대운동이 있다. 여기서는 절대운동과 상대운동을 2차원 평면 내에서 운동하는 평면운동에 국한하여 서술하고자 한다. 평면운동은 직선운동(rectilinear motion)과 곡선운동(curvilinear motion)으로 구분하여 다루기로 한다.

(1) 직선운동

함정의 엔진을 작동시켜 서서히 출력을 높이면 움직이기 시작한다. 함정은 특정한 방향으로 거리를 항해하며 각각의 순간에 특정 속도를 가진다. 이 과정에서 함정은 운동의 세 가지 기본요소인 변위, 속도 및 가속도를 가지게 된다. 「그림 6.1」에서 직선을 따라 운동하는 질점의 어느 시점 t에서의 위치 P는 직선상의 고정점 O로부터의 거리 x로 나타낼 수 있다. 시점 $t+\Delta t$에서의 질점의 위치 P'는 고정점 O로부터의 거리 $x+\Delta x$이다. Δt시간 동안의 위치변화 Δx를 질점의 변위(displacement)라 한다. 변위는 위치의 변화 혹은 거리상의 이동으로 출발점으로부터의 크기와 방향을 갖는 벡터량이다.

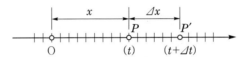

[그림 6.1] 직선운동을 하는 질점의 위치

속도(velocity)는 일정시간 동안에 측정된 변위량이다. 이는 위치의 시간에 따른 변화율을 의미하며, 벡터로서 크기와 방향을 갖는다. 평균속도(average velocity)는 물체가 동일한 거리 구간들을 동일한 시간 간격으로 움직인다고 가정한 속도이다. 유한한 시간 간격 사이에 발생하는 위치변화이며, Δx를 Δt로 나눈 값인 $v_{av} = \Delta x / \Delta t$로 쓸 수 있다. 시간 간격 Δt가 0으로 접근하면 평균속도 v_{av}는 시점 t에서 순간속도(instantaneous velocity)에 접근한다. 즉, 순간속도는 다음과 같이 표현할 수 있다.

$$v(t) = \lim_{\Delta t \to 0} \frac{\Delta x}{\Delta t} = \frac{dx}{dt} \tag{6.1}$$

따라서 속도 v는 위치좌표 x의 시간변화율이 된다. 평균속도는 어떤 구간의 평균적인 속도이지만 순간속도는 매 순간마다 변화한다.

가속도(acceleration)는 속도의 시간에 따른 변화율을 의미한다. 시간간격 Δt 동안의 속도변화 Δx를 평균가속도라 하며 $a_{av} = \Delta v / \Delta t$로 쓸 수 있다. 시간간격 Δt가 0으로 접근하면 평균가속도는 다음과 같이 순간가속도로 표현할 수 있다.

$$a(t) = \lim_{\Delta t \to 0} \frac{\Delta v}{\Delta t} = \frac{dv}{dt}$$

$$a = \frac{d^2 x}{dt^2} \tag{6.2}$$

가속도의 부호는 속도가 증가하면 양(+)이 되고, 속도가 감소하면 음(−), 즉 감속도(deceleration 혹은 retardation)가 된다.

식 (6.1)과 식 (6.2)에서 시간 미분 dt를 소거하면 다음과 같이 변위, 속도, 가속도 사이의 미분관계식을 얻을 수 있다.

$$a = \frac{dv}{dt} = v \frac{dv}{dx}$$

$$vdv = adx \tag{6.3}$$

변위 x, 속도 v, 가속도와 시간 t의 관계는 「그림 6.2」와 같이 표현할 수 있다. 직선운동에서의 변위 x와 시간 t의 관계($x - t$ 선도)를 나타내는 「그림 6.2(a)」에서 시점 t에서의 곡선의 접선 기울기(dx/dt)는 시점 t에서의 속도를 의미한다. 마찬가지로 속도 v와 시간 t의 관계($v - t$ 선도)를 보여주는 「그림 6.2(b)」에서 시점 t의 기울기(dv/dt)는 가속도를 의미한다. 「그림 6.2(c)」의 $v - t$ 선도에서 곡선 아래 면적은 변위($x = \int vdt$)를 가리킨다.

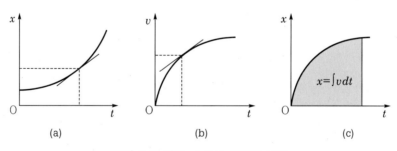

(a)　　　　　(b)　　　　　(c)

[그림 6.2] 변위, 속도와 시간의 관계

위치좌표 x가 시간 t의 함수로 주어지면, 즉 $x = f(t)$이면 위치좌표를 시간에 관하여 미분하여 속도($v = df/dt$)와 가속도($a = d^2f/dt^2$)를 쉽게 구할 수 있다. 역으로 속도 혹은 가속도가 시간의 함수로 주어지는 경우에는 가속도를 시간에 대하여 적분하여 속도를 구하고, 이를 다시 적분하여 위치를 구할 수 있게 된다. 특히 가속도는 운동 중에 물체에 가해진 힘에 의해 결정되며 앞으로 다루게 될 운동역학을 통하여 구할 수 있다. 가속도는 물체에 가해지는 힘의 속성에 따라 시간, 속도, 위치의 함수이거나 이들이 조합된 함수의 형태로 나타난다. 여러 가지 경우의 적분과정을 살펴보기로 한다.

① 일정가속도의 경우 : $a = \text{const}$

초기위치 $x = x_0$, 초기속도 $v = v_0$라 하면, 시간 t만큼 경과한 후의 속도와 가속도는 식(6.2)와 식(6.3)으로부터 다음과 같이 구할 수 있다.

$$\int_{v_0}^{v} dv = a \int_{0}^{t} dt \ \rightarrow \ v = v_0 + at \tag{6.4}$$

$$\int_{v_0}^{v} dv = a \int_{x_0}^{x} dx \ \rightarrow \ v^2 = v_0^2 + 2a(x - x_0) \tag{6.5}$$

위 식과 식(6.1)을 이용하면 시점 t에서의 위치 $x(t)$를 구할 수 있다.

$$\int_{x_0}^{x} dx = \int_{0}^{t} (v_0 + at) dt \ \rightarrow \ x = x_0 + v_0 t + \frac{1}{2} at^2 \tag{6.6}$$

② 가속도가 시간의 함수인 경우 : $a = f(t)$

식 (6.2)에서 $dv = f(t) dt$이므로 다음과 같이 적분할 수 있다.

$$\int_{v_0}^{v} dv = \int_{0}^{t} f(t) dt \ \rightarrow \ v = v_0 + \int_{0}^{t} f(t) dt \tag{6.7}$$

식 (6.1)에서 $dx = v dt$이므로 초기 상태와 최종 상태에 대하여 적분하면 다음과 같다.

$$\int_{x_0}^{x} dx = \int_{0}^{t} v dt \ \rightarrow \ x = x_0 + \int_{0}^{t} v dt \tag{6.8}$$

③ 가속도가 속도의 함수인 경우 : $a = f(v)$

$a = f(v)$을 식 (6.2)에 대입하면 $f(v) = dv/dt$로부터 $dt = dv/f(v)$가 되고 이를 적분하면 다음 식을 얻을 수 있다.

$$t = \int_{0}^{t} dt = \int_{v_0}^{v} \frac{dv}{f(v)} \tag{6.9}$$

따라서 속도 v를 시간 t의 함수로 나타내고, 식 (6.1)을 이용하여 속도 v를 적분하여 위치 x를 시간 t의 함수로 나타낼 수 있다.

또 하나의 방법으로 관계식 $a = f(v)$를 식 (6.3)에 대입하여 $vdv = f(v)dx$를 얻고, 양변을 $f(v)$로 나누고 다음과 같이 적분한다.

$$\int_{v_0}^{v} \frac{vdv}{f(v)} = \int_{x_0}^{x} dx \rightarrow s = s_0 + \int_{v_0}^{v} \frac{vdv}{f(v)} \tag{6.10}$$

④ 가속도가 위치의 함수인 경우 : $a = f(x)$

관계식 $a = f(x)$를 식 (6.3)에 대입하여 $vdv = f(x)dx$를 얻고 다음과 같이 적분한다.

$$\int_{v_0}^{v} vdv = \int_{x_0}^{x} f(x)dx \rightarrow v^2 = v_0^2 + 2\int_{x_0}^{x} f(x)dx \tag{6.11}$$

위 식에서 v가 x의 함수이므로, $v = g(x)$로 표현하고 이를 식 (6.1)에 대입하면 $dx = vdt = g(x)dt$가 된다. 따라서 $dt = dx/g(x)$가 되므로 이를 적분하면 다음과 같이 된다.

$$\int_{x_0}^{x} \frac{dx}{g(x)} = \int_{0}^{t} dt \rightarrow t = \int_{x_0}^{x} \frac{dx}{g(x)} \tag{6.12}$$

 6.1

한 고정점을 기준으로 직선운동하고 있는 물체의 변위가 $x = t^3 - 18t + 3$으로 주어졌다. 다음을 각각 구하라. 여기서 거리 x와 시간 t의 단위는 각각 m와 s이다.

(a) 속도가 9m/s가 될 때까지 소요된 시간

(b) 속도가 30m/s가 되었을 때의 가속도

(c) $t = 2\text{s}$와 $t = 4\text{s}$ 사이의 물체의 변위

풀이 물체의 속도는 변위의 시간에 대한 미분값이고, 가속도는 속도의 시간에 대한 미분값이므로 다음과 같다.

$v = 3t^2 - 18, \quad a = 6t$

(a) 속도가 9m/s가 되는 시간 t는

$9 = 3t^2 - 18 \rightarrow t = 3\text{s}$

(b) 속도 30m/s가 되는 시간

$30 = 3t^2 - 18 \rightarrow t = 4\text{s}$, 따라서 $a = 6t = 6 \times 4 = 24\text{m/s}^2$

(c) $t = 2\text{s}$와 $t = 4\text{s}$ 사이에서 물체가 움직인 변위는

$x = [(4)^3 - 18(4) + 6] - [(2)^3 - 18(2) + 6] = 16\text{m}$

예제 6.2

v_0의 속도로 직선 항해 중인 함정의 엔진이 정지되는 경우 함정의 가속도는 물의 저항으로 $a = -kv^2$로 표현되는 바와 같이 속도의 제곱에 비례하여 감속된다.

(a) 함정의 속도를 시간의 함수로 나타내시오.

(b) 엔진이 정지된 지점으로부터 함정이 움직인 거리를 구하시오.

풀이

(a) 가속도가 속도의 함수로 주어졌으므로 $a = \dfrac{dv}{dt}$에 $a = -kv^2$을 대입하여 다음과 같이 적분한다.

$$\int_{v_0}^{v} -\frac{dv}{v^2} = \int_{0}^{t} kdt \quad \rightarrow \quad \frac{1}{v} - \frac{1}{v_0} = kt$$

따라서 $v = \dfrac{v_0}{1 + v_0 kt}$

(b) 위에서 구한 v에 관한 식을 $v = \dfrac{dx}{dt}$에 대입하고 다음과 같이 적분하여 거리 x를 구할 수 있다.

$$\int_{0}^{x} dx = \int_{0}^{t} \frac{v_0 dt}{1 + v_0 kt} \quad \rightarrow \quad x = \frac{1}{k}\ln(1 + v_0 kt)$$

(2) 곡선운동

곡선운동은 물체가 움직이는 경로가 곡선인 운동을 말한다. 프리킥한 축구공, 배트를 맞아 날아가는 야구공, 함포에서 발사된 포탄 등은 모두 곡선운동의 좋은 예이다. 곡선운동의 특징은 직선운동과는 달리 속도의 방향이 매 순간 변화된다는 것이다. 「그림 6.3」의 평면에서 질점의 곡선운동을 생각해 보자. 시점 t에서의 질점의 위치가 P라 하면 임의의 고정된 원점 O를 선택하여 위치벡터(position vector)인 $\vec{r}$로 나타낼 수 있다. 시점 $t + \Delta t$일 때 질점은 P'에 위치하고 있으므로 이를 벡터로 표시하면 $\vec{r} + \Delta\vec{r}$이 된다. Δt시간 동안 질점의 변위는 위치의 벡터적 변화인 $\Delta\vec{r}$이 되며, 이는 원점 O의 위치와는 무관하다.

「그림 6.3」에서 $P - P'$ 사이의 질점의 평균속도(average velocity)는 $v_{av} = \Delta\vec{r}/\Delta t$로 방향은 $\Delta\vec{r}$과 같고 그 크기는 $|\Delta\vec{r}|/\Delta t$이다. 반면에 $P - P'$ 사이의 평균속력(average speed)은 스칼라량인 $\Delta s/\Delta t$이다.

순간속도(instantaneous velocity) $\vec{v}$는 $\Delta t \rightarrow 0$일 때 평균속도의 극한값으로 다음과 같이 정의된다.

$$\vec{v} = \lim_{\Delta t \to 0} \frac{\Delta\vec{r}}{\Delta t} = \frac{d\vec{r}}{dt} \tag{6.13}$$

벡터 $\vec{v}$는 미분하여도 크기와 방향을 갖는 벡터이며, 그 크기를 스칼라량인 속력(speed)이라 하며, $v = |\vec{v}| = ds/dt$로 표현된다.

$P-P'$ 사이의 질점의 평균가속도(average acceleration)는 $\Delta\vec{v}/\Delta t$로 정의된다. 가속도의 방향은 $\Delta\vec{v}$와 일치하고, 그 크기는 $|\Delta\vec{v}|/\Delta t$이다. 순간가속도 $\vec{a}$는 $\Delta t \to 0$일 때 평균가속도의 극한값으로 다음과 같이 쓸 수 있다.

$$\vec{a} = \lim_{\Delta t \to 0} \frac{\Delta\vec{v}}{\Delta t} = \frac{d\vec{v}}{dt} \tag{6.14}$$

일반적으로 질점의 속도는 질점 경로의 접선벡터와 동일하지만, 가속도 벡터는 접선 혹은 법선과 일치하지 않는다. 운동경로상의 한 점을 예로 들어보면 가속도의 법선성분은 그 점에서의 경로의 곡률중심을 향한다. 평면에서 질점의 곡선운동은 직각좌표계, 법선-접선좌표계, 그리고 극좌표가 사용되고 있다. 좌표계의 선택은 주어진 문제를 해결하는데 가장 적합한 좌표계를 선택하여 사용한다. 여기에서는 그 중 직각좌표계와 법선-접선좌표계에 대하여 살펴보고자 한다.

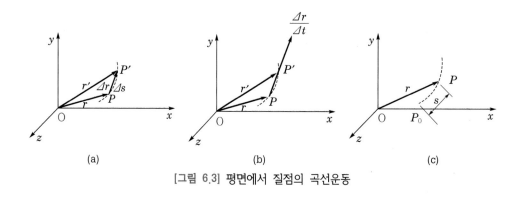

[그림 6.3] 평면에서 질점의 곡선운동

(3) 직각좌표계와 발사체 운동

곡선운동의 직각좌표계로의 표현은 가속도의 x, y 성분이 각각 독립적일 때 특히 유용하여 곡선운동의 위치, 속도, 가속도를 각각의 x, y 성분의 벡터조합으로 표현할 수 있다.

「그림 6.4」는 「그림 6.3」에서 표현한 질점의 운동경로를 $x-y$좌표로 나타낸 것으로 질점의 위치, 속도 및 가속도 벡터의 x, y 성분을 표시하였다. 위치, 속도 및 가속도벡터 $\vec{r}$, $\vec{v}$, $\vec{a}$를 x, y 방향의 단위벡터 $\hat{i}$와 $\hat{j}$로 표현하면 다음과 같다.

$$\vec{r} = x\hat{i} + y\hat{j}, \quad \vec{v} = v_x\hat{i} + v_y\hat{j}, \quad \vec{a} = a_x\hat{i} + a_y\hat{j} \tag{6.15}$$

앞에서 설명한 바와 같이 속도의 방향은 항상 경로곡선의 접선방향이다. 아울러 「그림 6.4」로부터 다음의 관계식을 얻을 수 있다.

$$v = \sqrt{v_x^2 + v_y^2}, \quad \theta = \tan^{-1}\frac{v_y}{v_x}, \quad a = \sqrt{a_x^2 + a_y^2} \tag{6.16}$$

곡선운동에 직각좌표계를 사용하는 것은 단순히 x, y 두 방향의 직선운동을 조합하는 것임을 알 수 있다. 따라서 앞에서 논의하였던 직선운동에 관한 사항들은 x, y 방향의 운동에 그대로 적용될 수 있다.

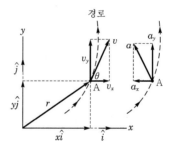

[그림 6.4] 직각좌표계로 표현한 곡선운동

공중으로 발사하는 미사일이나 로켓과 같은 발사체의 궤도 운동은 직각좌표계로 해석하는 것이 바람직하다. 발사체의 운동은 공기저항과 지구의 곡률 및 회전의 영향을 무시하며, 중력가속도는 일정하다고 가정하여 해석한다. 발사체 운동은 일정속도의 수평 운동과 일정가속도의 수직 운동으로 이루어져 있기 때문에 「그림 6.5」에서 발사체의 가속도 성분은 각각 $a_x = 0$, $a_y = -g$가 된다. 따라서 식 (6.4)~(6.6)으로부터 다음의 결과를 얻을 수 있다.

$$v_x = (v_x)_0, \quad v_y = (v_y)_0 - gt \tag{6.17}$$

$$x = x_0 + (v_x)_0 t, \quad y = y_0 + (v_y)_0 t - \frac{1}{2}gt^2 \tag{6.18}$$

$$v_y^2 = (v_y)_0^2 - 2g(y - y_0) \tag{6.19}$$

여기서 하첨자 0은 초기조건을 의미하며, 통상적으로 $x_0 = y_0 = 0$인 발사 순간을 의미한다. 위 식에서 알 수 있듯이 단순한 발사체 문제는 x, y방향의 운동이 서로 독립적임을 알 수 있다. 하지만 앞에서 구한 x방향의 위치와 y방향의 위치에 관한 방정식에서 시간 t를 소거하면 $y = f(x)$ 형태의 식이 되어 궤도는 포물선이 됨을 알 수 있다.

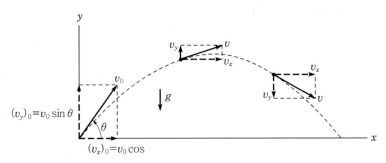

[그림 6.5] 직각좌표계로 표현한 발사체 운동

예제 6.3

수면으로부터 50m 높이에 있는 함포에서 수평면과 30°의 각도로 200m/s의 속도로 포탄을 쏘았을 때 다음을 각각 구하시오.

(a) 포탄이 공중에 머무르는 시간
(b) 포탄이 수면에 닿을 때의 속도
    단, 공기의 저항은 무시하며, 중력가속도는 9.81m/s^2이다.

풀이 (a) 포탄의 속도 $v_0 = 200 \text{m/s}$의 x, y방향 속도성분은

$$(v_x)_0 = v_0 \cos\theta = 200 \times \cos 30° = 173 \text{m/s}$$
$$(v_y)_0 = v_0 \sin\theta = 200 \times \sin 30° = 100 \text{m/s}$$

포탄이 공중에 머무르는 시간은 식 (6.18)로부터

$$y = y_0 + (v_y)_0 t - \frac{1}{2}gt^2 \rightarrow -50 = 0 + 100t - \frac{1}{2}(9.81)t^2$$

따라서 $t = 20.8 \text{s}$

(b) 포탄이 수면에 닿을 때의 속도는 식 (6.17)로부터

$$v_x = (v_x)_0 = 173 \text{m/s}$$
$$v_y = (v_y)_0 - gt = 100 - 9.81 \times 20.9 = -105.0 \text{m/s}$$

따라서 $v = \sqrt{v_x^2 + v_y^2} = \sqrt{173^2 + (-105)^2} = 202.4 \text{m/s}$

(4) 법선−접선좌표계와 원운동

법선−접선 좌표계(normal-tangential coordinates ; $n-t$좌표계)는 곡선운동의 속성을 자연스럽게 표현하는 가장 직접적이고 간편한 좌표계로, 질점이 이동하는 경로에 따라 법선방향($n-$방향)과 접선방향($t-$방향)이 정의된다. 「그림

6.6」에서와 같이 질점이 A점에서 B점을 지나 C점으로 이동할 때 $n-t$좌표도 질점의 경로에 따라 이동한다. n좌표의 양(+)의 방향은 항상 경로곡선의 곡률 중심을 향하며, 곡률의 방향이 바뀌면 n좌표의 방향도 함께 변화한다.

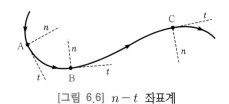

[그림 6.6] $n-t$ 좌표계

「그림 6.7」에서 질점의 운동경로 위의 한 점 A에 대한 n방향과 t방향의 단위 벡터를 각각 $\hat{e}_n$과 $\hat{e}_t$라 하자. dt 동안에 질점은 A에서 곡선경로를 따라 ds만큼 이동하여 A′ 위치에 도달한다. 이때 A−A′ 사이의 곡선의 곡률반경을 ρ라 하고, 선분 CA와 CA′ 사이의 각도를 $d\beta$라 하면 $ds = \rho d\beta$이다. 따라서 속도의 크기는 $v = ds/dt = \rho d\beta/dt = \rho\dot{\beta}$이고 A에서 속도의 방향은 접선방향이므로 속도벡터는 다음과 같이 된다. 여기서 $\dot{\beta}$를 각속도(angular velocity)라 한다.

$$\vec{v} = v\hat{e}_t = \rho\dot{\beta}\hat{e}_t \tag{6.20}$$

가속도벡터는 속도벡터의 시간변화율이므로 다음과 같이 표현할 수 있다.

$$\vec{a} = \frac{d\vec{v}}{dt} = \frac{d(v\hat{e}_t)}{dt} = v\dot{\hat{e}}_t + \dot{v}\hat{e}_t \tag{6.21}$$

일반적으로 접선방향 단위벡터 $\hat{e}_t$는 시간에 따라 방향이 변하므로 $\dot{\hat{e}}_t$는 0이 되지 않는다. 「그림 6.7」에서 A와 A′에서의 단위벡터는 각각 $\hat{e}_t$와 $\hat{e}_t{}'$이 되며, 이 두 단위 벡터의 차이는 $d\hat{e}_t$는 「그림 6.7(b)」에서와 같이 원호의 길이인 $|e_t|d\beta = d\beta$가 되고, 방향은 $\hat{e}_n$ 방향이 된다. 따라서 $d\hat{e}_t = \hat{e}_n d\beta$가 된다. 이 식의 양변을 시간변화율 dt로 나누어 정리하면 다음과 같이 쓸 수 있다.

$$\dot{\hat{e}}_t = \dot{\beta}\hat{e}_n \tag{6.22}$$

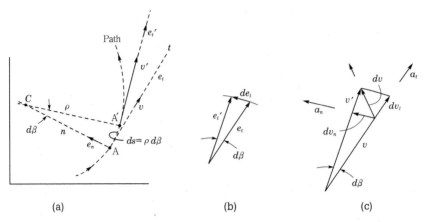

[그림 6.7] 접선방향 단위벡터의 시간변화율

식 (6.20)과 식 (6.22)를 식 (6.21)에 대입하고, $\dot{\beta} = v/\rho$의 관계를 이용하면 가속도는 다음의 식과 같이 된다.

$$\vec{a} = \frac{v^2}{\rho}\hat{e}_n + \dot{v}\hat{e}_t \tag{6.23}$$

여기서, 다음을 구할 수 있다.

$$a_n = \frac{v^2}{\rho} = \rho\dot{\beta}^2 = v\dot{\beta}, \ a_t = \dot{v} = \ddot{s}, \ a = \sqrt{a_n^2 + a_t^2}$$

원운동은 평면곡선운동의 중요한 한 형태이다. 「그림 6.8」과 같이 곡률반경 ρ 가 반경 r이 되고, 각도 β는 임의의 반경 벡터로부터 OP까지의 각도 θ가 된다. 따라서 원운동 하는 질점 P의 속도와 가속도는 다음과 같다.

$$v = r\dot{\theta}, \ a_n = \frac{v^2}{r} = r\dot{\theta}^2 = v\dot{\theta}, \ a_t = \dot{v} = r\ddot{\theta} \tag{6.24}$$

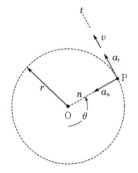

[그림 6.8] 원운동을 하는 질점

예제 6.4

구축함에서 발사한 순항미사일이 일정 고도를 취한 후 수평 방향의 자세를 유지하면서 동력비행을 하고 있다. 미사일의 수평 방향 가속도는 6m/s²이고 이 고도에서의 중력가속도는 9.8m/s²이다. 미사일의 질량 중심 G의 속도는 수평과 15°방향으로 20×10³km/h의 속력으로 날고 있다. 이 위치에서 다음을 각각 구하시오.

(a) 미사일 비행궤적의 곡률반경
(b) 속력 v의 시간변화율
(c) 질량중심 G와 곡률중심 C를 잇는 선분 GC의 각속도 $\dot{\beta}$
(d) 미사일의 총가속도

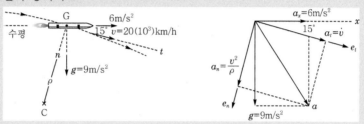

풀이 $n-t$좌표계를 사용하여 수평·수직 방향 가속도 성분을 구하면 다음과 같다.

$$a_n = 9\cos15° - 6\sin15° = 7.14 \text{m/s}^2$$
$$a_t = 9\sin15° + 6\cos15° = 8.12 \text{m/s}^2$$

(a) 곡률반경은 식 (6.24)로부터 구할 수 있다.

$$\rho = \frac{v^2}{a_n} = \frac{[(20\times10^3)/3.6]^2}{7.14} = 4.32\times10^6 \text{m}$$

(b) v의 시간변화율은 접선가속도 a_t이므로, $\dot{v} = 8.12 \text{m/s}^2$

(c) 각속도 $\dot{\beta}$는 $\dot{\beta} = \frac{v}{\rho} = \frac{(20\times10^3)/3.6}{4.32\times10^6} = 12.85\times10^{-4} \text{rad/s}$

(d) 총가속도를 단위벡터 $\hat{e}_n$, $\hat{e}_t$를 사용하여 표현하면

$$\vec{a} = 7.14\hat{e}_n + 8.12\hat{e}_t \text{m/s}^2$$

(5) 두 질점의 종속운동과 상대운동

「그림 6.9」의 서로 연결된 도르래와 같이 여러 개의 질점으로 이루어진 질점계는 연결부재의 구속조건에 따라 질점의 운동이 서로 관련된다. 줄로 연결된 문제의 경우 한 줄의 총 길이가 일정하다는 구속조건을 이용하면 각 질점의 속도와 가속도를 구할 수 있다. 「그림 6.9」에서 줄의 총 길이는 다음 식과 같다.

$$(x_A - h) + \pi r + (x_B - h_1 - h_2) + \pi r + (x_B - h_2) = \text{const}$$

여기서, 도르래의 반경 r과 h_1 및 h_2는 일정하므로 다음 식과 같다.

$$x_A + 2x_B = \text{const}$$

이 식을 시간에 대하여 한번 미분하면 속도관계식을, 두 번 미분하면 가속도 관계식을 다음과 같이 구할 수 있다.

$$v_A + 2v_B = 0 \quad \rightarrow \quad v_A = -2v_B$$
$$a_A + 2a_B = 0 \quad \rightarrow \quad a_A = -2a_B$$

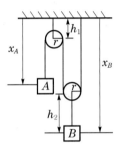

[그림 6.9] 두 질점 간의 종속운동

예제 6.5

그림에서 원통 A의 속도가 아래 방향으로 0.3m/s일 때 원통 B의 속도를 구하시오.

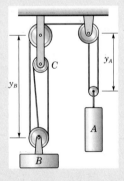

풀이 줄의 총 길이는 일정하므로, $2y_A + 3y_B = \text{const}$
이 식을 시간에 관하여 미분하면, $2v_A + 3v_B = 0$
따라서 $2 \times 0.3 + 3 \times v_B = 0$이므로 $v_B = -0.2\text{m/s}$

앞에서 설명한 대부분의 해석은 단일 고정 좌표계를 이용한 질점의 운동을 기술하였지만 질점의 운동경로가 복잡할 경우에는 두 개 이상의 좌표계를 사용하여 부분적으로 운동을 해석하는 것이 가능하다.

「그림 6.10」에서 두 질점 A와 B가 한 평면 내에서 서로 독립적인 곡선운동을 하는 경우 병진운동 하는 이동좌표계 $x-y$의 원점을 질점 B에 고정시키고 움직이는 질점 B에서 질점 A를 관측할 수 있다. 좌표계 $x-y$에서 측정한 질점 A의 위치벡터는 다음 식으로 나타낼 수 있다.

$$\vec{r_A} = \vec{r_B} + \vec{r_{A/B}} \tag{6.25a}$$

위 식을 한번 미분하면 다음 식과 같이 속도를, 두 번 미분하면 가속도를 구할 수 있다. 여기서 A/B는 'B에서 측정한 A'의 의미이다.

$$\vec{v_A} = \vec{v_B} + \vec{v_{A/B}}, \quad \vec{a_A} = \vec{a_B} + \vec{a_{A/B}} \tag{6.25b}$$

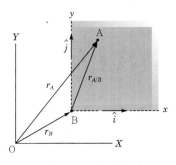

[그림 6.10] 이동좌표계

예제 6.6

그림과 같이 자동차 A의 가속도는 진행방향으로 1.2m/s²이다. 자동차 B는 반지름 150m의 커브길을 54km/h의 일정속력으로 주행하고 있다. 그림의 위치에서 자동차 A의 속력이 72km/h일 때 A에서 측정한 B의 속도와 가속도를 구하시오.

풀이 먼저 A에서 측정한 B의 속도와 가속도를 구하기 위하여 A에 이동좌표계 $x-y$를 부착한다. 상대속도식으로부터, $v_A = v_B + v_{A/B}$를 속도 삼각형으로 나타내었다.
그림의 위치에서 A와 B의 속도크기는,
$$v_A = 72km/h = 20m/s, \quad v_B = 54km/h = 15m/s$$
속도 삼각형에서 sine법칙과 cosine법칙을 이용하여
$$v_{B/A} = 18.03m/s, \quad \theta = 46.1°$$
상대가속도식으로부터, $a_A = a_B + a_{A/B}$를 가속도 삼각형으로 그릴 수 있다.
B의 가속도 방향은 커브의 법선방향이고, 그 크기는
$$a_n = \frac{v^2}{\rho} = \frac{15^2}{150} = 1.5m/s^2$$
가속도 삼각형으로부터 벡터 $\vec{a_{B/A}}$의 x, y 성분을 구하면
$$(a_{B/A})_x = 1.5\cos30° - 1.2 = 0.099m/s^2$$
$$(a_{B/A})_y = 1.5\cos30° = 0.750m/s^2$$

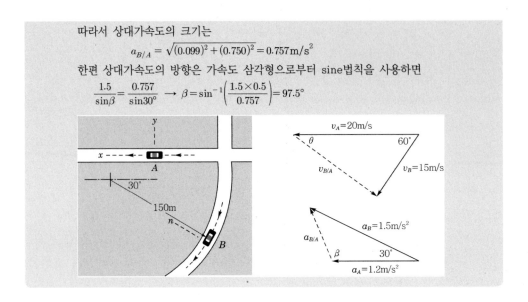

따라서 상대가속도의 크기는

$$a_{B/A} = \sqrt{(0.099)^2 + (0.750)^2} = 0.757\,\text{m/s}^2$$

한편 상대가속도의 방향은 가속도 삼각형으로부터 sine법칙을 사용하면

$$\frac{1.5}{\sin\beta} = \frac{0.757}{\sin 30°} \rightarrow \beta = \sin^{-1}\left(\frac{1.5 \times 0.5}{0.757}\right) = 97.5°$$

6.2 질점의 운동역학

운동역학(kinetics)은 불평형 힘들과 이에 의한 운동의 변화의 관계를 설명해 준다. 이는 정역학에서 학습한 힘의 특성과 앞 절에서 다룬 질점의 운동학에 대한 지식의 조합이 요구된다. 뉴턴의 제2법칙은 이들 두 주제를 조합하고 힘과 질량 그리고 운동을 포함하는 공학적 문제를 해결하는 기초가 된다.

(1) 뉴턴의 제2법칙

뉴턴의 제2법칙은 질점에 작용하는 외력이 합이 0이 아닐 때 질점은 합력의 방향으로 합력의 크기에 비례하는 가속운동을 하며, 다음의 식으로 표현할 수 있다.

$$\sum \vec{F} = m\vec{a} \tag{6.26}$$

식 (6.26)의 동역학적 문제에의 적용은 다음 두 가지의 유형으로 구분하여 적용할 수 있다.

첫 번째 유형은 가속도가 주어지거나 알고 있는 운동학적 조건으로부터 가속도를 직접 결정할 수 있는 경우이다. 운동 형태를 알고 있는 경우에는 질점에 작용하는 힘은 식 (6.26)에 직접 대입함으로써 결정된다.

두 번째 유형은 힘이 주어지고 그 결과로 발생되는 운동 형태를 결정하는 것이다. 만일 힘이 일정하다면 가속도가 일정하게 되어 식 (6.26)으로부터 쉽게 구할 수 있다. 만일 힘이 시간, 위치, 속도 혹은 가속도의 함수라면 식 (6.26)은 미분방정식이 되고, 속도와 변위는 이 식을 적분함으로써 구할 수 있다.

운동의 힘−질량−가속도 방정식의 적용에 있어서 질점에 작용하는 모든 힘을 정확하게 고려하는 것이 필요하다. 모든 힘들을 정확하고 일관성 있게 고려하기 위한 방법은 접촉하고 영향을 미치는 모든 물체를 제거하여 질점을 고립시키고, 제거된 물체 대신에 고립된 질점에 작용하는 힘으로 대치하는 자유물체도를 그리는 일이다. 자유물체도는 질점에 작용하는 모든 기지력과 미지력을 나타내며 그 힘들을 고려하는 수단이 된다. 자유물체도에서 질점이나 물체에 작용하는 합력을 정확히 산정하는데 정역학의 경우 합력이 0인 반면 동역학에서의 합력이 질량과 가속도의 곱과 같음이 차이점이다.

① 직선운동

질량 m인 직선운동 하는 질점의 운동방향을 x축으로 선택한다면, y 및 z에 대한 가속도는 0이 되어 식 (6.26)의 스칼라 요소들은 다음과 같이 된다.

$$\sum F_x = ma_x, \ \sum F_y = 0, \ \sum F_z = 0 \tag{6.27}$$

하지만, 운동에 따른 특정 좌표축 방향의 선택이 불가능할 경우에 세 방향에 대한 일반적인 성분방정식은 다음과 같다.

$$\sum F_x = ma_x, \ \sum F_y = ma_y, \ \sum F_z = ma_z \tag{6.28}$$

여기서, 가속도와 합력은 다음 식으로 구할 수 있다.

$$\sum \vec{a} = a_x\hat{i} + a_y\hat{j} + a_z\hat{k}, \ a = \sqrt{a_x^2 + a_y^2 + a_z^2}$$
$$\sum \vec{F} = \sum F_x\hat{i} + \sum F_y\hat{j} + \sum F_z\hat{k}$$
$$|\sum \vec{F}| = \sqrt{(\sum F_x)^2 + (\sum F_y)^2 + (\sum F_z)^2} \tag{6.29}$$

 6.7

엘리베이터와 승객의 총 질량이 2,000kg이다. 다음과 같은 상황에서 엘리베이터 케이블에 작용하는 장력을 각각 구하시오.

(a) 엘리베이터가 정지하고 있을 때

(b) 엘리베이터가 0.5m/s^2의 가속도로 하강하고 있을 때

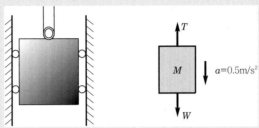

> **풀이** (a) 엘리베이터가 정지 상태에 있을 때에 케이블에 작용하는 힘은 식 (6.28)을 이용
> 하여 다음과 같이 구할 수 있다.
>
> $\sum F_y = ma_y$에서 $m = 2,000\text{kg}$, $a_y = g = 9.81\text{m/s}^2$이므로
>
> $F = 2,000 \times 9.81 = 19,620\text{N} = 19.62\text{kN}$
>
> (b) 그림의 자유물체도를 고려해 보면, 케이블의 장력은 상향으로 작용하고 엘리베이
> 터와 승객의 무게는 하향으로 작용하므로 이 두 힘을 합하여 식 (6.28)에 적용하
> 면 다음과 같다.
>
> $W - T = ma_y$
>
> $2,000 \times g - T = 2,000 \times a_y = 2,000 \times 0.5 \longrightarrow T = 8,620\text{N} = 18.62\text{kN}$

② 곡선운동

곡선을 따라 운동하는 질점을 뉴턴의 제2법칙에의 적용은 앞에서 언급한 직각좌표계와 법선-접선좌표를 사용하여 표현할 수 있다. 좌표계의 선택은 문제를 해석하는데 적절한 좌표계를 선택하여 사용한다.

직각좌표계에서의 운동방정식은 다음과 같이 쓸 수 있다.

$$\sum(F_x\hat{i} + F_y\hat{j} + F_z\hat{k}) = m(a_x\hat{i} + a_y\hat{j} + a_z\hat{k})$$
$$\sum F_x = ma_x, \ \sum F_y = ma_y, \ \sum F_z = ma_z \tag{6.30}$$

법선-접선좌표계에서의 운동방정식은 「그림 6.11」과 같이 다음 식으로 표현할 수 있다.

$$\sum F_t = ma_t = m\frac{dv}{dt}, \ \sum F_n = ma_n = m\rho\dot{\beta} = m\frac{v^2}{\rho} \tag{6.31}$$

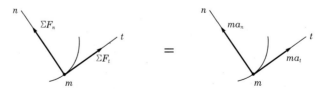

[그림 6.11] 법선-접선 좌표계로 표현한 질점의 운동방정식

예제 6.8

80kg의 블록이 수평면상에 정지하여 있다. 블록을 오른쪽으로 2.5m/s²의 가속도를 갖도록 하기 위한 힘 P의 크기를 구하시오. 수평면과 블록 사이의 마찰계수 $\mu_k = 0.25$이다.

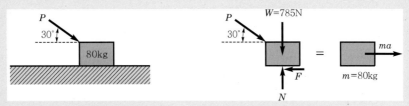

풀이 블록에 작용하는 힘과 가속도를 식 (6.28)을 사용하여 성분별로 구하면,

$$\sum F_x = ma_x : P\cos 30° - 0.25N = 80 \times 2.5 \qquad (1)$$

$$\sum F_y = ma_y = 0 : N - P\sin 30° - 80 \times 9.81 = 0 \qquad (2)$$

식 (2)를 식 (1)에 대입하면

$$P\cos 30° - 0.25(P\sin 30° + 785) = 200N$$

따라서 $P = 535N$

예제 6.9

길이 2m의 단진자에 추가 수직면 내에서 원호를 그리며 진자 운동하고 있다. 그림과 같은 위치에서 줄에 걸리는 장력이 추의 무게의 2.5배가 된다면, 이 위치에서 추의 속도와 가속도는 얼마인가?

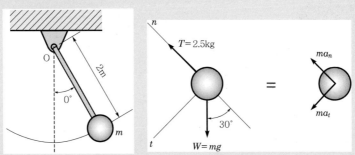

 법선 방향 가속도 a_n은 O점을 향하고, 접선방향 가속도 a_t를 그림과 같은 방향으로 가정하고, 뉴턴의 제2법칙을 적용시킨다. 추의 무게 $W = mg$이므로, 장력은 $2.5mg$가 된다. 운동방정식을 식 (6.31)의 법선 및 접선 성분별로 표현하면 다음과 같다.

$$\sum F_t = ma_t : mg\sin 30° = ma_t, \quad a_t = g\sin 30° = 4.90 \text{m/s}^2$$

$$\sum F_n = ma_n : 2.5mg - mg\cos 30° = ma_n, \quad a_n = 1.634g = 16.03 \text{m/s}^2$$

$$a_n = \frac{v^2}{\rho} \text{이므로}, \quad v^2 = \rho a_n = 2 \times 16.03$$

따라서 $v = 5.66 \text{m/s}$

(2) 일과 운동에너지

일이란 힘 $\vec{F}$가 힘의 방향으로 변위를 일으킬 때 질점에 대해 일을 한다고 한다. 「그림 6.12」에서 질점이 A에서 A′으로 변위 $\vec{dr}$만큼 힘 $\vec{F}$에 의해 이동하였다고 하면 힘 $\vec{F}$에 의한 일은 다음과 같이 정의 된다.

$$dW = \vec{F} \cdot \vec{dr} \tag{6.32}$$

이 내적의 크기는 $dW = Fds\cos\alpha$이고, a는 $\vec{F}$와 $\vec{dr}$ 사이의 각도이며, ds는 $\vec{dr}$의 크기이다. 이와 같이 일은 벡터의 내적으로 표현되는 스칼라량이며, 변위에 대하여 직각인 힘의 성분인 $F_n = F\sin\alpha$는 일을 하지 않는 것을 알 수 있다. 국제단위계에서의 일은 N·m의 단위를 가진다. 이를 줄(J)이라 하며 힘의 작용방향으로 1m의 거리를 움직인 1N의 힘이 행한 일의 양이다.

힘의 작용점이 어느 유한한 구간을 움직이는 동안에 힘이 행한 일의 양은 다음과 같다.

$$W = \int \vec{F} \cdot \vec{dr} = \int (F_x dx + F_y dy + F_z dz) \tag{6.33}$$

일은 수치적 혹은 도식적 적분으로 「그림 6.12」에 보인 것과 같이 F와 s 사이의 곡선 아래 면적과 같다.

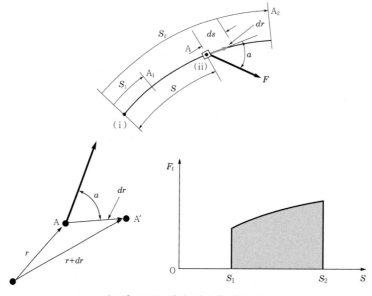

[그림 6.12] 힘의 질점에 대한 일

질점이 곡선경로를 따라 움직일 때 행한 일은 「그림 6.13」에서와 같이 $\vec{F} = F_t\hat{e}_t + F_n\hat{e}_n$ 이고, $d\vec{r} = ds\hat{e}_t$ 이므로 다음과 같이 쓸 수 있다.

$$W_{1\to2} = \int_{A_1}^{A_2} \vec{F} \cdot d\vec{r} = \int_{s_1}^{s_2}(F_t\hat{e}_t + F_n\hat{e}_n) \cdot (ds\hat{e}_t) = \int_{s_1}^{s_2} F_t ds$$

(6.34)

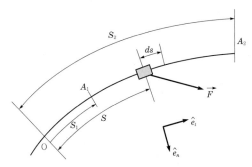

[그림 6.13] 곡선운동을 하는 질점의 일

여러 가지 힘이 물체에 행한 일의 예로 움직이는 물체에 부착된 스프링을 고려할 수 있다. 스프링에 발생한 인장력 또는 압축력은 스프링의 변위 x에 비례하므로, $F = kx$로 쓸 수 있다. 그런데 스프링이 물체에 작용하는 힘은 변위와 반대 방향이므로 스프링을 인장이나 압축하는 경우 물체에 행하여진 일은 모두 음($-$)의 일이고 그 값은 다음과 같다. 일의 크기는 「그림 6.14」의 음영으로 표시된 사다리꼴의 면적과 같다.

$$W_{1\to2} = -\int_{x_1}^{x_2} F dx = -\int_{x_1}^{x_2} kx dx = \frac{1}{2}kx_1^2 - \frac{1}{2}kx_2^2 \qquad (6.35)$$

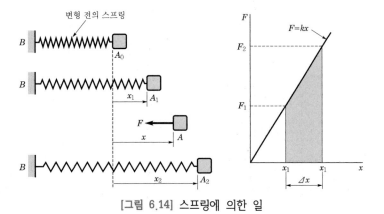

[그림 6.14] 스프링에 의한 일

질량 m의 질점이 「그림 6.12」의 점 (i)에서 점 (ii)로 이동할 때 힘 $\vec{F}$가 한 일은 식 (6.33)으로 표현된 바 있다. 법선－접선좌표계를 사용하는 경우의 운동방정식은 다음과 같이 쓸 수 있다.

$$F_t = m\frac{dv}{dt}, \ F_n = m\frac{v^2}{\rho}$$

위 식을 체인룰을 사용하여 변형하면

$$F_t = m\frac{dv}{dt} = m\frac{dv}{ds}\frac{ds}{dt} = mv\frac{dv}{ds}$$

이므로, 이 식을 식 (6.33)에 대입하면 다음 식과 같이 된다.

$$W_{1\to2} = \int_{s_1}^{s_2} F_t ds = \int_{v_1}^{v_2} mvdv = \frac{1}{2}mv_2^2 - \frac{1}{2}mv_1^2 \tag{6.36}$$

질점의 운동에너지(kinetic energy)를

$$K = \frac{1}{2}mv^2 \tag{6.37}$$

으로 정의하면, 질점의 정지 상태에서 속도 v가 될 때까지 질점에 행해진 전체일과 같다. 따라서 식 (6.36)은 질점에 대한 일과 에너지 방정식인 다음 식으로쓸 수 있다.

$$W_{1\to2} = K_2 - K_1 = \Delta K \tag{6.38a}$$

이 방정식은 상태 1에서 상태 2로 움직이는 동안 질점에 작용하는 모든 힘이행한 전체 일이 질점의 운동에너지 변화와 같다는 것을 나타낸다. 식 (6.38a)은일이 운동에너지의 변화를 초래한다는 것을 알 수 있다. 즉, 일과 에너지의 관계는 초기 운동에너지 K_1에 행하여진 일 $W_{1\to2}$에 더한 것이 최종 운동에너지 K_2와 같다. 즉,

$$K_1 + W_{1\to2} = K_2 \tag{6.38b}$$

일과 에너지 방정식의 장점은 가속도를 계산할 필요 없이 일을 행한 힘의 함수로서 속도의 변화를 직접 계산할 수 있다는 것이다. 아울러 모든 양이 스칼라

값으로 표현되며, 방정식 내에는 속도의 크기에 변화를 주는 힘만이 포함된다.

기계의 용량은 단위시간당 행해지는 일로 정의되는 일률(power, 혹은 동력)로 나타낸다. 그런데 일은 $dW = \vec{F} \cdot \vec{dr}$이므로 일률은 다음과 같이 표현할 수 있다.

$$P = \vec{F} \cdot \frac{\vec{dr}}{dt} = \vec{F} \cdot \vec{v} \tag{6.39}$$

일률은 스칼라양이고, SI 단위계에서는 N·m/s=J/s의 단위를 가지며, 일반적으로 와트(W)의 단위를 쓴다. 미국관습단위계에서의 일률의 단위는 마력(hp)이며, 1hp=0.746kW이다.

주어진 시간에 기계에 행해진 일(입력일)과 기계가 행한 일(출력일)의 비를 기계효율(efficiency)이라 하며 다음과 같이 정의한다.

$$\eta = \frac{W_{out}}{W_{in}} \tag{6.40}$$

움직이는 기계 장치에서는 운동 마찰에 의한 에너지 손실로 인하여 출력일은 입력일보다 항상 작다. 결과적으로 출력일률은 입력일률보다 항상 작기 때문에 기계효율은 1보다 항상 작다.

예제 6.10

질량 50kg인 상자가 점 A에 있을 때의 속도가 v_A =4m/s이다. 상자가 경사면 아래로 10m 미끄러진 후 점 B에 도달했을 때의 속도를 계산하시오. 상자와 경사면 사이의 운동마찰계수는 μ_k =0.30이다.

풀이 상자에 대한 자유물체도에서와 같이 경사면 아래로 상자의 중량이 행한 일은 양(+)의 일이고, 마찰력에 의한 일은 음(−)의 일이 된다. 따라서 상자가 움직이는 동안 행한 일은

$$W_{A \to B} = F \cdot s$$
$$= (50 \times 9.81 \sin 15° - 142.1) \times 10 = -151.9J$$

상자의 운동에너지 변화는 식 (6.38a)로부터

$$\frac{1}{2}mv_B^2 = \frac{1}{2}mv_A^2 + W_{A \to B}$$

$$v_B = \sqrt{v_A^2 + \frac{2W_{A \to B}}{m}} = \sqrt{4^2 + \frac{2 \times (-151.9)}{50}} = 3.15\text{m/s}$$

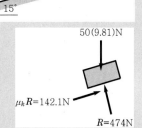

(3) 보존력과 위치에너지

질점을 이동하는데 작용한 힘에 의한 일이 물체가 움직인 경로에 상관없이 초기 위치와 최종 위치에만 의존하는 힘을 보존력(conservative force)이라 한다. 이러한 보존력에는 질점의 중량과 탄성 스프링의 힘이 대표적인 예이다. 질점의 무게에 의한 일은 「그림 6.15」와 같이 운동경로에 무관하고 단지 질점의 수직변위에만 관계있다. 질점에 작용하는 스프링 힘 역시 스프링의 인장 혹은 압축에 의한 변위에만 관계가 있다.

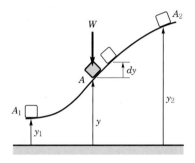

[그림 6.15] 질점의 무게에 의해 한 일

중력에 의한 보존에너지를 위치에너지(potential energy)라 하며 다음과 같이 정의한다.

$$U \equiv mgy \tag{6.41}$$

따라서 질점의 무게에 의한 일은 다음과 같다.

$$W_{1 \to 2} = U_1 - U_2 = mgy_1 - mgy_2 \tag{6.42}$$

위치에너지는 주어진 위치에서 기준 위치까지 이동할 때 보존력이 해야 할 일의 양의 척도가 된다.

「그림 6.16」의 탄성 스프링에 의한 보존에너지를 탄성에너지라 하며 다음과 같이 정의한다.

$$U \equiv \frac{1}{2}kx^2 \tag{6.43}$$

탄성에너지의 변화량은 스프링 힘이 한 일의 양과 같으므로 다음과 같이 쓸 수 있다.

$$W_{1\rightarrow2} = U_1 - U_2 = \frac{1}{2}kx_1^2 - \frac{1}{2}kx_2^2 \tag{6.44}$$

[그림 6.16] 탄성 스프링에 의한 일

시스템이 한 일은 앞에서 설명한 바와 같이 운동에너지의 변화, 즉 $W_{1\rightarrow2} = K_2 - K_1$ 로 나타나며, 보존력이 한 일은 보존에너지의 변화, 즉 $W_{1\rightarrow2} = U_1 - U_2$로 나타난다. 물체에 보존력만 작용하는 시스템을 보존계(conservative system)라 하며 보존계에서는 다음의 법칙이 성립한다.

$$K_2 - K_1 = U_1 - U_2 \rightarrow K_1 + U_1 = K_2 + U_2 \tag{6.45}$$

즉, 보존계에서는 운동에너지와 위치에너지의 합인 기계적 에너지의 합이 일정하다. 이를 기계적 에너지 보존의 법칙 혹은 단순히 에너지 보존의 법칙이라고 한다. 기계적 에너지 보존의 법칙은 시스템에 일을 하는 힘이 보존력일 때만 성립하며, 마찰력이 작용하는 계와 같이 보존력이 아닌 경우에는 기계적 에너지가 보존되지 않는다. 따라서 보존력이 작용하는 시스템이라면 에너지 보존의 법칙을 이용하여 문제를 해결하는 것이 가장 용이하지만 그 시스템에 보존력이 아닌 힘이 작용하지는 않는지를 주의하여야 한다.

 6.11

질량 3kg인 슬라이더가 점 A에서 정지 상태로부터 움직이기 시작하여 곡선 형태의 막대를 따라 마찰 없이 수직 평면에서 미끄러진다. 스프링의 강성계수 $k = 350\text{N/m}$이고, 자유 상태에서의 길이는 0.6m이다. 슬라이더가 점 B를 지날 때, 슬라이더의 속도를 구하시오.

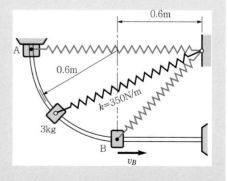

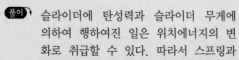 슬라이더에 탄성력과 슬라이더 무게에 의하여 행하여진 일은 위치에너지의 변화로 취급할 수 있다. 따라서 스프링과 슬라이더로 구성된 시스템의 운동에너지와 위치에너지의 변화는 식 (6.45)를 이용하여 계산할 수 있다.

먼저 스프링 힘에 의한 탄성에너지 변화는

$$\Delta U_e = \frac{1}{2}k(x_B^2 - x_A^2) = \frac{1}{2} \times 350 \times [(0.6(\sqrt{2}-1))^2 - 0.6^2] = -52.2\text{J}$$

슬라이더 무게에 의한 위치에너지 변화

$$\Delta U_g = mg\Delta h = 3 \times 9.81 \times (-0.6) = -17.66\text{J}$$

그리고 운동에너지의 변화,

$$\Delta K = \frac{1}{2}m(v_B^2 - v_A^2) = \frac{1}{2} \times 3 \times (v_B^2 - 0) = 1.5v_B^2$$

$\Delta K + \Delta U_e + \Delta U_g = 0$이므로

$$1.5v_B^2 - 52.2 - 17.66 = 0 \quad \rightarrow \quad v_B = 6.82\text{m/s}$$

(4) 충격량과 운동량

앞에서 논의한 운동방정식 $\vec{F} = m\vec{a}$를 질점의 변위에 관하여 적분하여 구한 일
－에너지 방정식은 속도의 변화가 일이나 에너지의 변화량으로 표현됨을 보여준
다. 여기에서는 변위보다는 시간에 대한 적분으로써의 운동방정식인 충격량과
운동량 방정식에 대하여 설명하고자 한다. 이 방정식들은 충격문제와 같이 하중
이 매우 짧은 시간 혹은 일정 시간 동안 작용하는 경우에 대한 문제들을 보다
용이하게 해석할 수 있는 도구가 된다.

질량 m인 질점의 운동방정식을 다음과 같이 변수 분리하여 적분하면 다음과
같이 된다.

$$\vec{F} = \frac{d}{dt}(m\vec{v}) \rightarrow \vec{F}dt = d(m\vec{v})$$

$$\int_{t_1}^{t_2} \vec{F}dt = m\vec{v_2} - m\vec{v_1} \tag{6.46}$$

이 식을 선형충격량과 선형운동량의 원리(principles of linear impulse and
linear momentum)라고 한다. 식 (6.46)에서 $\vec{L} = m\vec{v}$를 질점의 선형운동량이라
하며 속도 $\vec{v}$와 같은 방향을 갖고 단위는 kg · m/s이다.

또한, $\vec{I_{1\rightarrow2}} \equiv \int_{t_1}^{t_2} \vec{F}dt$를 선형충격량 혹은 역적(impulse)이라 하며, 이 항은
힘이 작용하는 동안의 힘의 효과를 측정하는 벡터량으로 N · s의 단위를 갖는다.

식 (6.46)은 일과 에너지 방정식의 형태와 유사하게 다음과 같이 나타낼 수
있다.

$$\vec{L_2} = \vec{L_1} + \vec{I_{1\rightarrow2}} \tag{6.47}$$

이는 시간 t_1에서 질점의 초기운동량과 시간 t_1과 t_2 사이에 질점에 작용하는 선형충격량의 합을 더한 것이 시간 t_2에서 질점의 최종운동량과 같다는 것을 의미한다. 식 (6.47)은 여러 개의 질점의 경우에 대해서도 성립하여 다음과 같이 쓸 수 있다.

$$\sum m_i \vec{v_{2i}} = \sum m_i \vec{v_{1i}} + \int_{t_1}^{t_2} \vec{F_i} \, dt \qquad (6.48)$$

만일 질점계에 작용하는 외력에 의한 역적의 합이 0인 경우에는 식 (6.48)은 다음과 같이 간단하게 나타낼 수 있다.

$$\sum m_i \vec{v_{2i}} = \sum m_i \vec{v_{1i}} \qquad (6.49)$$

이 식을 선형운동량 보존의 법칙이라 하며, 시간 t_1과 t_2 동안 질점계의 전체 선형운동량이 일정하게 유지됨을 의미한다.

 6.12

질량 2,000kg인 자동차가 경사각 5°인 경사로를 따라 $v_1 = 25$m/s의 속도로 내려가고 있다. 이때 브레이크를 밟아 정지시키고자 한다. 브레이크에 가한 힘이 7,500N이라면 자동차가 정지하는데 소요되는 시간은 몇 초인가?

풀이 그림과 같이 자유물체도를 그리고 경사로를 따라 좌표계를 설정하고, 식 (6.46)을 적용하면 쉽게 구할 수 있다.

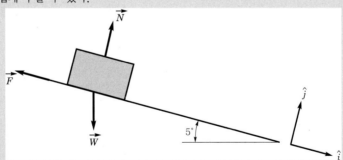

경사로 방향으로 작용하는 모든 힘의 합은

$$\vec{F_i} = \vec{F} + \vec{W} + \vec{N} = -7,500\hat{i} + 2,000 \times 9.81 \times \sin 5° \hat{i} = -5,792\hat{i}$$

따라서 식 (6.46)으로부터

$$m\vec{v_2} - m\vec{v_1} = \sum \vec{F_i} t \rightarrow t = \frac{2,000 \times 25}{5,792} = 8.63\text{s}$$

예제 6.13

0.05kg의 탄알이 600m/s의 속력으로 날아와 4kg의 블록 중앙에 박혔다. 블록은 충돌 직전에 그림과 같이 12m/s의 속도로 움직이고 있었다면, 총알이 박힌 직후 블록의 속도는 얼마인가?

풀이 블록과 탄알로 구성된 시스템에는 어떠한 외력도 작용하지 않으므로 이 시스템은 선형운동량이 보존된다. 따라서 식 (6.49)으로부터

$$0.05 \times 600\hat{j} + 4 \times 12 \times (\cos 30° \hat{i} + \sin 30° \hat{j}) = (4 + 0.05) \times \vec{v}$$

$$\vec{v} = 10.26\hat{i} + 13.33\hat{j}\,\text{m/s}$$

따라서 최종 속도와 방향은 다음과 같다.

$$v = \sqrt{10.26^2 + 13.33^2} = 16.83\,\text{m/s}$$

$$\theta = \tan^{-1}\frac{13.33}{10.26} = 52.4°$$

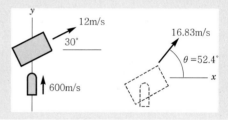

(5) 충 돌

충돌은 두 물체가 매우 짧은 시간 동안 부딪칠 때 발생하는 것으로 비교적 큰 접촉력을 발생시킨다. 망치로 못을 박거나, 골프 클럽으로 공을 타격하는 것은 충돌의 좋은 예이다.

충돌은 「그림 6.17」에서와 같이 두 질점의 질량 중심의 운동방향이 두 질점의 질량중심을 통과하는 충돌선(line of impact)과 일치하는 정면충돌(direct central impact)과 어떠한 각도를 이루는 경사충돌(oblique impact)로 구분할 수 있다.

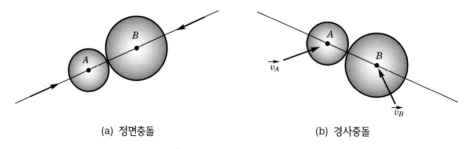

(a) 정면충돌 (b) 경사충돌

[그림 6.17] 정면충돌과 경사충돌

질점계가 충돌하는 동안 변형과 반발의 내부 충격량이 상쇄되기 때문에 질점계의 운동량은 보존된다. 따라서 「그림 6.18」과 같은 정면충돌의 경우 다음 식과 같이 쓸 수 있다.

$$m_A \overrightarrow{v_A} + m_B \overrightarrow{v_B} = m_A \overrightarrow{v'_A} + m_B \overrightarrow{v'_B} \tag{6.50}$$

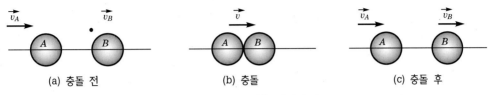

(a) 충돌 전   (b) 충돌   (c) 충돌 후

[그림 6.18] 충돌 전후 질점의 운동

충돌시 물체는 찌그러졌다 펴지는 변형과 반발현상을 일으킨다. 따라서 충돌하는 과정에서 각 질점에 충격과 운동량의 원리를 적용시켜야 한다. 「그림 6.18」의 물체 A가 찌그러지는 변형 과정에서의 충격량을 $\int \overrightarrow{J}dt$라 하면,

$$m_A \overrightarrow{v_A} + \int \overrightarrow{J}dt = m_A \overrightarrow{v}$$

다시 A가 펴지는 반발 과정에서의 충격량을 $\int \overrightarrow{P}dt$라 하면,

$$m_A \overrightarrow{v} + \int \overrightarrow{P}dt = m_A \overrightarrow{v'_A}$$

이 변형충격량에 대한 반발충격량의 비를 반발계수(coefficient of restitution) e라 하며, 위 식들로부터 질점 A의 반발계수는 다음과 같다.

$$e = \frac{\int \overrightarrow{P}dt}{\int \overrightarrow{J}dt} = \frac{v - v'_A}{v_A - v}$$

동일한 방법으로 질점 B의 반발계수도 구할 수 있다.

$$e = \frac{v - v'_B}{v_B - v}$$

위 두 식으로부터 분자는 분자끼리 분모는 분모끼리 빼서 미지수 v를 소거하면 다음과 같이 질점의 초기 속도와 최종 속도의 항으로 나타낼 수 있다.

$$e = \frac{v'_B - v'_A}{v_B - v_A} = \frac{-v_f^{A/B}}{v_i^{A/B}} \tag{6.51}$$

충돌이 $e=0$인 경우를 비탄성충돌 혹은 소성충돌(perfectly plastic impact)이라 하며, 이때 식 (6.51)로부터 $v'_B = v'_A$이 된다.

두 질점의 충돌이 완전탄성충돌(perfectly elastic impact)이면 $e=1$로, 식 (6.51)로부터 $v'_B - v'_A = v_A - v_B$이 된다. 이를 다시 쓰면

$$v_A + v'_A = v_B + v'_B$$

이 된다. 또한 선형운동량 보존의 법칙에서

$$m_A v_A + m_B v_B = m_A v'_A + m_B v'_B$$
$$\rightarrow m_A(v_A - v'_A) = m_B(v'_B - v_B)$$

위 두 식을 서로 곱하여 정리하면,

$$m_A(v_A - v'_A)(v_A + v'_A) = m_B(v'_B - v_B)(v'_B + v_B)$$
$$\frac{1}{2}m_A v_A^2 + \frac{1}{2}m_B v_B^2 = \frac{1}{2}m_A v'^2_A + \frac{1}{2}m_B v'^2_B \tag{6.52}$$

이 된다. 즉, 완전탄성충돌시에는 운동에너지가 보존됨을 알 수 있다.

두 개의 질점이 「그림 6.19」와 같이 경사충돌하는 경우에는 질점들이 충돌 후 크기와 방향이 미지수인 속도로 서로 멀어진다. 따라서 초기 속도를 알고 있는 경우에는 다음 식과 같이 네 개의 미지수가 나타난다.

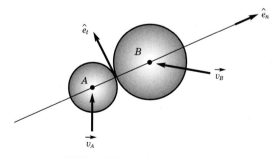

[그림 6.19] 두 질점의 경사충돌

$$\text{충돌 전 속도}: \overrightarrow{v_A} = v_{An}\hat{e}_n + v_{At}\hat{e}_t$$

$$\overrightarrow{v_B} = v_{Bn}\hat{e}_n + v_{Bt}\hat{e}_t$$

$$\text{충돌 후 속도}: \overrightarrow{v'_A} = v'_{An}\hat{e}_n + v'_{At}\hat{e}_t$$

$$\overrightarrow{v'_B} = v'_{Bn}\hat{e}_n + v'_{Bt}\hat{e}_t$$

접선 방향으로 마찰력이 없다고 가정하면 접선방향으로 작용하는 힘이 없기 때문에 접선방향으로의 각 질점의 운동량은 보존된다. 따라서 속도의 변화가 없으므로,

$$v_{At} = v'_{At} \qquad v_{Bt} = v'_{Bt}$$

법선방향은 정면충돌과 같은 법칙, 즉, 충돌선을 따라 계의 운동량이 보존되므로 다음과 같이 쓸 수 있다.

$$m_A v_{An} + m_B v_{Bn} = m_A v'_{An} + m_B v'_{Bn}$$

$$e = \frac{v'_{Bn} - v'_{An}}{v_{An} - v_{Bn}} \tag{6.53}$$

 6.14

그림과 같이 공이 16m/s의 속도로 무거운 평판 위에 30°의 각도로 충돌한다. 공과 평판과의 반발계수를 0.5라 하면, 충돌 후 속도 v'와 각도 θ를 각각 구하시오.

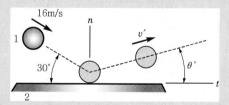

풀이 공을 물체 1, 무거운 평판을 물체 2라 하면, 무거운 평판은 충돌 후 속도를 0이라 할 수 있다. 반발계수는 평판에 수직인 속도 성분에 충돌 힘의 방향으로 작용되므로 식 (6.53)으로부터 다음과 같다.

$$e = \frac{v'_{2n} - v'_{1n}}{v_{1n} - v_{2n}} = \frac{0 - v'_{1n}}{-16\sin 30° - 0} = 0.5 \rightarrow v'_{1n} = 4\text{m/s}$$

접선 방향으로의 공의 운동량은 변하지 않으므로

$$v'_{1t} = v_{1t} = 16\cos 30° = 13.86\text{m/s}$$

따라서 반발속도의 크기와 방향은 다음과 같다.

$$v' = \sqrt{v_{1n}'^2 + v_{1t}'^2} = \sqrt{4^2 + 13.86^2} = 14.42\text{m/s}$$

$$\theta = \tan^{-1}\frac{v_{1n}'}{v_{1t}'} = \tan^{-1}\frac{4}{13.86} = 16.1°$$

6.3 강체의 평면운동학

강체(rigid body)는 외력에 의해 변형이 일어나지 않는 이상화된 질량을 갖는 입체를 말한다. 따라서 강체는 질점들 사이의 거리가 변하지 않는 질점계로 정의할 수 있다. 강체의 평면운동학은 톱니바퀴, 캠, 기어, 링크장치 등 많은 기계적 조작에 사용되는 기구들의 설계와 작동을 이해하는 기초가 된다. 아울러 물체의 운동과 힘의 관계를 다루는 운동방정식도 쉽게 적용할 수 있다.

(1) 병진운동

강체상의 모든 질점이 고정된 평면으로부터 같은 거리에 있는 경로를 따라서 운동하는 경우를 평면운동(planar motion)이라 한다. 강체의 평면운동에는 병진운동(translation), 고정축에 대한 회전운동(rotation about a fixed axis) 그리고 일반평면운동(general plane motion)으로 구분할 수 있다.

병진운동(translation)은 물체 내의 모든 질점들이 평행한 경로를 따라 운동하는 것으로 물체 내의 어떠한 선분도 회전하지 않는다. 「그림 6.20」의 $x-y$ 평면에서 직선 혹은 곡선병진운동하는 강체를 고려하여 보자.

강체 내의 두 점 A, B의 위치는 위치벡터 $\vec{r}_A$와 $\vec{r}_B$로 정의되며, 점 A에 대한 점 B의 위치는 상대벡터 $\vec{r}_{B/A}$로 표시하고, 벡터합으로부터 다음의 위치방정식을 표현할 수 있다.

$$\vec{r}_B = \vec{r}_A + \vec{r}_{B/A}$$

점 A와 B의 순간속도는 위치방정식을 시간에 대하여 미분하면,

$$\vec{v}_B = \vec{v}_A + \vec{v}_{B/A}$$

상대벡터 $\vec{r}_{B/A}$는 병진운동 중에 일정한 크기와 방향을 가지므로 $d\vec{r}_{B/A}/dt = 0$ 이다. 따라서

$$\vec{v}_B = \vec{v}_A$$

속도식을 시간에 대하여 미분하면 점 A와 B의 가속도 관계는 다음과 같다.

$$\vec{a}_B = \vec{a}_A$$

위 속도와 가속도 식들은 직선 혹은 곡선병진운동하는 강체 내의 모든 점들이 동일한 속도와 가속도를 갖는 것을 보여준다.

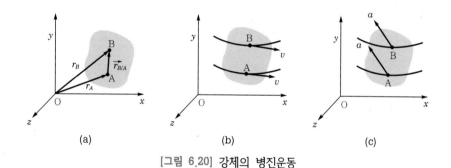

(a)　　　　　　　(b)　　　　　　　(c)

[그림 6.20] 강체의 병진운동

(2) 고정축에 대한 회전운동

평면운동을 하는 강체의 각속도 ω와 각가속도 a는 각각 강체 평면운동 위의 한 선분의 각도 위치좌표 θ의 1차 및 2차 시간미분으로 다음과 같이 정의된다.

$$\omega = \frac{d\theta}{dt} = \dot{\theta}$$

$$\alpha = \frac{d\omega}{dt} = \dot{\omega} \text{ 혹은 } \alpha = \frac{d^2\theta}{dt^2} = \ddot{\theta} \tag{6.54}$$

$$\omega d\omega = \alpha d\theta \text{ 혹은 } \dot{\theta}d\dot{\theta} = \ddot{\theta}d\theta$$

등각속도 운동에 대해서는 식 (6.54)를 적분하여 다음 식을 얻을 수 있다.

$$\omega = \omega_0 + \alpha t$$

$$\omega^2 = \omega_0^2 + 2\alpha(\theta - \theta_0) \tag{6.55}$$

$$\theta = \theta_0 + \omega_0 t + \frac{1}{2}\alpha t^2$$

여기서 θ_0는 초기 각위치 ω_0는 초기 각속도이다.

고정축에 대한 회전운동은 물체 내의 질점들이 동일한 고정축을 중심으로 원을 그리며 움직이는 평행한 평면 내에서의 운동을 말한다. 이러한 운동을 해석하기 위해서는 고정좌표계의 한 축에 회전축을 일치시키면 편리하다. 따라서 「그림 6.21」과 같이 점 O를 통과하는 고정축을 중심으로 회전하는 강체 위의 점 A는 반지름 r인 원 주위를 운동하므로, 질점의 원운동에서 논의한 바와 같이 점 A의 속도와 가속도를 표현한 식 (6.24)을 다음과 같이 다시 쓸 수 있다.

$$v = r\omega$$
$$a_n = r\omega^2 = \frac{v^2}{\rho} = v\omega \qquad (6.56)$$
$$a_t = r\alpha$$

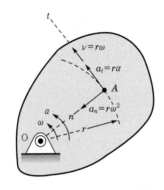

[그림 6.21] 고정축 중심의 회전운동

식 (6.56)은 벡터의 외적(cross product)을 이용하여 다음과 같이 표현할 수 있다. 벡터식은 3차원 운동을 해석할 때 대단히 유용하게 사용된다.

$$\vec{v} = \dot{\vec{r}} = \vec{\omega} \times \vec{r}$$
$$\vec{a} = \dot{\vec{v}} = \vec{\omega} \times \dot{\vec{r}} + \dot{\vec{\omega}} \times \vec{r} = \vec{\omega} \times (\vec{\omega} \times \vec{r}) + \dot{\vec{\omega}} \times \vec{r} = \vec{\omega} \times \vec{v} + \vec{\alpha} \times \vec{r} \qquad (6.57)$$
$$\vec{a_n} = \vec{\omega} \times (\vec{\omega} \times \vec{r}), \quad \vec{a_t} = \vec{\alpha} \times \vec{r}$$

예제 6.15

호이스트 모터의 피니언 A가 호이스트 드럼에 부착된 기어 B를 구동하고 있다. 추 L이 정지 상태로부터 등가속도로 수직 상승하여 0.8m의 높이에 도달하였을 때의 속도는 상향으로 2m/s이다. 추가 이 위치를 지날 때 다음을 각각 구하시오.

(a) 드럼과 접촉하는 케이블 위의 점 C의 가속도

(b) 피니언 A의 각속도 및 각가속도

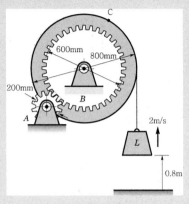

풀이 (a) 케이블이 드럼에서 미끄러지지 않는다면 추 L의 수직속도와 가속도는 점 C의 접선속도와 접선가속도와 같아야 하므로,

$$v^2 = 2as \;\rightarrow\; a = a_t = \frac{v^2}{2s} = \frac{2^2}{2 \times 0.8} = 2.5\text{m/s}^2$$

$$a_n = \frac{v^2}{\rho} \;\rightarrow\; a_n = \frac{2^2}{0.4} = 10\text{m/s}^2$$

따라서

$$a_C = \sqrt{a_t^2 + a_n^2} = \sqrt{10^2 + 2.5^2} = 10.31\text{m/s}^2$$

(b) 기어 A의 각운동은 기어 B의 각운동으로부터 두 기어의 공통 접촉점의 속도 v_1과 접선가속도 α_1을 이용하여 구할 수 있다. 먼저 기어 B의 각운동은 드럼 위의 점 C의 운동으로 다음과 같이 계산할 수 있다.

$$v = r\omega \;\rightarrow\; \omega_B = \frac{v}{r} = \frac{2}{0.4} = 5\text{rad/s}$$

$$a_t = r\alpha \;\rightarrow\; \alpha_B = \frac{a_t}{r} = \frac{2.5}{0.4} = 6.25\text{rad/s}^2$$

$v_1 = r_A\omega_A = r_B\omega_B$와 $a_1 = r_A\alpha_A = r_B\alpha_B$로부터

$$\omega_A = \frac{r_B}{r_A}\omega_B = \frac{0.3}{0.1} \times 5 = 15\text{rad/s}$$

$$\alpha_A = \frac{r_B}{r_A}\alpha_B = \frac{0.3}{0.1} \times 6.25 = 18.75\text{rad/s}^2$$

(3) 일반적인 평면운동

일반적인 평면운동은 병진운동과 회전운동의 조합으로 표현할 수 있다. 이 두 가지 운동을 분리하여 살펴보려면 상대운동 해석을 이용한다. 「그림 6.22」에서 점 B의 절대속도 $\vec{v}_B$는 다음 식과 같이 점 A의 절대속도 $\vec{v}_A$와 점 A에 대한 점 B의 상대속도 $\vec{v}_{B/A}$의 벡터 합으로 표현된다.

$$\vec{v}_B = \vec{v}_A + \vec{v}_{B/A} \tag{6.58}$$

여기서, $\vec{v}_A$는 기준점 A의 절대속도, $\vec{v}_B$는 점 B의 절대속도를, 그리고 $\vec{v}_{B/A}$는 병진운동 하는 기준점 A에 대한 B의 상대속도이다. 식 (6.58)은 점 B의 속도는 전체 물체가 $\vec{v}_A$의 속도로 움직이는 운동에다 점 A 주위로 각속도 $\vec{\omega}$로 회전하는 운동을 합한 것임을 알 수 있다.

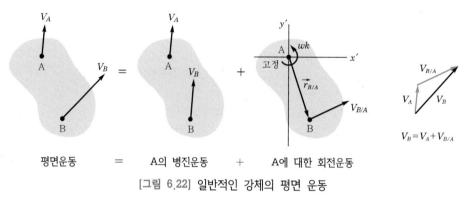

평면운동　　　　＝　　　A의 병진운동　　　＋　　　A에 대한 회전운동

[그림 6.22] 일반적인 강체의 평면 운동

병진운동 하는 기준점 A에 대한 B의 상대속도 $\vec{v}_{B/A}$는 물체 A를 통과하는 축을 중심으로 각속도 ω로 회전하는 것과 같다. 즉, 상대속도 $\vec{v}_{B/A}$는 점 A를 중심으로 한 원운동의 효과를 나타내므로 이 항은 벡터곱 $\vec{v}_{B/A} = \omega \times \vec{r}_{B/A}$로 쓸 수 있다. 따라서 식 (6.58)은 다음과 같이 쓸 수 있다.

$$\vec{v}_B = \vec{v}_A + \omega \times \vec{r}_{B/A} \tag{6.59}$$

여기서, $\vec{v}_A$와 $\vec{v}_B$는 각각 기준점 A와 점 B의 절대속도를, ω는 강체의 각속도, 그리고 $\vec{r}_{B/A}$는 A에서 바라본 B까지의 상대 위치벡터이다. 식 (6.58) 또는 식 (6.59)의 속도식은 핀으로 연결된 강체운동이나 움직이는 물체와 접촉하고 있는 강체운동을 해석하는데 사용할 수 있다.

예제 6.16

그림과 같이 크랭크 CB가 한정된 원호를 따라 C를 중심으로 왕복 회전하면, 크랭크 OA는 O를 중심으로 왕복회전하게 된다. 링크 CB가 수평이고 OA가 수직인 위치를 링크장치가 통과할 때, CB의 각속도는 반시계 방향으로 2rad/s이다. 이때 OA와 AB의 각속도를 구하시오.

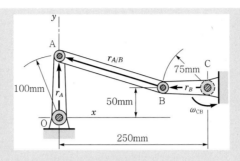

풀이 점 B에 대한 점 A의 상대속도식은 다음과 같이 쓸 수 있다.

$$\vec{v}_A = \vec{v}_B + \vec{v}_{A/B}$$

이 식은 다음과 같이 다시 쓸 수 있다.

$$\vec{\omega}_{OA} \times \vec{r}_A = \vec{\omega}_{CB} \times \vec{r}_B + \vec{\omega}_{AB} \times \vec{r}_{A/B}$$

따라서 각각의 각속도와 위치벡터들에 대한 값들을 대입하면 다음과 같다.

$$\omega_{OA}\hat{k} \times 100\hat{j} = 2\hat{k} \times (-75\hat{i}) + \omega_{A/B}\hat{k} \times (-175\hat{i} + 50\hat{j})$$

$$-100\omega_{OA}\hat{i} = -150\hat{j} - 175\omega_{A/B}\hat{j} - 50\omega_{A/B}\hat{i}$$

이를 각각 $\hat{i}$항과 $\hat{j}$항으로 분리하면,

$$-100\omega_{OA} + 50\omega_{A/B} = 0$$

$$25(6 + 7\omega_{A/B}) = 0$$

이므로, 위 두 식으로부터

$$\omega_{A/B} = -0.86\text{rad/s}, \quad \omega_{OA} = -0.43\text{rad/s}$$

(4) 순간회전중심

앞에서 설명한 바와 같이 평면운동은 임의로 선택한 기준점의 병진운동과 기준점에 대한 회전운동의 조합으로 해석할 수 있다. 이러한 강체의 평면운동에서의 기준점을 어떤 순간에 속도가 0이 되는 점을 기준점 A로 택하면 강체 내의 임의의 점 B에서의 속도는 식 (6.59)의 속도방정식으로부터 쉽게 구할 수 있다. 즉, $\vec{v}_A = 0$이므로 $\vec{v}_B = \vec{\omega} \times \vec{r}_{B/A}$가 된다. 이와 같이 일반적인 평면운동 하는 강체에서 어떤 순간에 속도가 0이 되는 점을 순간회전중심(instantaneous center ; IC)이라 하며, 이 점은 속도가 0인 순간축(instantaneous axis) 위에 있다. 순간축은 운동평면에 수직이며, 강체 내의 모든 점들은 어떤 순간에 순간축을 중심으로 회전하는 것처럼 보인다.

순간회전중심이 알려져 있지 않은 경우에는 어떤 점의 속도가 순간회점중심으로부터 그 점까지의 상대위치 벡터에 수직이라는 사실을 이용하여 순간회전중심의 위치를 구할 수 있다. 「그림 6.23(a)」와 같이 평행하지 않은 두 속도 $\vec{v}_A$, $\vec{v}_B$의 작용선을 알고 있는 경우에는 점 A, B에서 각각 속도에 수직선을 그리면

두 수선의 교점이 순간회전중심이 된다. 여기서 $\vec{v}_A$의 속도 크기를 안다면 강체의 각속도는 $\omega = v_A/r_A$가 된다. 이는 물론 강체 내 모든 선분의 각속도이기도 하기 때문에 $\vec{v}_B$의 속도는 $v_B = r_B\omega = (r_B/r_A)v_A$가 된다. 「그림 6.23(b), (c)」와 같이 강체 내의 두 점의 속도가 서로 평행하면 그림에서와 같이 비례관계를 이용하여 순간회전중심을 구할 수 있다. 만일 평행한 속도의 크기가 같다면 순간회전중심은 무한대가 되어 강체는 더 이상 회전하지 않고 병진운동만을 하게 됨을 알 수 있다.

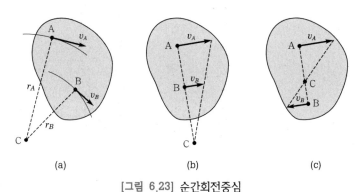

(a) (b) (c)

[그림 6.23] 순간회전중심

예제 6.17

그림과 같이 반지름 $r = 300mm$인 바퀴가 미끄러지지 않고 오른쪽으로 구르고 있다. 중심 O의 속도는 $v_0 = 3m/s$이다. 순간회전중심의 위치를 구하고, 점 A의 속도를 구하시오.

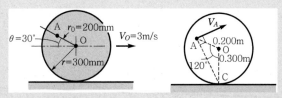

풀이 바닥과 접하고 있는 원주 위의 점은 바퀴가 미끄러지지 않으면 순간속도가 0이 되므로, 점 C가 순간회전중심이 된다.

바퀴의 각속도는 $\omega = \dfrac{v}{r} = \dfrac{3}{0.3} = 10rad/s$

$\overline{AC} = \sqrt{0.3^2 + 0.2^2 - 2\times0.3\times0.2\times\cos 120°} = 0.436m$

따라서 점 A의 속도는

$v = r\omega = \overline{AC}\omega = 0.436\times10 = 4.36m/s$

$\vec{v}_A$의 방향은 위의 그림에서와 같이 AC에 수직이다.

(5) 평면운동에서의 절대가속도와 상대가속도

평면운동 하는 강체 내의 두 점 A, B의 가속도는 속도방정식 $\vec{v}_B = \vec{v}_A + \vec{v}_{B/A}$ 을 시간에 대하여 미분하면 다음과 같이 상대가속도식을 얻을 수 있다.

$$\vec{a}_B = \vec{a}_A + \vec{a}_{B/A} \tag{6.60}$$

$\vec{a}_B$ 및 $\vec{a}_A$는 고정된 좌표에서 정의되는 점 B와 점 A의 절대가속도이며, $\vec{a}_{B/A}$는 점 A를 좌표의 원점으로 하여 병진운동 하는 좌표와 함께 움직이는 관찰자가 보는 A에 대한 B의 가속도를 나타낸다. 이는 일반평면운동에서 설명한 것처럼 관찰자 B가 곡률반지름 $r_{B/A}$인 원호를 따라 움직이는 것처럼 느낀다. 상대운동이 원운동이므로 상대가속도 $\vec{a}_{B/A}$는 「그림 6.24」에서와 같이 상대속도 $\vec{v}_{B/A}$의 방향 변화에 따라 B에서 A로 향하는 법선 성분과 $\vec{v}_{B/A}$의 크기 변화에 따라 AB에 수직한 접선 성분을 갖게 된다. 따라서 상대가속도 방정식인 식 (6.60)은 다음과 같이 쓸 수 있다.

$$\vec{a}_B = \vec{a}_A + (\vec{a}_{B/A})_t + (\vec{a}_{B/A})_n \tag{6.61}$$

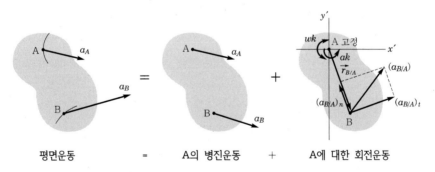

[그림 6.24] 평면운동에서의 절대가속도와 상대가속도

상대가속도의 접선 및 법선방향 성분들은 기준점 A를 원점으로 한 원운동 효과를 나타내기 때문에 이 항들은 식 (6.57)에서와 같이 $(\vec{a}_{B/A})_t = \vec{\alpha} \times \vec{r}_{B/A}$와 $(\vec{a}_{B/A})_n = -\omega^2 \vec{r}_{B/A}$로 표현할 수 있다. 따라서 식 (6.61)은 다음과 같이 된다.

$$\vec{a}_B = \vec{a}_A + \alpha \times \vec{r}_{B/A} - \omega^2 \vec{r}_{B/A} \tag{6.62}$$

여기서, $\vec{a}_A$와 $\vec{a}_B$는 각각 기준점 A와 점 B의 가속도를, a는 강체의 각가속도, ω는 강체의 각속도 그리고 $\vec{r}_{B/A}$는 A에서 B까지의 상대 위치벡터이다. 또한 상대가속도 항들이 각각 절대각속도와 절대각가속도에 의해 결정된다는 것이 중요하다.

예제 6.18

예제 6.16의 링크 장치를 다시 한 번 생각해 보자. 짧은 운동구간에서 그림과 같은 위치의 크랭크 CB는 2rad/s로 반시계방향의 일정한 각속도로 회전한다. 이 위치에서 링크 AB와 OA의 각가속도를 구하시오.

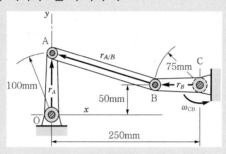

풀이 예제 6.16에서와 같이 속도에 관하여 풀면 링크 AB와 OA의 각속도는 $\omega_{AB} = -0.86\text{rad/s}$와 $\omega_{OA} = -0.43\text{rad/s}$이다.

가속도식은 다음과 같다.

$$\vec{a}_A = \vec{a}_B + (\vec{a}_{A/B})_t + (\vec{a}_{A/B})_n$$

여기서,

$$\vec{a}_A = \vec{\alpha}_{OA} \times \vec{r}_A + \vec{\omega}_{OA} \times (\vec{\omega}_{OA} \times \vec{r}_A) = \alpha_{OA}\hat{k} \times 100\hat{j} + (-0.43\hat{k}) \times (-0.43\hat{k} \times 100\hat{j})$$
$$= -100\alpha_{OA}\hat{i} - 100 \times (0.43)^2\hat{j}\,\text{mm/s}^2$$
$$\vec{a}_B = \vec{\alpha}_{CB} \times \vec{r}_B + \vec{\omega}_{CB} \times (\vec{\omega}_{CB} \times \vec{r}_B) = 0 + 2\hat{k} \times (2\hat{k} \times [-75\hat{i}]) = 300\hat{i}\,\text{mm/s}^2$$
$$(\vec{a}_{A/B})_n = \vec{\omega}_{AB} \times (\vec{\omega}_{AB} \times \vec{r}_{A/B})$$
$$= -0.86\hat{k} \times [(-0.86\hat{k}) \times (-175\hat{i} + 50\hat{j})] = (0.86)^2(175\hat{i} - 50\hat{j})\,\text{mm/s}^2$$
$$(\vec{a}_{A/B})_t = \vec{\alpha}_{AB} \times \vec{r}_{AB}$$
$$= \alpha_{AB}\hat{k} \times (-175\hat{i} + 50\hat{j}) = -50\alpha_{AB}\hat{i} - 175\alpha_{AB}\hat{j}\,\text{mm/s}^2$$

위 값들을 상대가속도식에 대입하고 $\hat{i}$항과 $\hat{j}$항의 계수들을 분리하여 다음과 같이 된다.

$$-100\alpha_{OA} = 429 - 50\alpha_{AB}, \quad -18.37 = -36.7 - 175\alpha_{AB}$$

위 두 식으로부터 $\alpha_{AB} = -0.105\text{rad/s}^2$, $\alpha_{OA} = -4.34\text{rad/s}^2$

음($-$)의 각가속도 값은 단위벡터 k의 양($+$)의 방향을 지면으로부터 나오는 방향(반시계 방향)이므로, AB와 OA의 각가속도 모두 음($-$)의 방향인 시계 방향이다.

연습문제

6.1 정지 상태에서 출발한 자동차가 직선 도로를 따라서 125m 이동한 후 20m/s의 속력이 되었다. 등가속도와 이동 시간을 구하시오.

정답 $a = 1.6\text{m/s}^2$, $t = 12.5\text{s}$

6.2 열차가 직선상의 철로를 따라서 0.2m/s^2의 등가속도로 가속되고 있다. 이 열차가 정지 상태에서 출발하여 16초 후의 속도와 50km/h의 속도를 얻을 때까지 걸리는 시간을 구하시오.

정답 $v = 3.2\text{m/s}$, $t = 69.5\text{s}$

6.3 그림과 같은 달 착륙선이 하강 엔진의 역추력에 의해 달 표면의 5m 상공까지 하강하였을 때의 속도가 4m/s이다. 만일 이 시점에서 엔진이 갑자기 꺼지면 달 표면에서의 충돌속도는 얼마인가? 단, 달의 중력가속도는 1.64m/s^2이다.

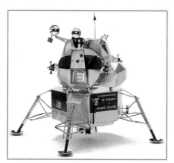

정답 $v = 5.7\text{m/s}$

6.4 항공모함에서는 발사기(catapult)를 이용하여 항공기를 이륙시킨다. 항공기가 100m 거리를 활주하여 이륙속도 300km/h에 도달하는 데 필요한 일정가속도 a를 중력가속도 g의 배수로 나타내시오.

정답 $a = 3.54g$

6.5 전투함정의 수직 발사관을 통하여 수직발사체를 초기속도 200m/s로 발사하였다. 이 미사일이 도달할 수 있는 최대 고도 h를 구하고, 다시 수면에 도달할 때까지의 시간을 계산하시오. 단, 공기저항은 무시하고 중력가속도는 9.81m/s^2로 한다.

정답 $h = 2{,}040\text{m}$, $t = 40.8\text{s}$

6.6 함정에서 투사체가 초속도 60m/s의 속도로 수중을 향해 수직 하향으로 발사되었다. 투사체는 물의 저항으로 인해 $a = -0.4v^3\text{m/s}^2$의 감속도를 받는다. 발사 4초 후의 투사체의 속도와 위치를 구하시오.

정답 $v = 0.559\text{m/s}$, $h = 4.43\text{m}$

6.7 인공위성과 같이 물체를 지상으로부터 아주 높은 고도로 투사하였을 때에는 고도 y에 따른 중력가속도의 변화를 고려하여야 한다. 공기저항을 무시하면 가속도는 $a = -g_0[R^2/(R+y)^2]$로 계산된다. 여기서 g_0는 해상에서의 중력가속도로 9.81m/s^2이고, R은 지구의 반지름으로 6,356km이다. 만일 발사체를 지표면으로부터 수직 상향으로 발사하여 지구로 다시 추락하지 않게 하려면 최소 초기속도(탈출속도)는 얼마가 되어야 하는가? (**힌트** $y \to \infty$이면 $v = 0$이어야 한다.)

정답 $v = 11.2\text{km/s}$

6.8 시간 t를 매개변수로 표현한 질점의 곡선운동 방정식이 $x = 2t^2 - 4t$, $y = 3t^2 - t^3/3$이다. $t = 2\text{s}$일 때의 속도와 가속도를 각각 구하시오. 길이의 단위는 m이다.

정답 $v = 8.94\text{m/s}$, $a = 4.47\text{m/s}^2$

6.9 그림과 같은 투석기를 사용하여 성을 공격하고자 한다. 돌의 운동궤적의 최대 높이에서 성벽에 부딪치도록 한다. 돌이 A지점에서 B지점까지 날아가는데 1.5초가 소요된다면, 발사속도 v_A와 발사각 θ_A, 그리고 충돌 지점의 높이 h를 각각 구하시오.

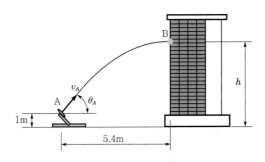

정답 $v_A = 15.1\text{m/s}$, $\theta_A = 76.3°$, $h = 12\text{m}$

6.10 그림과 같이 거리 12km 떨어져 있는 A 지점에서 발사하여 B 지점의 표적을 명중시킬 수 있는 포탄의 최소 속도를 구하시오.

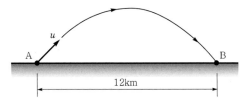

정답 $u = 343\text{m/s}$

6.11 자동차가 반경 100m의 원형 트랙을 따라 주행하고 있다. 이 자동차의 속력이 8m/s^2로 일정하게 가속되어 16m/s가 되었다면 이 순간의 가속도의 크기는 얼마인가?

정답 $a = 9.50\text{m/s}^2$

6.12 질점이 0.4m의 반지름을 갖는 원형 경로를 따라 움직인다. 다음 조건에서의 가속도의 크기를 구하시오.

(a) 0.6m/s의 일정 속도인 경우
(b) 0.6m/s의 속력이 초당 1.2m/s로 증가하는 경우

정답 (a) $a = 0.9\text{m/s}^2$, (b) $a = 1.5\text{m/s}^2$

6.13 함정이 반지름 20m의 원형 경로를 따라서 항해하고 있다. 함정의 속력이 $v = 5\text{m/s}$이고, 접선 방향 속도변화율 $\dot{v} = 2\text{m/s}^2$이라면 이 함정의 가속도 크기는 얼마인가?

정답 $a = 2.36\text{m/s}^2$

6.14 속도 20노트로 항해하던 배가 60초 동안 90도의 방향 전환을 이루도록 일정한 비율로 반시계 방향으로 선수를 돌리기 시작하였다. 진행 방향을 바꾸면서 회전하는 동안의 가속도 크기를 구하시오. 단, 1노트=1.852km/h이다.

정답 $a = 0.269\text{m/s}^2$

6.15 자동차가 일정한 속력으로 A지점을 통과할 때, 질량중심 G의 가속도는 0.5g가 된다. A에서 도로의 곡률반경이 100m이고, 차의 질량중심으로부터 도로까지의 거리가 0.6m라면 자동차의 속력은 얼마인가?

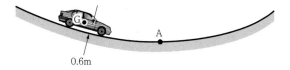

정답 $v = 22.08\text{m/s}$

6.16 인공위성이 20×10^6m/h의 일정한 속력으로 지구 주위를 원형 궤도로 돌고 있다. 만일 가속도가 2.5m/s^{2}이라면 인공위성의 고도는 얼마인가? 단, 지구의 지름은 $12,713$km 로 가정한다.

정답 $h = 5.99 \times 10^6$m

6.17 그림의 블록 C가 6m/s의 속력으로 상승하는 동안 블록 A가 1.2m/s의 속력으로 하향이동 한다. 이 경우 블록 B의 속력을 구하시오.

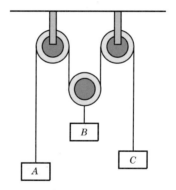

정답 $v_B = -2.4$m/s

6.18 그림과 같이 왼쪽으로 움직이는 블록 B의 속도가 1.2m/s라 할 때 실린더 A의 속도를 구하시오.

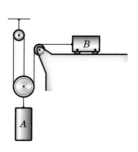

정답 $v_A = 0.40$m/s 아랫방향

6.19 잔잔한 바다에 6노트(1노트=1.852km/h)의 속도를 낼 수 있는 작은 배가 선수를 동쪽으로 하고 항해하고 있으나 해류에 의해 남쪽으로 틀어지고 있다. 보트의 실제 경로는 A에서 B로 2시간 거리인 10해리이다. 해류의 속도를 구하시오.

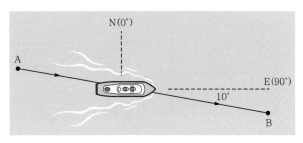

정답 $v_w = 1.38$노트

6.20 구축함이 30노트로 항해하면서 고정목표물까지의 각도 α 만큼 편향시켜 미사일을 발사한다. 발사 속도는 배에 대하여 75m/s이고, 수평축에 대하여 30°의 각도를 가지고 있다. 만약 미사일 발사시 절대속도로 결정되는 수직 평면 내에서 계속 날아간다면, $\theta = 60°$일 때 a를 구하시오.

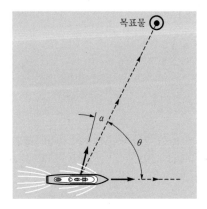

정답 $\alpha = 11.88°$

6.21 항공모함이 50km/h의 속도로 전진 항해하고 있다. 그림과 같은 순간에 A지점에 있는 항공기가 이륙하여 전방 수평속도 200km/h에 도달하였다. 만일 B지점에 있는 항공기가 그림의 방향으로 항공모함 활주로를 따라 175km/h로 달리고 있다면, B에 대한 A의 속력은 얼마인가? 활주로 A와 B의 사이각은 15°이다.

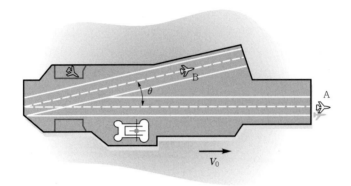

정답 $v_{A/B} = 49.1\text{km/h}$

6.22 체중 90kg중인 사람이 탑승한 엘리베이터가 2.0m/s² 의 가속도로 상승할 때와 2.5m/s² 의 가속도로 하강할 때 엘리베이터 바닥에 가하는 힘을 각각 구하시오.

정답 $F_{상승} = 1.063\text{kN}$, $F_{하강} = 0.658\text{kN}$

6.23 그림과 같은 두 가지 경우에 대하여 150kg 추의 수직가속도를 각각 구하시오. 도르래의 질량과 마찰은 무시한다.

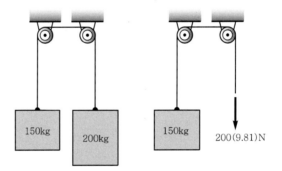

정답 $a = 1.401\text{m/s}^2$, $a = 3.27\text{m/s}^2$

6.24 중량 40만톤(약 4,000MN)의 유조선이 항해 중 엔진이 갑자기 꺼져 잔잔한 물 위를 $v_0 = 1\text{m/s}$의 속력으로 항해하고 있다. 만일 물의 저항이 유조선의 속력에 비례하여 $F_D = 0.65v\,\text{MN}$으로 표현된다면, 유조선의 속력이 0.5m/s가 되는 데 걸리는 시간과 이 유조선이 멈출 때까지 항해한 거리를 계산하시오.

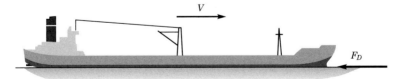

정답 $t = 43.3\text{s}$, $d = 64\text{m}$

6.25 50kg의 나무 상자가 바닥면을 따라 초기속도 7m/s로 움직이고 있다. 운동마찰계수가 0.4라고 할 때, 이 나무 상자가 정지할 때까지의 시간과 이 시간 동안 움직인 거리를 구하시오.

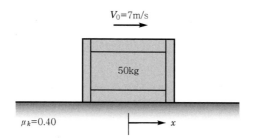

정답 $t = 1.784$s, $d = 6.24$m

6.26 함정에서 이륙한 중량 1.4톤의 헬기가 40m/s의 일정한 속력으로 수평의 곡선 경로를 따라 경사각 $\theta = 40°$로 비행하고 있다. 날개의 수직, 즉 y' 방향으로 작용하는 힘과 헬기의 선회반경을 구하시오.

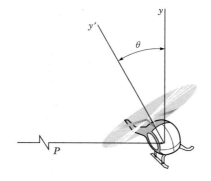

정답 $F_n = 15.81$kN, $\rho = 282$m

6.27 그림과 같은 1,750kg의 자동차가 곡률 반지름 $\rho = 100$m인 언덕을 넘어가고 있다. 이 자동차가 도로의 표면에서 뜨지 않고 언덕을 넘어갈 수 있는 최대 속도를 구하시오.

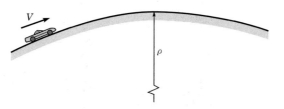

정답 $v = 31.32$m/s

6.28 우완투수가 왼쪽으로 휘는 커브 공을 던지기 위하여 홈 플레이트의 오른쪽 끝을 향하여 던진다. 공은 그림과 같이 홈 플레이트 끝에서 150mm 떨어진 곳을 통과하도록 137km/h의 속력으로 던진다. 야구공의 평균 곡률 반경과 야구공에 작용하는 법선력은 얼마인가? 야구공의 질량은 146g이며, 공의 속도는 일정하고 수직 방향의 운동은 무시한다.

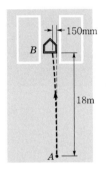

정답 $\rho = 1,080$m, $N = 0.1952$N

6.29 100kg의 상자가 그림과 같이 $F_1 = 800$N의 힘이 $\theta_1 = 30°$의 각도로, $F_2 = 1,500$N의 힘이 $\theta_2 = 20°$의 각도로 작용하고 있다. 상자는 처음에 정지 상태에 있다면, 이 상자가 6m/s의 속력에 도달할 때까지 이동한 거리를 구하시오. 상자와 표면 사이의 운동 마찰계수 $\mu_k = 0.20$이다.

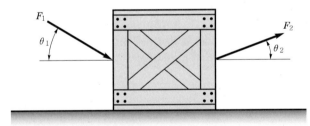

정답 $s = 0.933$m

6.30 그림과 같이 작은 물체가 점 A에서의 속도가 5m/s이다. 이 물체가 0.8m 상승한 점 B에서의 속도를 구하시오. 단, 운동 중 마찰은 무시할 수 있다.

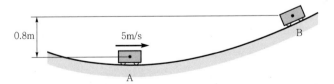

정답 $v = 3.05$m/s

6.31 50kg의 상자가 그림과 같이 기울기 $a=3$, $b=4$인 경사면을 따라 내려가고 있다. 상자가 점 A를 통과할 때의 속력이 3m/s이라면 운동을 순간적으로 멈추는데 필요한 스프링의 최대 변위를 구하라. 상자와 경사면과의 운동마찰계수 $\mu_k = 0.25$이며, 스프링 상수 $k=3,600$N/m, 점 A와 스프링까지의 거리 $d=3$m이다.

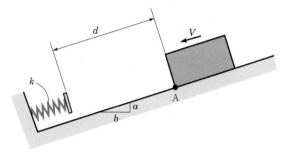

정답 $d_{max} = 0.737$m

6.32 1,500kg인 자동차의 스프링 범퍼를 설계하려 한다. 범퍼 안에는 두 개의 스프링이 내장되어 있다. 범퍼는 자동차가 8km/h의 속도로 충돌하면 스프링이 150mm만큼 변형한 위치에서 정지하는 것을 목표로 한다. 이를 만족할 수 있는 두 개의 스프링 범퍼의 스프링계수 k를 구하시오. 충돌이 시작될 때 스프링의 초기변형은 없다.

정답 $k=164.6$kN/m

6.33 길이가 같은 두 개의 스프링이 충격을 흡수하기 위하여 겹쳐져 있다. 정지된 위치에서 스프링의 꼭짓점으로부터 $s=0.5$m 높이에서 떨어진 질량 2kg의 물체의 운동을 저지하여 스프링의 압축 길이가 0.2m가 되도록 설계되었다. 외부 스프링의 강성도가 $k_A = 400$N/m라면 내부 스프링의 강성도 k_B는 얼마나 되어야 하겠는가?

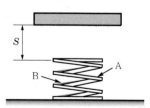

정답 $k_B = 287$N/m

6.34 질량 0.9kg의 칼라가 A 위치에서 정지 상태에 있다가 경사봉을 따라 미끄러져 올라가 B지점에 도착할 때의 속도를 구하시오. 스프링 강성 $k = 24$N/m이고 자유길이가 375mm이다.

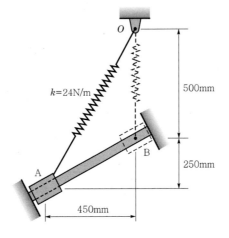

정답 $v = 1.156$m/s

6.35 몸무게 750N인 2명의 생도 A와 B가 강성도 $k = 1,200$N/m인 굵은 고무 밧줄을 사용하여 높이 $h = 40$m인 다리 위에서 번지 점프를 하려고 한다. 두 생도가 강물의 수면에 살짝 닿은 순간 밧줄에 고정되어 있는 A생도가 B생도를 놓는다. 이 묘기를 하기 위하여 인장되지 않은 상태의 적당한 밧줄의 길이는 얼마인가?

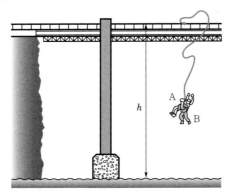

정답 $L = 30.0$m

6.36 질량 2kg인 실린더 위의 점 P가 A지점을 통과할 때의 초기 속도는 $v_0 = 0.8$m/s이다. 도르래와 케이블의 질량을 무시하고 3kg의 실린더가 상향으로 0.6m/s의 속도에 도달할 때 A지점 아래 P점의 거리를 구하시오.

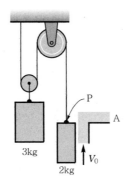

정답 $y = 0.224\text{m}$

6.37 질량 75g인 탄알이 600m/s의 속도로 날아가 정지 상태에 있는 질량 50kg의 물체에 박혔다. 충돌하는 동안 손실된 에너지를 계산하시오.

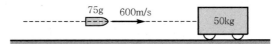

정답 $|\Delta E| = 13.48\text{kJ}$

6.38 어느 장교가 질량 0.05kg의 골프공을 타격하여 공이 수평면과 $\theta = 40°$ 각도로 날아가 20m 떨어진 같은 높이에 떨어진다. 골프공에 작용하는 클럽의 충격량을 계산하시오.

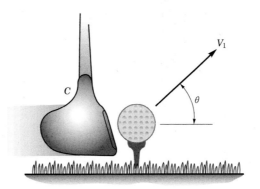

정답 $I = 0.706\text{N} \cdot \text{s}$

6.39 그림과 같이 19,000kg의 예인선 T가 75,000kg의 바지선을 끌고 가고 있다. 밧줄의 강성도 $k = 600\text{kN/m}$인 탄성밧줄이라 하면 처음 당기는 동안 밧줄의 최대 인장 길이를 구하시오. 예인선과 바지선은 둘 다 같은 방향으로 각각 $(v_T)_1 = 15\,\text{km/h}$와 $(v_B)_1 = 10\,\text{km/h}$ 속도로 움직이고 있다. 단, 물의 저항은 무시한다.

정답 $\delta = 0.221\text{m}$

6.40 18노트로 전진 항해하고 있는 60톤의 어뢰정에서 그림과 같이 $30°$의 각도로 140kg의 어뢰를 수평으로 발사하고 있다. 포신을 떠나는 어뢰의 어뢰정에 대한 상대속도가 6m/s이라면 어뢰정의 전진속도의 순간속도 감소량은 얼마인가?

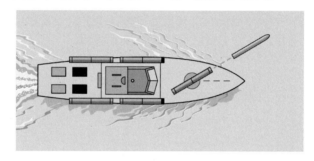

정답 $|\Delta v| = 0.0121\text{m/s}$

6.41 질량이 각각 3kg과 5kg인 두 개의 원판 A와 B가 초기 속도 $(v_A)_1 = 6\text{m/s}$와 $(v_B)_1 = 7\text{m/s}$의 속도로 그림과 같이 충돌한다면, 충돌 직후 각 원판의 속도는 얼마인가? 그림에서 $\theta = 60°$이며, 반발계수는 $e = 0.65$이다.

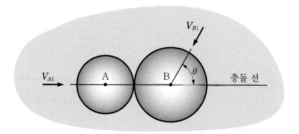

정답 $(v_A)_2 = -3.80\text{m/s}, \ (v_B)_2 = 6.51\text{m/s}$

6.42 질량이 각각 $1,200\text{kg}$과 $1,600\text{kg}$인 A와 B 두 대의 자동차가 빙판길 교차로에서 직각 방향으로 충돌하였다. 충돌 후 두 자동차는 한 덩어리가 되어 그림과 같이 점선 방향에 따라 v'의 속도로 움직인다. 충돌 순간 차량 A의 속도가 50km/h라면, 차량 B의 충돌 직전의 속도는 얼마인가?

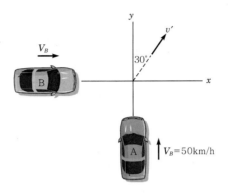

정답 $v_B = 21.7$km/h

6.43 각속도 $\omega_0 = 8$rad/s로 회전하는 원판을 반경 $r = 2$m인 $\alpha = 6$rad/s^{2}로 가속시키기 시작하여 $t = 0.5$초 경과하였을 때 점 A의 속도 크기와 접선 및 법선 방향 가속도를 각각 구하시오.

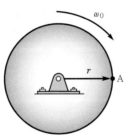

정답 $v_A = 22$m/s, $a_t = 12$m/s^2, $a_n = 242$m/s^2

6.44 반경 $r = 4.5$m인 수평축 풍차 날개가 초기 각속도 $\omega_0 = 2$rad/s로 회전하고 있다. 날개의 각가속도가 $\alpha = 0.6$rad/s^{2}이라면 $t = 3$초 후의 각속도와 날개 끝점 P의 가속도 크기를 구하시오.

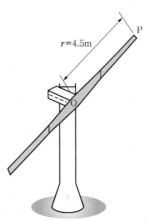

정답 $\omega = 3.80$rad/s, $a_P = 65.0$m/s^2

6.45 그림과 같은 벨트 구동 풀리와 풀리에 부착된 원판이 가속되며 회전하고 있다. 벨트의 속력 v가 1.5m/s가 되는 순간 점 A의 가속도는 75m/s²이다. 이 순간에 풀리와 원판의 각가속도, 점 B의 가속도, 그리고 벨트 위의 점 C의 가속도를 구하시오.

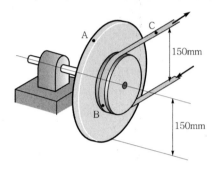

정답 $\alpha = 300\text{rad/s}^2$, $a_B = 37.5\text{m/s}^2$, $a_C = 22.5\text{m/s}^2$

6.46 자동차 타이어 위의 점 A가 그림과 같은 위치에 올 때, 점 A의 절대속도 크기는 12m/s이다. 이 때 자동차의 속도 v_0와 바퀴의 각속도 ω를 구하시오.

정답 $v_0 = 8.49\text{m/s}$, $\omega = 26.12\text{rad/s}$

6.47 그림과 같은 순간에 직각 링크의 반시계 방향 각속도는 3rad/s이고 점 B의 속도는 $v_B = 2\hat{i} - 0.3\hat{j}$ m/s이다. 점 A의 속도를 벡터로 표현하시오.

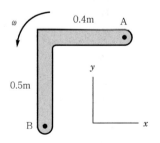

정답 $v_A = 0.5\hat{i} + 0.9\hat{j}$ m/s

6.48 길이 $b = 125$mm인 로드 CB에 연결되어 있는 길이 $a = 300$mm인 링크 AB가 각속도 4rad/s로 회전하고 있다. $\theta = \phi = 45°$인 순간에 슬라이더 블록 C의 속도를 구하시오.

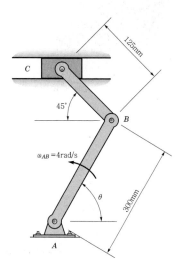

정답 $v_C = -1.70\text{m/s}$

6.49 반지름 r인 원판 위의 점 A와 점 B가 미끄러지지 않고 굴러가도록 상하가 막혀 있다. 평판이 그림과 같은 속도로 움직일 때 원판의 각속도를 구하시오.

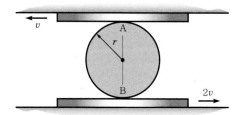

정답 $\omega = 3v/2r$

6.50 슬라이더 블록 C가 경사면을 따라 2m/s의 속도로 올라가고 있다. 그림과 같은 순간에 링크 AB와 BC의 각속도와 점 B의 속도를 구하시오.

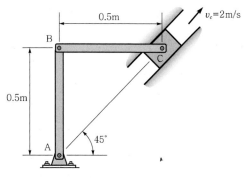

정답 $\omega_{BC} = 4.0\text{rad/s}, \ \omega_{AB} = 4.0\text{rad/s}, \ v_B = 2.0\text{m/s}$

6.51 그림과 같은 구속링크의 한 운동 구간에서 링크의 끝점 A의 하향속도 $v_A = 2\,\text{m/s}$이다. $\theta = 30°$인 위치에서 AB의 각속도와 링크 중간점 G의 속도를 구하시오.

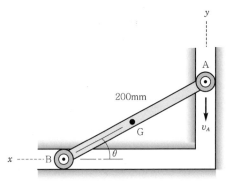

정답 $\omega = 11.55\,\text{rad/s}$, $v_G = 1.155\,\text{m/s}$

6.52 거친 표면에 던져진 반지름 $r = 0.3\,\text{m}$인 링의 각속도는 $\omega = 4\,\text{rad/s}$이고, 각가속도가 $\alpha = 5\,\text{rad/s}^2$이다. 또한 링의 중심속도는 $v_O = 5\,\text{m/s}$이며, 감속도는 $a_O = 2\,\text{m/s}^2$이다. 이때 점 A의 가속도를 구하시오.

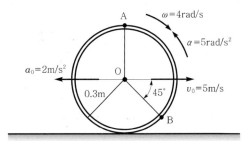

정답 $a_A = 5.94\,\text{m/s}^2$

6.53 그림과 같은 링크 장치에서 링크 OA가 반시계 방향으로 일정한 각속도 $\omega_O = 10\,\text{rad/s}$로 회전할 때, A의 좌표가 $x = -60\,\text{mm}$, $y = 80\,\text{mm}$인 위치에서 링크 AB의 각가속도를 구하시오. 링크 BC는 이 위치에서 수직이다.

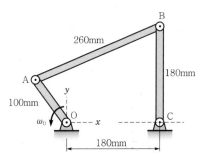

정답 $\alpha_{AB} = 10.42\,\text{rad/s}^2$

6.54 그림은 유정 굴착 장치이다. 유연한 펌프로드 D는 E에 부채꼴 모양의 판에 단단히 고정되고, D 밑의 피팅으로 들어갈 때 항상 수직을 유지한다. 링크 AB는 가중 크랭크 OA의 회전에 따라 빔 BCE가 왕복 회전하도록 한다. OA가 3초당 1회전으로 일정하게 시계 방향 각속도로 회전한다면, 빔과 크랭크 OA 모두 그림과 같이 수평 위치가 될 때, 펌프로드 D의 가속도를 구하시오.

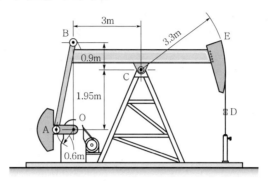

정답 $a_D = 0.568 \text{m/s}^2$

참고문헌

[제1장 공학적 문제 해결]

Etter, D. M., *Engineering Problem Solving with MATLAB*, 2nd ed., Prentice-Hall Inc., 1997.

Johnson, A., and Sherwin, K., *Foundations of Mechanical Engineering*, Chapman & Hall, 1996.

Ullman, D. G., *The Mechanical Design Process*, 3rd ed., McGraw-Hill Inc., 2003.

[제2장 정역학]

Hibbler, R. C., *Engineering Mechanics : Statics*, 11th ed., Pearson Education, 2007.

Hibbler, R. C., *Statics and Mechanics of Materials*, Pearson Education, 2004.

Meriam, J. L., and Kraige, L. G., *Engineering Mechanics : Volume 1 Statics*, 5th ed., John Wiley & Sons, Inc., 2003.

Beer, F. P., Johnston, E. R., Eisenberg, E. R., *Vector Mechanics for Engineering Statics*, McGraw-Hill Inc., 2007.

Serway, R. A., Jewett, J. W., *Physics for Scientist and Engineers with Modern Physics*, 6th ed., Thomson Learning, 2005.

Pytel, A., Kiusalaas, J., *Engineering Mechanics*, 2nd ed., Brooks/Cole, 2000.

김동조, 박종근, 백운경, 양보석, 윤한익, 조상봉, 장인식, 정역학, 인터비젼, 2000.

한병기, 원종진, 채수원, 백태현, 박창용, 고승기, SI 단위 공학도를 위한 정역학 7판, 한국맥그로힐, 2007.

대학물리학교재편찬위원회, 대학물리학, 북스힐, 2007.

황봉갑, 기초역학일반, 일진사, 2007.

[제3장 재료역학]

Callister, W. D. Jr., *Materials Science and Engineering an Introduction*, 7th ed., John Wiley & Sons, Inc., 2007.

Crandall, S. H., Dahl, N. C., and Lardner, T. J., *An Introduction to the Mechanics of Solids*, McGraw-Hill Inc., 1996.

Gere, J. M., *Mechanics of Materials*, 6th ed., Thomson Learning, 2004.

Hibbler, R. C., *Statics and Mechanics of Materials*, Pearson Education, 2004.

[제4장 열역학]

Sonntag, R. E., Borgnakke, C., Van Wylen, G. J., *Fundamentals of Thermodynamics*, 6th ed., John Wiley & Sons, Inc., 2005.

Cengel, Y. A., Boles, M. A., *Thermodynamics* 5th ed, McGraw-Hill Inc., 2007.

Serway, R. A., Jewett, J. W., *Physics for Scientist and Engineers with Modern Physics*, 6th ed., Thomson Learning, 2005.

노승탁, 최신 공업열역학, 문운당, 2002.

박영무, 박경근, 장호명, 김영일 공역, 열역학, 사이텍미디어, 2005.

부준홍, 열역학, 교보문고, 2007.

황봉갑, 기초역학일반, 일진사, 2007.

대학물리학교재편찬위원회, 대학물리학, 북스힐, 2007.

[제5장 유체역학]

Douglas, J. F., Gasiorek, J. M., & Swaffield, J. A., *Fluid Mechanics*, 3rd ed., Longman Group Ltd., 1995.

Munson, B. R., Young, D. F., & Okiishi, T. H., *Fundamentals of Fluid Mechanics*, 5th ed, John Wiley & Sons, Inc., 2006.

Smiths, A. J., *A Physical Introduction to Fluid Mechanics*, John Wiley & Sons, Inc., 2000.

김찬중, 공학도를 위한 길잡이 유체공학입문, 문운당, 2004.

유상신, 유정열, 박재형, 장근식, 서상호, 이병권, 이계한, 신세현, 공학과 의학을 위한 기본 유체역학, 사이텍미디어, 2005.

[제6장 동역학]

Beer, F. P., *Vector Mechanics for Engineers*, 8th ed., McGraw-Hill Inc., 2005.

Hibbler, R. C., *Engineering Mechanics : Dynamics*, 11th ed., Pearson Education, 2007.

Meriam, J. L., and Kraige, L. G., *Engineering Mechanics : Volume 2 Dynamics*, 5th ed., John Wiley & Sons, Inc., 2003.

[부 록]

Spiegel, M. R., Lipschuts, S., & Liu, J., *Schaum's Outline Series; Mathematical Handbook of Formulas and Tables*, 3rd ed., McGraw-Hill Inc., 2008.

Fundamentals of Mechanics

부 록

FUNDAMENTALS OF MECHANICS

Ⅰ. 수학 참고자료

Ⅰ.1 체적 기하

Sphere 	체적 : $V = \dfrac{4}{3}\pi r^3$ 표면적 : $A = 4\pi r^2$
Spherical Wedge 	체적 : $V = \dfrac{2}{3}r^3\theta$
Right−Circular Cone 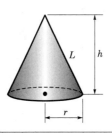	체적 : $V = \dfrac{1}{3}\pi r^3 h$ 측면적 : $A = \pi rL$ $\qquad\quad L = \sqrt{r^2 + h^2}$
Any Pyramid or Cone 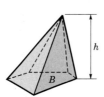	체적 : $V = \dfrac{1}{3}Bh$ $\qquad B = 바닥면적$

I.2 대수학

(1) 2차 방정식

$$ax^2 + bx + c = 0$$

$$x = \frac{-b \pm \sqrt{b^2 - 4\,a\,c}}{2\,a}, \quad b^2 \geq 4\,a\,cnkzz \text{ for all real roots}$$

(2) 대 수

$$b^x = y, \quad x = \log_b y$$

자연대수

$$b = e = 2.718282$$

$$e^x = y, \quad x = \log_e y = \ln y$$

$$\log(ab) = \log a + \log b$$

$$\log(a/b) = \log a - \log b$$

$$\log(1/n) = -\log n$$

$$\log a^n = n \log a$$

$$\log = 0$$

$$\log_{10} x = 0.4343 \ln x$$

(3) 행렬식

$$\begin{vmatrix} a_1 & b_1 \\ a_2 & b_2 \end{vmatrix} = a_1 b_1 - a_2 b_1$$

$$\begin{vmatrix} a_1 & b_1 & c_1 \\ a_2 & b_2 & c_2 \\ a_3 & b_3 & c_3 \end{vmatrix} = a_1 b_2 c_3 + a_2 b_3 c_1 + a_3 b_1 c_2 - a_3 b_2 c_1 - a_2 b_1 c_3 - a_2 b_1 c_3 - a_1 b_3 c_2$$

(4) 3차 방정식

$$x^3 = Ax + B$$

Let $p = A/3, \quad q = B/2$

Case I : $q^2 - p^3$ negative (three roots real and distinct)

$$\cos u = q/(p\sqrt{p}), \quad 0 < u < 180°$$

$$x_1 = 2\sqrt{p}\,\cos(u/3)$$

$$x_2 = 2\sqrt{p}\,\cos(u/3 + 120°)$$

$$x_3 = 2\sqrt{p}\,\cos(u/3 + 240°)$$

Case II : $q^2 - p^3$ positive (one root real, two roots imaginary)

$$x_1 = (p + \sqrt{q^2 - p^3})^{1/3} + (q - \sqrt{q^2 - p^3})^{1/3}$$

Case III : $q^2 - p^3 = 0$ (three roots real, two roots equal)

$$x_1 = 2q^{1/3}, \; x_2 = x_3 = -q^{1/3}$$

For general cubic equation

$$x^3 + ax^2 + bx + c = 0$$

Substitute $x = x_0 - a/3$ and get $x_0^3 = ax_0 + B$. Then proceed as above to find values of x_0 from which $x = x_0 - a/3$.

I.3 해석 기하

(1) 직 선

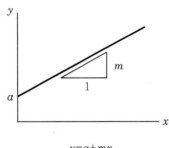

$$y = a + mx$$

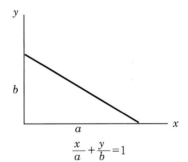

$$\frac{x}{a} + \frac{y}{b} = 1$$

(2) 원

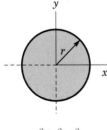

$$x^2 + y^2 = r^2$$

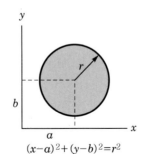

$$(x-a)^2 + (y-b)^2 = r^2$$

(3) 포물선

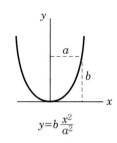

$$y = b\frac{x^2}{a^2}$$

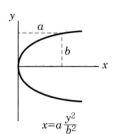

$$x = a\frac{y^2}{b^2}$$

(4) 타 원

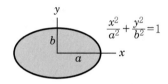

$$\frac{x^2}{a^2} + \frac{y^2}{b^2} = 1$$

(5) 쌍곡선

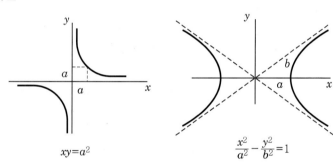

$$xy = a^2$$

$$\frac{x^2}{a^2} - \frac{y^2}{b^2} = 1$$

I.4 삼각함수

(1) 기본 법칙

$$\sin^2\theta + \cos^2\theta = 1$$

$$1 + \tan^2\theta = \sec^2\theta$$

$$1 + \cot^2\theta = \csc^2\theta$$

$$\sin\frac{\theta}{2} = \sqrt{\frac{1}{2}(1 - \cos\theta)}$$

$$\cos\frac{\theta}{2} = \sqrt{\frac{1}{2}(1+\cos\theta)}$$

$$\sin 2\theta = 2\sin\theta\cos\theta$$

$$\cos 2\theta = \cos^2\theta - \sin^2\theta$$

$$\sin(a\pm b) = \sin a\cos b \pm \cos a\sin b$$

$$\cos(a\pm b) = \cos a\cos b \mp \sin a\sin b$$

(2) 정현법칙(Law of sines)

$$\frac{a}{b} = \frac{\sin A}{\sin B}$$

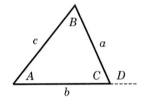

(3) 여현법칙(Law of cosines)

$$c^2 = a^2 + b^2 - 2ab\cos C$$

$$c^2 = a^2 + b^2 + 2ab\cos D$$

I.5 미 분

$$\frac{dx^n}{dx} = nx^{n-1}, \quad \frac{d(uv)}{dx} = u\frac{dv}{dx} + v\frac{du}{dx}, \quad \frac{d\left(\dfrac{u}{v}\right)}{dx} = \frac{v\dfrac{du}{dx} - u\dfrac{dv}{dx}}{v^2}$$

$$\lim_{\Delta x \to 0} \sin\Delta x = \sin dx = \tan dx = dx$$

$$\lim_{\Delta x \to 0} \cos\Delta x = \cos dx = 1$$

$$\frac{d\sin x}{dx} = \cos x, \quad \frac{d\cos x}{dx} = -\sin x, \quad \frac{d\tan x}{dx} = \sec^2 x$$

$$\frac{d\sinh x}{dx} = \cosh x, \quad \frac{d\cosh x}{dx} = \sinh x, \quad \frac{d\tanh x}{dx} = \operatorname{sech}^2 x$$

I.6 적 분

$$\int x^n dx = \frac{x^{n+1}}{n+1}$$

$$\int \frac{dx}{x} = \ln x$$

$$\int \sqrt{a+bx}\ dx = \frac{2}{3b}\sqrt{(a+bx)^3}$$

$$\int x\sqrt{a+bx}\ dx = \frac{2}{15b^2}(3bx-2a)\sqrt{(a+bx)^3}$$

$$\int x^2\sqrt{a+bx}\ dx = \frac{2}{105b^3}(8a^2-12abx+15b^2x^2)\sqrt{(a+bx)^3}$$

$$\int \frac{dx}{\sqrt{a+bx}} = \frac{2\sqrt{a+bx}}{b}$$

$$\int \frac{\sqrt{a+x}}{\sqrt{b-x}}dx = -\sqrt{a+x}\sqrt{b-x}+(a+b)\sin^{-1}\sqrt{\frac{a+x}{a+b}}$$

$$\int \frac{x\ dx}{a+bx} = \frac{1}{b^2}[a+bx-a\ln(a+bx)]$$

$$\int \frac{x\ dx}{(a+bx)^n} = \frac{(a+bx)^{1-n}}{b^2}\left(\frac{a+bx}{2-n}-\frac{a}{1-n}\right)$$

$$\int \frac{dx}{a+bx^2} = \frac{1}{\sqrt{ab}}\tan^{-1}\frac{x\sqrt{ab}}{a} \quad \text{or} \quad \frac{1}{\sqrt{-ab}}\tan h^{-1}\frac{x\sqrt{-ab}}{a}$$

$$\int \frac{x\ dx}{a+bx^2} = \frac{1}{2b}\ln(a+bx^2)$$

$$\int \sqrt{x^2\pm a^2}\ dx = \frac{1}{2}\left[x\sqrt{x^2\pm a^2}\pm a^2\ln\left(x+\sqrt{x^2\pm a^2}\right)\right]$$

$$\int \sqrt{a^2-x^2}\ dx = \frac{1}{2}\left(x\sqrt{a^2-x^2}+a^2\sin^{-1}\frac{x}{a}\right)$$

$$\int x\sqrt{a^2-x^2}\ dx = -\frac{1}{3}\sqrt{(a^2-x^2)^3}$$

$$\int x^2\sqrt{a^2-x^2}\ dx = -\frac{x}{4}\sqrt{(a^2-x^2)^3}+\frac{a^2}{8}\left(x\sqrt{a^2-x^2}+a^2\sin^{-1}\frac{x}{a}\right)$$

$$\int x^3\sqrt{a^2-x^2}\ dx = -\frac{1}{5}\left(x^2+\frac{2}{3}a^2\right)\sqrt{(a^2-x^2)^3}$$

$$\int \frac{dx}{\sqrt{a+bx+cx^2}} = \frac{1}{\sqrt{c}}\ln\left(\sqrt{a+bx+cx^2}+x\sqrt{c}+\frac{b}{2\sqrt{c}}\right)$$

$$\text{or} \quad \frac{-1}{\sqrt{-c}}\sin^{-1}\left(\frac{b+2cx}{\sqrt{b^2-4ac}}\right)$$

$$\int \frac{dx}{\sqrt{x^2\pm a^2}} = \ln\left(x+\sqrt{x^2\pm a^2}\right)$$

$$\int \frac{dx}{\sqrt{a^2 - x^2}} = \sin^{-1} \frac{x}{a}$$

$$\int \frac{x\,dx}{\sqrt{x^2 - a^2}} = \sqrt{x^2 - a^2}$$

$$\int \frac{x\,dx}{\sqrt{a^2 \pm x^2}} = \pm \sqrt{a^2 \pm x^2}$$

$$\int x\sqrt{x^2 \pm a^2}\,dx = \frac{1}{3}\sqrt{(x^2 \pm a^2)^3}$$

$$\int x^2\sqrt{x^2 \pm a^2}\,dx = \frac{x}{4}\sqrt{(x^2 \pm a^2)^3} \mp \frac{a^2}{8}x\sqrt{x^2 \pm a^2} - \frac{a^4}{8}\ln(x + \sqrt{x^2 \pm a^2})$$

$$\int \sin x\,dx = -\cos x$$

$$\int \cos x\,dx = \sin x$$

$$\int \sec x\,dx = \frac{1}{2}\ln\frac{1 + \sin x}{1 - \sin x}$$

$$\int \sin^2 x\,dx = \frac{x}{2} - \frac{\sin 2x}{4}$$

$$\int \cos^2 x\,dx = \frac{x}{2} + \frac{\sin 2x}{4}$$

$$\int \sin x \cos x\,dx = \frac{\sin^2 x}{2}$$

$$\int \sinh x\,dx = \cosh x$$

$$\int \cosh x\,dx = \sinh x$$

$$\int \tanh x\,dx = \ln \cosh x$$

$$\int \ln x\,dx = x \ln x - x$$

$$\int e^{ax}\,dx = \frac{e^{ax}}{a}$$

$$\int x\,e^{ax}\,dx = \frac{e^{ax}}{a^2}(ax - 1)$$

$$\int e^{ax}\sin px\,dx = \frac{e^{ax}(a \sin px - p \cos px)}{a^2 + p^2}$$

$$\int e^{ax}\cos px\,dx = \frac{e^{ax}(a \cos px + p \sin px)}{a^2 + p^2}$$

$$\int e^{ax} \sin^2 x \, dx = \frac{e^{ax}}{4+a^2}\left(a\sin^2 x - \sin 2x + \frac{2}{a}\right)$$

$$\int e^{ax} \cos^2 x \, dx = \frac{e^{ax}}{4+a^2}\left(a\cos^2 x + \sin 2x + \frac{2}{a}\right)$$

$$\int e^{ax} \sin x \cos x \, dx = \frac{e^{ax}}{4+a^2}\left(\frac{a}{2}\sin 2x - \cos 2x\right)$$

$$\int \sin^3 x \, dx = -\frac{\cos x}{3}(2+\sin^2 x)$$

$$\int \cos^3 x \, dx = \frac{\sin x}{3}(2+\cos^2 x)$$

$$\int \cos^5 x \, dx = \sin x - \frac{2}{3}\sin^3 x + \frac{1}{5}\sin^5 x$$

$$\int x \sin x \, dx = \sin x - x \cos x$$

$$\int x \cos x \, dx = \cos x + x \sin x$$

$$\int x^2 \sin x \, dx = 2x \sin x - (x^2-2)\cos x$$

$$\int x^2 \cos x \, dx = 2x \cos x + (x^2-2)\sin x$$

II. 평면 도형과 균일한 입체

II.1 평면도형의 성질

Figure	Centroid	Area Moments of Inertia
Arc Segment	$\bar{r} = \dfrac{r \sin \alpha}{\alpha}$	
Quarter and Semicircular Arcs	$\bar{y} = \dfrac{2r}{\pi}$	
Circular Area		$I_x = I_y = \dfrac{\pi r^4}{4}$ $I_z = \dfrac{\pi r^4}{2}$
Semicircular Area	$\bar{y} = \dfrac{4r}{3\pi}$	$I_x = I_y = \dfrac{\pi r^4}{8}$ $\bar{I_x} = \left(\dfrac{\pi}{8} - \dfrac{8}{9\pi}\right)r^4$ $I_z = \dfrac{\pi r^4}{4}$

Figure	Centroid	Area Moments of Inertia
Quarter−Circular Area	$\bar{x}=\bar{y}=\dfrac{4\,r}{3\,\pi}$	$I_x = I_y = \dfrac{\pi r^4}{16}$ $\overline{I}_x=\overline{I}_y=\left(\dfrac{\pi}{16}-\dfrac{4}{9\pi}\right)r^4$ $I_z = \dfrac{\pi r^4}{8}$
Area of Circular Sector	$\bar{x}=\dfrac{2}{3}\dfrac{r\sin\alpha}{\alpha}$	$I_x = \dfrac{r^4}{4}\left(\alpha-\dfrac{1}{2}\sin 2\alpha\right)$ $I_y = \dfrac{r^4}{4}\left(\alpha+\dfrac{1}{2}\sin 2\alpha\right)$ $I_z = \dfrac{1}{2}r^4\,\alpha$
Rectangular Area		$I_x = \dfrac{b\,h^3}{3}$ $\overline{I}_x = \dfrac{b\,h^3}{12}$ $\overline{I}_z = \dfrac{b\,h}{12}(b^2+h^2)$
Triangular Area	$\bar{x}=\dfrac{a+b}{3}$ $\bar{y}=\dfrac{h}{3}$	$I_x = \dfrac{b\,h^3}{12}$ $\overline{I}_x = \dfrac{b\,h^3}{36}$ $I_{x_1} = \dfrac{b\,h^3}{4}$
Area of Elliptical Quadrant	$\bar{x}=\dfrac{4a}{3\pi}$ $\bar{y}=\dfrac{4b}{3\pi}$	$I_x = \dfrac{\pi ab^3}{16},\ \ \overline{I}_x=\left(\dfrac{\pi}{16}-\dfrac{4}{9\pi}\right)ab^3$ $I_y = \dfrac{\pi a^3 b}{16},\ \ \overline{I}_y=\left(\dfrac{\pi}{16}-\dfrac{4}{9\pi}\right)a^3 b$ $I_z = \dfrac{\pi ab}{16}(a^2+b^2)$

Figure	Centroid	Area Moments of Inertia
Subparabolic Area $y=kx^2=\dfrac{b}{a^2}x^2$ Area $A=\dfrac{ab}{3}$	$\bar{x}=\dfrac{3a}{4}$ $\bar{y}=\dfrac{3b}{10}$	$I_x=\dfrac{ab^3}{21}$ $I_y=\dfrac{a^3b}{5}$ $I_z=ab\left(\dfrac{a^2}{5}+\dfrac{b^2}{21}\right)$
Parabolic Area Area $A=\dfrac{2ab}{3}$ $y=kx^2=\dfrac{b}{a^2}x^2$	$\bar{x}=\dfrac{3a}{8}$ $\bar{y}=\dfrac{3b}{5}$	$I_x=\dfrac{2ab^3}{7}$ $I_y=\dfrac{2a^3b}{15}$ $I_z=2ab\left(\dfrac{a^2}{15}+\dfrac{b^2}{7}\right)$

Ⅱ.2 균일한 입체

m : 해당물체의 질량

Body	Mass Center	Mass Moments of Inertia
Circular Cylindrical Shell		$I_{xx}=\dfrac{1}{2}mr^2+\dfrac{1}{12}ml^2$ $I_{x_1x_1}=\dfrac{1}{2}mr^2+\dfrac{1}{3}ml^2$ $I_{zz}=mr^2$
Half Cylindrical Shell	$\bar{x}=\dfrac{2r}{\pi}$	$I_{xx}=I_{yy}$ $\quad=\dfrac{1}{2}mr^2+\dfrac{1}{12}ml^2$ $I_{x_1x_1}=I_{y_1y_1}$ $\quad=\dfrac{1}{2}mr^2+\dfrac{1}{3}ml^2$ $I_{zz}=mr^2$ $\overline{I_{zz}}=\left(1-\dfrac{4}{\pi^2}\right)mr^2$

Body	Mass Center	Mass Moments of Inertia
Circular Cylinder 		$I_{xx} = \dfrac{1}{4}mr^2 + \dfrac{1}{12}ml^2$ $I_{x_1x_1} = \dfrac{1}{4}mr^2 + \dfrac{1}{3}ml^2$ $I_{zz} = \dfrac{1}{2}mr^2$
Semicylinder 	$\bar{x} = \dfrac{4r}{3\pi}$	$I_{xx} = I_{yy} = \dfrac{1}{4}mr^2 + \dfrac{1}{12}ml^2$ $I_{x_1x_1} = I_{y_1y_1} = \dfrac{1}{4}mr^2 + \dfrac{1}{3}ml^2$ $I_{zz} = \dfrac{1}{2}mr^2$ $\overline{I_{zz}} = \left(\dfrac{1}{2} - \dfrac{16}{9\pi^2}\right)mr^2$
Rectangular Parallelepiped 		$I_{xx} = \dfrac{1}{12}m(a^2 + l^2)$ $I_{yy} = \dfrac{1}{12}m(b^2 + l^2)$ $I_{zz} = \dfrac{1}{12}m(a^2 + b^2)$ $I_{y_1y_1} = \dfrac{1}{12}mb^2 + \dfrac{1}{3}ml^2$ $I_{y_2y_2} = \dfrac{1}{3}m(b^2 + l^2)$
Spherical Shell 		$I_{zz} = \dfrac{2}{3}mr^2$
Hemispherical Shell 	$\bar{x} = \dfrac{r}{2}$	$I_{xx} = I_{yy} = I_{zz} = \dfrac{2}{3}mr^2$ $\overline{I_{yy}} = \overline{I_{zz}} = \dfrac{5}{12}mr^2$

Body	Mass Center	Mass Moments of Inertia
Sphere		$I_{zz} = \dfrac{2}{5}mr^2$
Hemisphere	$\overline{x} = \dfrac{3r}{8}$	$I_{xx} = I_{yy} = I_{zz} = \dfrac{2}{5}mr^2$ $\overline{I_{yy}} = \overline{I_{zz}} = \dfrac{83}{320}mr^2$
Uniform Slender Rod		$I_{yy} = \dfrac{1}{12}ml^2$ $I_{y_1 y_1} = \dfrac{1}{3}ml^2$
Quarter-Circular Rod	$\overline{x} = \overline{y}$ $= \dfrac{2r}{\pi}$	$I_{xx} = I_{yy} = \dfrac{1}{2}mr^2$ $I_{zz} = mr^2$
Elliptical Cylinder		$I_{xx} = \dfrac{1}{4}ma^2 + \dfrac{1}{12}ml^2$ $I_{yy} = \dfrac{1}{4}mb^2 + \dfrac{1}{12}ml^2$ $I_{zz} = \dfrac{1}{4}m(a^2 + b^2)$ $I_{y_1 y_1} = \dfrac{1}{4}mb^2 + \dfrac{1}{3}ml^2$

Body	Mass Center	Mass Moments of Inertia
Conical Shell	$\bar{z} = \dfrac{2h}{3}$	$I_{yy} = \dfrac{1}{4}mr^2 + \dfrac{1}{2}mh^2$ $I_{y_1 y_1} = \dfrac{1}{4}mr^2 + \dfrac{1}{6}mh^2$ $I_{zz} = \dfrac{1}{2}mr^2$ $\overline{I_{yy}} = \dfrac{1}{4}mr^2 + \dfrac{1}{18}mh^2$
Half Conical Shell	$\bar{x} = \dfrac{4r}{3\pi}$ $\bar{z} = \dfrac{2h}{3}$	$I_{xx} = I_{yy}$ $\quad = \dfrac{1}{4}mr^2 + \dfrac{1}{2}mh^2$ $I_{x_1 x_1} = I_{y_1 y_1}$ $\quad = \dfrac{1}{4}mr^2 + \dfrac{1}{6}mh^2$ $I_{zz} = \dfrac{1}{2}mr^2$ $\overline{I_{zz}} = \left(\dfrac{1}{2} - \dfrac{16}{9\pi^2}\right)mr^2$
Right–Circular Cone	$\bar{z} = \dfrac{3h}{4}$	$I_{yy} = \dfrac{3}{20}mr^2 + \dfrac{3}{5}mh^2$ $I_{y_1 y_1} = \dfrac{3}{20}mr^2 + \dfrac{1}{10}mh^2$ $I_{zz} = \dfrac{3}{10}mr^2$ $\overline{I_{yy}} = \dfrac{3}{20}mr^2 + \dfrac{3}{80}mh^2$
Half Cone	$\bar{x} = \dfrac{r}{\pi}$ $\bar{z} = \dfrac{3h}{4}$	$I_{xx} = I_{yy}$ $\quad = \dfrac{3}{20}mr^2 + \dfrac{3}{5}mh^2$ $I_{x_1 x_1} = I_{y_1 y_1}$ $\quad = \dfrac{3}{20}mr^2 + \dfrac{1}{10}mh^2$ $I_{zz} = \dfrac{3}{10}mr^2$ $\overline{I_{zz}} = \left(\dfrac{3}{10} - \dfrac{1}{\pi^2}\right)mr^2$

Body	Mass Center	Mass Moments of Inertia
Semiellipsoid $$\frac{x^2}{a^2}+\frac{y^2}{b^2}+\frac{z^2}{c^2}=1$$	$$\bar{z}=\frac{3c}{8}$$	$$I_{xx}=\frac{1}{5}m(b^2+c^2)$$ $$I_{yy}=\frac{1}{5}m(a^2+c^2)$$ $$I_{zz}=\frac{1}{5}m(a^2+b^2)$$ $$\overline{I_{xx}}=\frac{1}{5}m\left(b^2+\frac{19}{64}c^2\right)$$ $$\overline{I_{yy}}=\frac{1}{5}m\left(a^2+\frac{19}{64}c^2\right)$$
Elliptic Paraboloid $$\frac{x^2}{a^2}+\frac{y^2}{b^2}=\frac{z}{c}$$	$$\bar{z}=\frac{2c}{3}$$	$$I_{xx}=\frac{1}{6}mb^2+\frac{1}{2}mc^2$$ $$I_{yy}=\frac{1}{6}ma^2+\frac{1}{2}mc^2$$ $$I_{zz}=\frac{1}{6}m(a^2+b^2)$$ $$\overline{I_{xx}}=\frac{1}{6}m\left(b^2+\frac{1}{3}c^2\right)$$ $$\overline{I_{yy}}=\frac{1}{6}m\left(a^2+\frac{1}{3}c^2\right)$$
Rectangular Tetrahedron 	$$\bar{x}=\frac{a}{4}$$ $$\bar{y}=\frac{b}{4}$$ $$\bar{z}=\frac{c}{4}$$	$$I_{xx}=\frac{1}{10}m(b^2+c^2)$$ $$I_{yy}=\frac{1}{10}m(a^2+c^2)$$ $$I_{zz}=\frac{1}{10}m(a^2+b^2)$$ $$\overline{I_{xx}}=\frac{3}{80}m(b^2+c^2)$$ $$\overline{I_{yy}}=\frac{3}{80}m(a^2+c^2)$$ $$\overline{I_{zz}}=\frac{3}{80}m(a^2+b^2)$$
Half Torus 	$$\bar{x}=\frac{a^2+4R^2}{2\pi R}$$	$$I_{xx}=I_{yy}=\frac{1}{2}mR^2+\frac{5}{8}ma^2$$ $$I_{zz}=mR^2+\frac{3}{4}ma^2$$

찾아보기

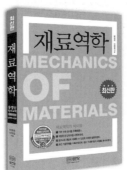

■ 편저자 소개

• 서주노
해군사관학교 (1981)
서울대학교 기계공학과 (1985, 공학사)
미 해군대학원 기계공학과 (1989, 공학석사)
미 U. of California (1997, 공학박사)
현) 해군사관학교 기계조선공학과 교수

• 구상모
서울대학교 (2005, 공학사)
서울대학교 대학원 기계공학과 (2007, 공학석사)
현) 해군사관학교 교수

• 백재우
울산대학교 (2003, 공학사)
울산대학교 대학원 조선해양공학부 (2007, 공학석사)
현) 해군사관학교 교수

• 이기영
공군사관학교 (1981)
서울대학교 기계공학과 (1984, 공학사)
서울대학교 대학원 기계공학과 (1987, 공학석사)
미 U. of Utah (1994, 공학박사)
공군사관학교 교수 (1987~2008)
현) 해군사관학교 기계조선공학과 교수

• 김기준
해군사관학교 (2004, 공학사)
서울대학교 대학원 조선해양공학과 (2008, 공학석사)
해군사관학교 교수 (2008~2009)
현) 해군본부 근무

• 조병구
서울대학교 (2005, 공학사)
서울대학교 대학원 조선해양공학과 (2007, 공학석사)
현) 해군사관학교 교수

기초역학개론

2010. 2. 25. 초 판 1쇄 발행
2010. 9. 13. 초 판 2쇄 발행
2013. 10. 29. 초 판 3쇄 발행
2016. 4. 12. 초 판 4쇄 발행

지은이 | 서주노, 이기영, 구상모, 김기준, 백재우, 조병구
펴낸이 | 이종춘
펴낸곳 | **BM** 주식회사 **성안당**
주소 | 04032 서울시 마포구 양화로 127 첨단빌딩 5층(출판기획 R&D 센터)
　　　 10881 경기도 파주시 문발로 112(제작 및 물류)
전화 | 02) 3142-0036
　　　 031) 950-6300
팩스 | 031) 955-0510
등록 | 1973.2.1 제406-2005-000046호
출판사 홈페이지 | **www.cyber.co.kr**
ISBN | 978-89-315-0685-3 (93550)
정가 | 25,000원

이 책을 만든 사람들
기획 | 최옥현
진행 | 이희영
교정·교열 | 이제선
전산편집 | 김수진
표지 디자인 | 박원석
홍보 | 전지혜
국제부 | 이선민, 조혜란, 김혜영, 김필호
마케팅 | 구본철, 차정욱, 나진호, 이동후, 강호묵
제작 | 김유석